高等职业教育安全类专业系列教材

矿山安全生产技术

主　编　刘　聪　幸文宬
副主编　段启兵　王会琼
参　编　鲁子冬　普　丽　郝艳红　和东浩

西南交通大学出版社
·成　都·

图书在版编目（CIP）数据

矿山安全生产技术 / 刘聪, 幸文宬主编. -- 成都：西南交通大学出版社, 2024.9. -- ISBN 978-7-5774-0090-7

Ⅰ. TD7

中国国家版本馆 CIP 数据核字第 2024TU7560 号

高等职业教育安全类专业系列教材

Kuangshan Anquan Shengchan Jishu

矿山安全生产技术

主　编 / 刘　聪　幸文宬	策划编辑 / 吴　迪　黄庆斌　郑丽娟　韩　林　周　杨
	责任编辑 / 张文越
	封面设计 / 吴　兵

西南交通大学出版社出版发行
（四川省成都市金牛区二环路北一段 111 号西南交通大学创新大厦 21 楼　610031）
营销部电话：028-87600564　　028-87600533
网址：http://www.xnjdcbs.com
印刷：成都市新都华兴印务有限公司

成品尺寸　185 mm×260 mm
印张　16.25　　字数　366 千
版次　2024 年 9 月第 1 版　　印次　2024 年 9 月第 1 次

书号　ISBN 978-7-5774-0090-7
定价　42.00 元

课件咨询电话：028-81435775
图书如有印装质量问题　本社负责退换
版权所有　盗版必究　举报电话：028-87600562

前言

习近平总书记在党的二十大报告中提出："加强重点领域安全能力建设，确保粮食、能源资源、重要产业链供应链安全。矿产资源是经济社会发展的重要物质基础，矿产资源勘查开发利用事关国计民生和国家安全"。矿山企业作为开采资源的重要支柱产业，在国家经济发展中起着举足轻重的作用。随着我国科学技术的不断发展，矿山行业的安全成为提升矿山生产效率的关键因素。本书在总结前人编写的教材基础上，结合作者多年的教学、设计和生产实践经验，以矿山安全员核心岗位技能为目标，深入浅出地讲解了矿山安全生产技术中的重难点，突出实用性和操作性，以现代职业教育理念为先导，融通岗课赛证，以期培养的学生在未来工作中能为我国实现中国式现代化做出实际的贡献。

本书共 10 个模块，主要内容包括：矿山通识安全技术、矿井瓦斯防治、矿尘防治、矿井火灾防治、矿井水灾防治、冒顶片帮与冲击地压防治、矿山机电事故与运输提升事故防治、矿山爆破事故防治、矿井热害防治和安全避险六大系统。通过 10 个模块的学习，学生能初步掌握矿山安全生产技术和管理能力，提高学生在工作中的安全生产意识和法治观念，真正做到遵章守纪、安全作业，切实减少和杜绝事故的发生。

全书由刘聪、幸文成任主编，段启兵、王会琼任副主编，鲁子冬、普丽、郝艳红、和东浩、纪安、蒋明府、罗友梅、可芮任参编。模块 1 由刘聪、普丽、郝艳红编写；模块 2 由幸文成、纪安编写；模块 3 由幸文成、蒋明府编写；模块 4、模块 5 由王会琼编写；模块 6、模块 7 由段启兵编写；模块 8 由鲁子冬编写；模块 9 由幸文成、罗友梅编写；模块 10 由刘聪、和东浩、可芮编写。刘聪、普丽、郝艳红、和东浩、可芮等做了大量资料整理和校对工作。

本书可作为高职高专类院校及中等专业学校矿山智能开采技术专业和采矿技术、矿井通风与安全等专业的教学用书，建议讲授学时为 60~90 学时。本书也可作为矿山工程技术人员、管理人员的参考用书。

本书的编审、出版，得到多个单位和专家的支持和帮助，以及西南交通大学出版社的大力支持。同时，本书还参考和引用了相关专家学者的专著、教材和论文等文献，在此表示衷心的感谢！

　　由于作者水平有限，书中难免存在不足之处，敬请读者批评指正。

编 者

2024 年 3 月

目录

模块 1　矿山通识安全技术 ……………………………………………………… 001
任务 1　认识矿山事故与矿山安全 ………………………………………………… 001
任务 2　矿山安全技术措施 ………………………………………………………… 005

模块 2　矿井瓦斯防治 …………………………………………………………… 012
任务 1　认识矿井瓦斯与瓦斯事故 ………………………………………………… 012
任务 2　矿井瓦斯管理 ……………………………………………………………… 018
任务 3　煤与瓦斯突出防治 ………………………………………………………… 035
任务 4　瓦斯爆炸防治 ……………………………………………………………… 043
任务 5　矿井瓦斯抽放与管理 ……………………………………………………… 052

模块 3　矿尘防治 ………………………………………………………………… 063
任务 1　认识矿尘及尘肺病 ………………………………………………………… 063
任务 2　矿山综合防尘 ……………………………………………………………… 066
任务 3　煤尘爆炸预防 ……………………………………………………………… 075

模块 4　矿井火灾防治 …………………………………………………………… 081
任务 1　矿井火灾的危害与预防 …………………………………………………… 081
任务 2　煤炭自燃 …………………………………………………………………… 086
任务 3　矿井火灾预防 ……………………………………………………………… 091

模块 5　矿井水灾防治 …………………………………………………………… 114
任务 1　矿井水灾的概念及透水预兆 ……………………………………………… 114
任务 2　矿井水害防治技术 ………………………………………………………… 118

模块 6　冒顶片帮与冲击地压防治 ……………………………………………… 131
任务 1　认识冒顶片帮与冲击地压事故 …………………………………………… 131
任务 2　采煤工作面冒顶片帮事故预防 …………………………………………… 135
任务 3　巷道冒顶片帮事故预防 …………………………………………………… 140
任务 4　冲击地压事故防治 ………………………………………………………… 143

模块 7　矿山机电事故与运输提升事故防治　151
任务 1　认识矿山机电事故与运输提升事故　151
任务 2　电气事故防治措施　156
任务 3　矿井运输与提升事故防治　166

模块 8　矿山爆破事故防治　172
任务 1　认识矿山爆破事故　172
任务 2　爆破事故防治　178

模块 9　矿井热害防治　186
任务 1　认识矿井热害　186
任务 2　矿山热环境及通风降温方法　194
任务 3　制冷降温系统在解决煤矿井下热害的应用　203

模块 10　安全避险六大系统　209
任务 1　矿井监测监控系统　209
任务 2　矿井人员定位系统　216
任务 3　紧急避险系统　220
任务 4　压风自救系统　235
任务 5　供水施救系统　241
任务 6　通信联络系统　244

参考文献　253

模块 1　矿山通识安全技术

本模块主要介绍了矿山事故、安全、安全技术的基本概念、目的、任务和内容等，对矿山各类事故进行详解，重点讲述了矿山安全技术措施，即厂址及厂区平面布局、防火防爆、电气、机械伤害、其他以及有害因素控制对策措施等。

知识目标

1. 掌握矿山事故和矿山安全的定义。
2. 掌握矿山安全技术措施的遵循原则和对策措施。

能力目标

1. 能够判断矿山事故类型。
2. 能够识别和正确设置安全标识。
3. 能够针对矿山生产条件提出安全技术措施。

素质目标

1. 养成良好的矿山安全生产意识。
2. 提升防范重大安全风险责任担当。
3. 遵守安全法律法规的安全素质。

任务 1　认识矿山事故与矿山安全

新征程上，更好统筹发展和安全，必须加快构建与新发展格局相适应的新安全格局，营造有利于经济社会发展的安全环境，以高水平安全保障高质量发展。矿山企业属于工业企业，是指专门从事地下或地表开采矿产资源的企业。矿山企业作为我国开采资源的重要支柱产业，在国家经济发展中起着举足轻重的作用，具有以下重要性：

1. 经济贡献

矿山企业的发展可以为国家带来丰富的经济贡献。通过开采矿产资源，矿山企业可以创造大量就业机会，提供稳定的税收收入，促进地方经济的发展。

2. 能源保障

矿山企业的开采活动对于能源供应具有重要意义。煤炭、石油、天然气等矿产资源是国家能源的重要组成部分，矿山企业的开采活动可以确保能源的稳定供应。

3. 工业支持

矿山企业提供的矿产产品是工业生产的重要原材料。金属矿石用于冶炼生产金属制品，非金属矿石用于建筑、化工等行业生产，矿山企业的发展为工业生产提供了重要支持。

矿山是开采矿石或生产矿物原料的场所，矿山开采属于高危险性行业，必须重视安全生产。矿山在安全技术方面既具有工业企业的一般属性，又有矿山企业的特殊性，如瓦斯、煤尘、火灾等。

根据国家矿山安全监察局网站公布消息，2022 年全国矿山安全生产形势总体稳定，共发生事故 367 起、死亡 518 人，同比分别下降 3.4%和 2.4%，重大事故死亡人数同比下降 12.3%，煤矿事故 168 起、死亡 245 人，非煤矿山事故 199 起、死亡 273 人。煤矿瓦斯事故起数、死亡人数均同比下降 44%，未发生冲击地压和火灾死亡事故。2018 年以来的 5 年，矿山事故起数、死亡人数由上一个 5 年的年均 890 起、1 323 人下降至年均 460 起、614 人，分别下降 48.3%和 53.6%，其中矿山重特大事故起数、死亡人数由上一个 5 年的年均 11.6 起、181 人下降至年均 3.8 起、64 人，分别下降 67.2% 和 64.6%。2022 年矿山事故起数、死亡人数、煤矿百万吨死亡率比 2012 年分别下降 75.8%、77.6%和 86%，煤矿连续 6 年、非煤矿山连续 14 年未发生特别重大事故。2017—2022 年全国煤矿事故总量及死亡人数如图 1-1-1 所示。

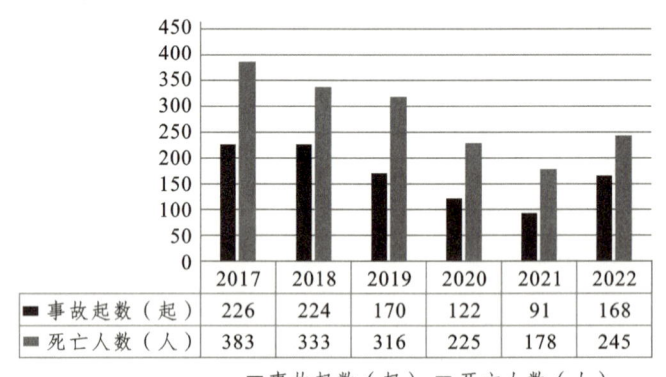

	2017	2018	2019	2020	2021	2022
事故起数（起）	226	224	170	122	91	168
死亡人数（人）	383	333	316	225	178	245

图 1-1-1　2017—2022 年全国煤矿事故总量及死亡人数

矿山安全生产形势稳定向好的同时部分地区和特定领域事故依然多发，安全形势依然严峻复杂。如何做好预防矿山事故，做好矿山安全开采是每个矿山企业永恒的主题。本任务在介绍矿山事故定义、特征和分类的同时，重点讲述矿山安全技术对策措施，使学生打好矿山安全技术治理措施的基础。

子任务 1　认识矿山事故

技能点 1　事故及矿山事故的定义

事故是人（个人或集体）在为实现某种意图而进行的活动过程中，突然发生的、违反人的意志的、迫使活动暂时或永久停止，或迫使之前存续的状态发生暂时或永久性改变的事件。事故的含义包括：

（1）事故是一种发生在人类生产、生活活动中的特殊事件，人类的任何生产、生活活动过程中都可能发生事故。

（2）事故是一种突然发生的、出乎人们意料的意外事件。由于导致事故发生的原因非常复杂，往往包括许多偶然因素，因而事故的发生具有随机性。在一起事故发生之前，人们无法准确地预测什么时候、什么地方、发生什么样的事故。

（3）事故是一种迫使进行着的生产、生活活动暂时或永久停止的事件。事故中断、终止人们正常活动的进行，必然给人们的生产、生活带来某种形式的影响。因此，事故是一种违背人们意志的事件，是人们不希望发生的事件。

矿山事故是指矿山企业生产过程中，由于不安全因素的影响，突然发生的伤害人身、损坏财物、影响正常生产的意外事件。

技能点 2　矿山事故特征

矿山事故的主要特征是具有突发性、破坏性、危险性和广泛性等。

1. 突发性

矿山事故通常是突发性的。由于矿山生产过程中的特殊性，可能存在许多危险因素，如漏电、冒顶、坍塌、爆炸等，这些隐患并不能完全排除。此外，由于矿山开采过程涉及大量的机械设备、炸药等物资，若管理不善或操作不当，很容易发生事故。

由于矿山生产的特殊性，即便进行了全面的安全防范和预防，突发事故也无法完全避免。因此，矿山事故的突发性是其主要的特点之一。

2. 破坏性

矿山事故往往具有较大的破坏性。由于矿山事故的发生往往伴随着能量的释放，如瓦斯爆炸、煤尘爆炸等，这会导致事故现场的地质结构受到严重破坏，矿井巷道被毁，甚至整个矿区被压毁或淹没。

矿山事故的破坏性不仅限于现场，还会对矿区周边的环境和社会经济造成严重影响。如污染周边河流、污染地下水、影响沿海渔业等。这也是矿山事故的另一个重要特点。

3. 危险性

矿山事故往往具有较大的危险性。由于能量的释放和物质的散布，矿山事故往往会对人员和设施造成一定的伤害和威胁。

矿山生产过程中，事故通常发生在深度较大的巷道、工作面、掘进面，甚至是在采空区，难以及时发现和救援。因此在事故发生时，救援人员往往需要在狭窄的巷道内进行极具危险的救援工作，这也增加了矿山事故的危险性。

4. 广泛性

矿山事故往往具有较大的影响范围,不仅在现场造成严重破坏和威胁,也会对周边的环境、社区造成巨大的影响。矿山事故可能污染周边地区的水源、土壤,造成生态环境的破坏,同时也会影响到矿区的经济利益和社会稳定。

矿山事故的影响范围不仅限于国内,有些事故在全球范围内也会造成极大影响,如引起全球性的能源危机、影响全球气候变化等,可以说矿山事故是一种具有全球性影响的事件。

技能点 3　矿山事故的分类

1. 根据人员伤亡和财产损失

根据矿山事故造成的人员伤亡或者直接经济损失,矿山事故分为以下等级:

(1)特别重大事故,是指造成 30 人以上死亡,或者 100 人以上重伤(包括急性工业中毒,下同),或者 1 亿元以上直接经济损失的事故;

(2)重大事故,是指造成 10 人以上 30 人以下死亡,或者 50 人以上 100 人以下重伤,或者 5 000 万元以上 1 亿元以下直接经济损失的事故;

(3)较大事故,是指造成 3 人以上 10 人以下死亡,或者 10 人以上 50 人以下重伤,或者 1 000 万元以上 5 000 万元以下直接经济损失的事故;

(4)一般事故,是指造成 3 人以下死亡,或者 10 人以下重伤,或者 100 万元以上 1000 万元以下直接经济损失的事故。

注:所称的"以上"包括本数,"以下"不包括本数。

2. 根据事故类型

根据矿山事故类别可将矿山事故分为顶板、冲击地压、瓦斯、煤尘、机电、运输、爆破、水害、火灾、其他等,其中,瓦斯、煤尘、火灾、水灾和顶板被称为"煤矿五大灾害"。非煤矿山事故类别分为物体打击、车辆伤害、机械伤害、起重伤害、火灾、高处坠落、坍塌、冒顶片帮、透水、爆破、火药爆炸、中毒和窒息、溃坝、其他等。

子任务 2　认识矿山安全

技能点 1　安全及矿山安全的定义

安全是指人没有危险。人类的整体与生存环境资源的和谐相处,互相不伤害,不存在危险的隐患,是免除了使人感觉难受的损害风险的状态。安全是在人类生产过程中,将系统的运行状态对人类的生命、财产、环境可能产生的损害控制在人类不感觉难受的水平以下的状态。

矿山安全是指在矿山生产过程中,采取有效措施,防止和减少事故的发生,保障矿山职工的生命安全和身体健康。矿山安全包括矿山生产过程中的安全管理、安全技术、安全设施、安全设备等方面的内容。矿山安全是矿山企业可持续发展的重要保障,也是矿山企业履行社会责任的重要体现。

技能点 2　安全技术概述

安全技术是指在生产过程中为防止各种伤害，以及火灾、爆炸等事故，并为职工提供安全、良好的劳动条件而采取的各种技术措施。

安全技术措施的目的是通过改进安全设备、作业环境或操作方法，将危险作业改进为安全作业、将笨重劳动改进为轻便劳动、将手工操作改进为机械操作。

安全技术的任务有：分析造成各种事故的原因；研究防止各种事故的办法；提高设备的安全性；研讨新技术、新工艺、新设备的安全措施。各种安全技术措施，都是根据变危险作业为安全作业、变笨重劳动为轻便劳动、变手工操作为机械操作的原则，通过改进安全设备、作业环境或操作方法，达到安全生产的目的。

安全技术措施的内容很多，例如，在电气设备和机械传动部位设置安全保护装置；在压力容器上设置保险装置；用辅助设备减轻繁重劳动或危险操作；为高空和水下作业设置防护装置，等等。

任务 2　矿山安全技术措施

安全技术措施是指运用工程技术手段消除物的不安全因素，实现生产工艺和机械设备等生产条件本质安全的措施，是施工组织设计中的重要组成部分。按照导致事故的原因可分为：防止事故发生的安全技术措施、减少事故损失的安全技术措施等。

防止事故发生的安全技术措施是指为了防止事故发生，采取的约束、限制能量或危险物质，防止其意外释放的安全技术措施。常用的防止事故发生的安全技术措施有：

（1）消除危险源。
（2）限制能量或危险物质。
（3）隔离。
（4）故障-安全设计。
（5）减少故障和失误。

防止意外释放的能量引起人的伤害或物的损坏，或减轻其对人的伤害或对物的破坏的技术措施称为减少事故损失的安全技术措施。该类技术措施是在事故发生后，迅速控制局面，防止事故的扩大，避免引起二次事故的发生，从而减少事故造成的损失。常用的减少事故损失的安全技术措施有：

（1）隔离。
（2）设置薄弱环节。
（3）个体防护。
（4）避难与救援。

子任务 1　矿山安全技术措施遵循原则

矿山安全技术对策措施的原则是优先应用无危险或危险性较小的工艺和物料，广泛采用综合机械化采煤、自动化生产、运输装置和自动化监测监控、报警、排除故障和安全连锁保护等装置，实现矿井自动化控制、遥控或隔离操作。尽可能防止作业人员在生产过程中直接接触可能产生危险因素的设备、设施和物料，使生产系统在人员误操作或生产装置（系统）发生故障的情况下也不会造成事故的综合措施，是应优先采取的对策措施。

根据安全技术措施等级顺序的要求，遵循以下六项原则：

1. 消　除

通过合理的矿山设计和科学的管理，尽可能从根本上消除危险、有害因素；如采用智能采矿技术，利用人工智能、大数据、云计算、物联网等高新技术，对传统采矿工程专业进行改造升级提高机械自动化，发展无人化矿井或者无人化作业。

2. 预　防

当在采矿、提升、运输、通风等工艺环节消除危险、有害因素有困难时，可采取预防性技术措施，预防危险、危害的发生，如使用安全阀、安全屏护、漏电保护装置、机械通风装置等。

3. 减　弱

在无法消除危险、有害因素和难以预防的情况下，可采取减少危险、危害的措施，如局部通风装置、冷却降温措施、避雷装置、消除静电装置、减振装置、消声装置等。

4. 隔　离

在无法消除、预防、减弱的情况下，应将人员与危险、有害因素隔开，并将不能共存的物质分开，如遥控作业、防爆壳、安全距离、事故发生时的自救装置（如自救器）等。

5. 连　锁

当操作者失误或设备运行一旦达到危险状态时，应通过联锁装置终止危险、危害发生，如瓦斯电闭锁、风电闭锁装置。

6. 警　告

在易发生故障和危险性大的地方，配置醒目的安全色、安全标志；必要时设置声、光或声光组合报警装置，如矿用隔爆兼本安型声光语音报警器装置、瓦斯传感器、一氧化碳传感器等。

子任务 2　矿山安全技术对策措施

煤矿安全对策措施的主要内容包括：矿址及矿区平面布置的对策措施、厂区平面布置对策措施、防火防爆安全对策措施、电气安全对策措施、机械伤害对策措施、防毒对策措施职业卫生对策措施、安全管理方面的对策措施等一系列安全对策措施。

技能点 1　矿址及矿区平面布置的对策措施

选址时，除考虑建设项目经济性和技术合理性并满足生产布局和矿区规划要求外，在安全方面，应重点考虑地质、地形、水文、气象等自然条件对煤矿安全生产的影响和煤矿与周边区域的相互影响。

1. 自然条件

（1）不得在各类（风景、自然、历史文物古迹、水源等）保护区、各种（滑坡、泥石流、溶洞、流砂等）直接危害地段、高放射本底区、采矿陷落（错动）区、淹没区、发震断层区、地震烈度高于九度的地震区、Ⅳ级湿陷性黄土区、Ⅲ级膨胀土区、地方病高发区和废弃化学物层上面建设。

（2）依据地震、洪水、雷击、地形和地质构造等自然条件资料，结合煤矿生产过程和特点采取有针对性的、可靠的对策措施。如设置可靠的防洪排涝设施、按地震烈度要求设防、工程地质和水文地质不能完全满足工程建设需要时的补救措施、竖井开拓改为斜井开拓等。

2. 与周边区域的相互影响

除环保、消防行政部门管理的范畴外，主要考虑风向和建设项目与周边区域（特别是周边生活区、旅游风景区、文物保护区、航空港和重要通信、输变电设施和开放型放射工作单位、核电厂、剧毒化学品生产厂等）。在危险、危害性方面相互影响的程度，采取位置调整、按国家规定保持安全距离和卫生防护距离等对策措施。例如，公路、地区架空电力线路或区域排洪沟严禁穿越矿区；煤矿有可能对河流、地下水造成污染，应布置在城镇、居住区和水源地的下游及地势较低地段。

技能点 2　厂区平面布置对策措施

在满足生产工艺流程、操作要求、使用功能需要和消防、环保要求的同时，主要从风向、安全（防火）距离、交通运输安全和各类作业、物料的危险、危害性出发，在平面布置方面采取对策措施。

1. 功能分区

将生产区、辅助生产区（含动力区、贮运区等）、管理区和生活区按功能相对集中分别布置，布置时应考虑生产流程、生产特点和火灾爆炸危险性，结合地形、风向等条件，以减少危险、有害因素的交叉影响。管理区、生活区一般应布置在全年或夏季主导风的上风侧或全年最小风频风向的下风侧。

辅助生产设施的循环冷却水塔（池）不宜布置在变配电所、露天生产装置和铁路冬季主导风向的上风侧和怕受水雾影响设施、全年主导风向的上风侧。

2. 矿内运输和装卸

矿内运输和装卸包括矿内铁路、道路、输送机通廊和码头运输和装卸（含危险品的运输、装卸）。应根据工艺流程、货运量、货物性质和消防的需要，选用适当运输和运输衔接方式，合理组织车流、物流、人流（保持运输畅通、物流顺畅且运距最短、经济合理，避免迂回和平面交叉运输、公路与铁路平交和人车混流等），为保证运输、装卸作业安全，应从设计上对矿内的公路和铁路（包括人行道）的布局、宽度、坡度、转弯（曲线）半径、净空高度、安全界线及安全视线、建筑物与道路间距和装卸（特别是危险品装卸）场所、煤场、设备材料仓库布局等方面采取对策措施。

依据行业、专业标准规定的要求，采取相应运输、装卸对策措施。

根据满足工艺流程的需要和避免危险、有害因素交叉相互影响的原则，布置矿内的生产装置、物料存放区和必要的运输、操作、安全、检修通道。

例如，煤场、矸石山宜布置在人员集中场所全年或夏季主导风向的下风侧；设置环形通道，保证消防车、急救车顺利通过可能出现事故的地点；易燃、易爆品仓储区域，根据安全需要，设置限制车辆通行或禁止车辆通行的路段；道路净空高度不得小于 5 m；矿内铁路不得穿过易燃、易爆品仓储区域；主要人流出入口与主要货流出入口分开布置，运煤车出口、入口宜分开布置；码头应设在矿区水源地下游等；危险品仓库等机动车辆频繁出入的设施，应布置在矿区边缘或矿区外，并设独立围墙；采用架空电力线路进出矿区的总变配电所，应布置在矿区边缘等。

技能点 3　防火防爆对策措施

引发火灾、爆炸事故的因素很多，一旦发生事故，后果极其严重。为了确保安全生产，首先必须做好预防工作，消除可能引起燃烧爆炸的危险因素。从理论上讲，使可燃物质不处于危险状态或者消除一切着火源，这两项措施只要控制其一，就可以防止火灾和化学爆炸事故的发生。但在矿山企业生产实践中，由于生产条件的限制或某些不可控因素的影响，仅采取一种措施是不够的，往往需要采取多方面的措施，以提高生产过程的安全程度。另外，还应考虑其他辅助措施，以便在万一发生火灾爆炸事故时，减少危害的程度，将损失降到最低限度，这些都是在防火防爆工作中必须全面考虑的问题。

技能点 4　电气安全对策措施

矿山电气安全对策措施以防触电、防电气火灾爆炸、防静电和防雷击为重点，提出防止电气事故的对策措施。

（1）煤矿地面、井下各种电气设备、电力和通信系统的设计、安装、验收、运行、检修、试验以及安全等工作，可参照有关部门的规程执行。

（2）矿井应有两回路电源线路。年产 60 000 t 以下的矿井采用单回路供电时，有备用电源；备用电源的容量满足通风、排水、提升等的要求。矿井的两回路电源线路上都不得分接任何负荷。矿井电源线路上严禁装设负荷定量器。

（3）对井下各水平中央变（配）电所、主排水泵房和下山开采的采区排水泵房供电的线路，不得少于两回路。当任一回路停止供电时，其余回路应能担负全部负荷。

（4）严禁井下配电变压器中性点直接接地。严禁由地面中性点直接接地的变压器或发电机直接向井下供电。

（5）井下不得带电检修，不得搬迁电气设备、电缆和电线。

（6）容易碰到的、裸露的带电体及机械外露的转动和传动部分加装护罩或遮栏等防护设施。

（7）防爆电气设备入井前，应检查其"产品合格证""防爆合格证""煤矿矿用产品安全标志"及安全性能，检查合格并签发合格证后方准入井。

技能点 5 机械伤害对策措施

（1）可动零部件的防护以操作者的操作（包括正常作业、巡检、维护检修）位置（不仅仅指地面）为基准，凡高度在 2 m 以下的可动零部件应有可靠的防护，防护装置应牢固、可靠、不易拆除。

（2）动力装置的可动零部件尽可能采用固定式防护装置，固定式防护装置的开口尺寸应符合有关安全距离标准的规定，使操作者身体任何部位触及不到运转中的零部件。

（3）封闭式防护罩的检修开口门和可启闭式的防护罩应有联锁装置，保证在未关闭防护罩时，不能启动机器，以保护维修和作业人员的安全。

技能点 6 防毒对策措施

（1）对有毒、有害物质的生产过程，应采用密闭的设备和隔离操作，以无毒或低毒物代替毒害大的物料，革新工艺，实行机械化、自动化、连续化。

（2）对散发出的有害物质，应加强通排风，并采取回收利用、净化处理等措施。未经处理不得随意排放。

（3）对可能产生有毒、有害物质的工艺设备和管道，要加强维护定期检修，保持设备完好，杜绝跑、冒、滴、漏，对各种防尘、防毒设施，未经主管部门同意或报请厂长（总工程师）批准，不得停用、挪用或拆除。

（4）有毒、有害物质的包装，必须符合安全要求，防止泄漏扩散。

（5）定期对有毒有害作业场所进行监测，及时了解现场有毒有害物质的危害情况。

（6）配备有毒气体便携式监测仪，并定期对监测仪进行校验，保证监测仪的正常使用。

（7）根据现场所接触的有毒有害物质配备个体防护用品，如：防毒口罩、防毒面具等。

（8）定期检查设备，防止设备跑、冒、滴、漏。

（9）加强管理，严格遵守操作规程。

技能点 7 职业卫生对策措施

1. 个人防护措施

（1）佩戴个人防护用品：根据工作环境的特点和有害因素的种类，员工应佩戴相应的个人防护用品，如防护眼镜、口罩、耳塞、防护手套、防护服等，以减少有害因素对身体的直接接触。

（2）正确使用个人防护用品：员工应接受相关培训，了解如何正确使用个人防护用品，并按照操作规程正确佩戴和使用，以提高个人防护效果。

（3）个人卫生习惯：员工应养成良好的个人卫生习惯，如勤洗手、戴口罩、保持身体清洁等，以减少疾病传播和交叉感染的风险。

2. 工作环境改善措施

（1）通风换气：对于有害气体、粉尘等污染物较严重的工作场所，应采取通风换气措施，保持空气流通，减少有害物质的浓度。

（2）隔离防护：对于与有害物质直接接触的工作岗位，应设置合适的隔离设施，如防护罩、隔离间等，以减少有害物质对员工的直接接触。

（3）消除危险源：通过改良工艺、设备更新等方式，消除或减少有害因素的产生，降低工作环境中有害物质的浓度和危害程度。

（4）定期维护设备：定期检查和维护生产设备，确保其正常运行，减少因设备故障导致的职业卫生问题。

（5）安全标识：在工作场所设置相关的安全标识，明确危险区域、禁止区域等，提醒员工注意安全。

3. 职业卫生监测措施

（1）职业病危害因素监测：定期对工作场所的空气、噪音、辐射等有害因素进行监测，确保其符合国家职业卫生标准。

（2）职业健康体检：定期对员工进行职业健康体检，及时发现职业病早期症状，采取相应的防治措施，保障员工的身体健康。

（3）职业卫生档案管理：建立完善的职业卫生档案管理制度，记录员工的职业卫生检测结果和防护措施的执行情况，为职业卫生管理提供依据。

技能点 8　安全管理对策措施

安全管理对策措施在煤矿企业的安全生产工作中起着非常重要的作用。安全管理对策措施是通过一系列管理手段将企业的安全生产工作整合、完善、优化，将人、机、物、环境涉及安全生产工作的各个环节有机地结合起来，保证煤矿生产在安全健康的前提下正常进行，使安全技术对策措施发挥最大的作用。在某些缺乏安全技术对策措施的情况下，为了保证生产经营活动的正常进行，依靠安全管理对策措施的作用加以弥补。

安全管理对策措施的具体内容涉及面较为广泛，《中华人民共和国安全生产法》《煤矿安全规程》《煤矿安全监察条例》等许多法律法规和政府行政规章中具体的条款内容都能涉及。如《中华人民共和国安全生产法》中第四条规定：生产经营单位必须遵守本法和其他有关安全生产的法律、法规，加强安全生产管理，建立健全全员安全生产责任制和安全生产规章制度，加大对安全生产资金、物资、技术、人员的投入保障力度，改善安全生产条件，加强安全生产标准化、信息化建设，构建安全风险分级管控和隐患排查治理双重预防机制，健全风险防范化解机制，提高安全生产水平，确保安全生产。第二十八条规定：生产经营单位应当对从业人员进行安全生产教育和培训，保证从业人员具备必要的安全生产知识，熟悉有关的安全生产规章制度和安全操作规程，掌握本岗位的安全操作技能，了解事故应急处理措施，知悉自身在安全生产方面的权利和义务。未经安全生产教育和培训合格的从业人员，不得上岗作业。第四十四条规定：生产经营单位应当教育和督促从业人员严格执行本单位的安全生产规章制度和安全操作规程；并向从业人员如实告知作业场所和工作岗位存在的危险因素、防范措施以及事故应急措施。

安全生产管理是以保证建设项目建成以后以及现实生产过程安全为目的的现代化、科学化的管理。其基本任务是发现、分析和控制生产过程中的危险、有害因素，制定相应的安全卫生规章制度，对企业内部实施安全卫生监督、检查，对各类人员进行安全、卫生知识的培训和教育，防止发生事故和职业病，避免、减少有关损失。

即使具有本质安全性、高度自动化的生产装置，也不可能全面地、一劳永逸地控制、预防所有的危险、有害因素（例如维修等辅助生产作业中存在的、生产过程中设备故障造成的危险有害因素）和防止作业人员的失误。安全管理是煤矿企业管理的重要组成部分，是保证矿山安全生产必不可少的措施。

作 业

1. 安全和事故的定义是什么？
2. 安全技术措施的目的是什么？安全技术的任务是什么？
3. 矿山事故有哪些特征？
4. 矿山事故分类为哪几类？
5. 矿山安全技术对策措施遵循的原则是什么？包括哪些内容？
6. 矿山安全技术对策措施有哪些？

模块 2　矿井瓦斯防治

知识目标

1. 掌握矿井瓦斯的基本概念。
2. 掌握矿井瓦斯管理的意义及方法。
3. 掌握矿井瓦斯危险源辨识及管理方法。
4. 掌握煤与瓦斯突出的特点与特性。

能力目标

1. 能够对矿井进行压力测定及分析。
2. 能够根据矿井实际情况提出治理瓦斯意见。
3. 能够进行矿井瓦斯抽采。

素质目标

1. 正确进行矿井瓦斯抽放。
2. 正确处置煤与瓦斯突出预兆及险情判断。

任务 1　认识矿井瓦斯与瓦斯事故

矿井瓦斯主要成分是甲烷，是在煤的生成和煤的变质过程中伴生的气体，古代植物在堆积成煤的初期，纤维素和有机质经厌氧菌的作用分解而成。瓦斯能燃烧或爆炸，是煤矿主要灾害之一，国内外已有不少由于瓦斯爆炸造成人员伤亡和严重破坏生产的事例。因此必须采取有效的预防措施，避免发生瓦斯爆炸事故，确保安全生产。通过本任务的学习，使学生对矿井瓦斯和瓦斯事故有一定的认识，并对瓦斯的危害性有深刻的了解，能够根据瓦斯涌出量对框架进行瓦斯等级划分。

子任务 1　认识矿井瓦斯

瓦斯是在煤矿生产过程中形成的一个概念。广义的矿井瓦斯是指煤矿井下各种有害气体的总称。矿井瓦斯成分很复杂，主要成分是甲烷（CH_4，俗称沼气），其次是二氧化碳（CO_2）和氮气（N_2），另外还有少量的氢气（H_2）、一氧化碳（CO）、二氧化硫（SO_2）、硫化氢（H_2S）、二氧化氮（NO_2）、一氧化氮（NO）、氨气（NH_3）和重烃类气体（C_2H_6、C_4H_{10}、C_5H_{12}）等。

狭义矿井瓦斯就是指甲烷（CH_4）。因为甲烷在煤矿井下各种有害气体中所占的比重最大，可达80%甚至90%以上，同时，甲烷对煤矿的危害也最严重。通常所说的矿井瓦斯以及煤矿术语中的瓦斯习惯上都是指甲烷。

技能点1 矿井瓦斯的性质

矿井瓦斯是指矿井中主要由煤层气构成的以甲烷为主的有害气体，有时单独指甲烷。甲烷是无色、无味、无臭的气体；不易溶于水；相对空气密度为0.554，比空气轻；它有很强的扩散性、渗透性；甲烷本身无毒，但不能供人呼吸；甲烷不助燃，但具有燃烧和爆炸性。

（1）瓦斯是一种无色、无味、无臭的气体。要检查空气中是否含有瓦斯及其浓度，仅靠人的感官检查是不行的，必须使用专用的瓦斯检测仪才能检测出来。

（2）瓦斯密度较小，具有较强的上浮力。在温度为0 ℃、大气压力为101 325 Pa的标准状态下，瓦斯的密度为0.716 kg/m^3，是空气密度的0.554倍。因此瓦斯容易在巷道上部顶板冒落的空洞等处积聚。

（3）瓦斯有很强的扩散性。矿井一旦有瓦斯涌出，就能扩散到巷道附近。这样，既增加了检查瓦斯涌出源的难度，也使瓦斯的危害范围扩大。

（4）瓦斯的渗透性很强。在一定瓦斯压力和地压共同作用下，瓦斯能从煤岩中向采掘空间涌出，甚至喷出或突出。利用这个特性向煤层中打钻抽放瓦斯，可降低煤层瓦斯赋存量并变害为利、开发利用。

（5）矿井瓦斯具有燃烧性和爆炸性。瓦斯与空气混合到一定浓度时，遇到引爆热源就能引起燃烧或爆炸，严重影响和威胁矿井安全生产，一旦形成灾害事故，常会给国家财产和职工生命健康造成巨大损失。

（6）瓦斯本身无毒，但具有窒息性。空气中的瓦斯浓度增高时，氧气浓度就要相对降低会因缺氧而使人窒息。当瓦斯浓度为43%时，空气中氧气的浓度降到12%，人在此环境下会感到呼吸短促；当瓦斯浓度达到57%时，相应的氧气浓度降到9%，人即刻处于昏迷状态并有死亡危险。井下通风不良的盲巷，往往积存大量瓦斯，如果未经检查贸然进入，就可能因缺氧而很快昏迷、窒息，甚至死亡。

（7）瓦斯是一种温室气体，同比产生的温室效应是二氧化碳的20倍在全球气候变暖中的份额为15%，仅次于二氧化碳。我国是煤炭生产和消费大国，煤炭开采每年向大气排放瓦斯量约占世界采煤排放瓦斯总量的1/3，瓦斯对大气的严重污染已引起关注。

（8）瓦斯在煤层及围岩中的赋存状态有以下2种：

① 游离状态。瓦斯以自由气体状态存在于煤层或围岩的空隙之中，其分子可自由运动，处于承压状态。

② 吸附状态。吸附状态的瓦斯按照结合形式的不同，又分为吸着状态和吸收状态。吸着状态是指瓦斯被吸着在煤体或岩体微孔表面，在表面形成瓦斯薄膜；吸收状态是指瓦斯被溶解于煤体中，与煤分子相结合。

技能点 2　矿井瓦斯的涌出形式

瓦斯涌出是指在生产过程中，煤（岩）层中的瓦斯不断向采掘面的空间、井巷内释放的现象。涌出形式分：

1. 普通涌出

瓦斯通过煤体或周围的细微裂隙，从其暴露上均匀、缓慢，连续不断地放出的形式。它是井下瓦斯涌出的主要形式，其特点是时间长、涌出量大、范围大，不易觉察。

2. 特殊涌出

特殊涌出又分喷出和突出。

（1）喷出：大量瓦斯在地核动力作用下，从煤层、围岩的裂隙中快速放出的现象。特点：发生在局部地点，喷出时间有长有短，即几小时到几天，几个月到几年，喷出量大。

（2）突出：在地应力和瓦斯压力的共同作用下，破碎的煤和瓦斯由煤体突然向采掘空间喷出的现象。特点：涌出突然，时间短，速度快，且大量集中，伴有强大的冲击动力和声响，有很大的破坏性，对矿井安全生产威胁很大。

技能点 3　矿井瓦斯的危害

瓦斯是煤矿井下主要危险源，严重威胁煤矿安全生产。瓦斯爆炸、煤与瓦斯突出是当今煤矿灾害之最。一旦发生瓦斯爆炸，不仅会造成大量人员伤亡，摧毁井下设备和设施，有时还会引起煤尘爆炸或矿井火灾，导致灾害扩大。煤与瓦斯突出发生后，能摧毁井巷设施，破坏通风系统，造成人员窒息，甚至引起矿井火灾和瓦斯爆炸等二次事故。矿井瓦斯的危害主要有以下 3 个方面：

（1）当空气中瓦斯的含量达到一定值时，遇火就会燃烧或爆炸。瓦斯气体和氧气的量相匹配时，反应就充分、剧烈，表现为瓦斯爆炸；反之就表现为瓦斯燃烧。

（2）当空气中瓦斯浓度很高时，空气中的氧含量相对降低，会使人窒息。

（3）煤层及围岩中的瓦斯气体达到一定的压力，在冲击地压和采掘活动等诱因作用下，可以导致煤与瓦斯突出。

技能点 4　矿井瓦斯等级的划分

矿井瓦斯等级根据矿井相对瓦斯涌出量、矿井绝对瓦斯涌出量和瓦斯涌出形式，划分为瓦斯矿井、高瓦斯矿井和煤与瓦斯突出矿井。

矿井瓦斯等级按照平均日产 1 t 煤涌出瓦斯量和瓦斯涌出形式划分如下：

1. 瓦斯矿井

矿井相对瓦斯涌出量小于或等于 10 m^3/t，且矿井绝对瓦斯涌出量小于或等于 40 m^3/min。

2. 高瓦斯矿井

矿井相对瓦斯涌出量大于 10 m^3/t 或矿井绝对瓦斯涌出量大于 40 m^3/min。

3. 煤与瓦斯突出矿井

矿井在采掘过程中只要发生过一次煤与瓦斯突出，该矿井即定为突出矿井，发生突出的煤层即定为突出煤层。

子任务 2　瓦斯事故危险性分析

技能点 1　瓦斯事故危险性分析的意义

在生产建设活动中一旦发生事故，给人们带来的不幸常常是巨大惨痛的和难以弥补的。这一点已被越来越多的企业所认识。我国煤矿生产大多数是地下作业，自然因素很多，许多矿井都不同程度受到火灾、顶板、瓦斯、煤尘、水等灾害的威胁，发生各种事故的概率比较高。而在这些事故中，瓦斯爆炸事故对矿井的威胁尤其严重。党的二十大报告指出，坚持安全第一、预防为主，建立大安全大应急框架，完善公共安全体系，推动公共安全治理模式向事前预防转型。这些均为安全生产工作指明了方向，提供了坚实的思想理论基础和强大的精神动力。所以在这种新的形势下研究煤矿瓦斯爆炸事故的危险性就显得具有必要性和重要性，具有重大意义。

为改变矿山的安全状况，减少矿山伤亡事故，针对矿山安全的重大问题组织有关研究，具有重大的经济、社会和政治意义。瓦斯爆炸事故危险性评价其目的在针对我国矿山生产这样一个特殊作业的实际情况，提出瓦斯爆炸事故发生的模式，辨识原理以及预警方法，研究适合我国情况的矿山企业安全评价理论方法，提出各类矿山企业安全评价理论方法，提出瓦斯爆炸事故发生的可能性、危害性的定量评价方法，开发矿山重大灾害预警技术，以及改善我国矿山生产过程中的安全落后状况，提高对矿山瓦斯预防及控制结果。

我国政府对矿山事故的控制和预防一直很重视，并且投入了很大的资金改善矿山企业设备、利用新的检测手段和监控手段，取得了不错的效果。但是对危险源的辨识和评价有些不足，对重大灾害的预警研究相对不足，管理手段落后。随着我国矿山企业向大型化、设备现代化发展，矿山危险源的辨识及危险性评价这一课题成为了矿山企业安全管理的当务之急。我们需要系统、科学的能反映矿山安全状态的辨识评价方法。

技能点 2　瓦斯爆炸事故特性

瓦斯爆炸事故必须具备的两个因素是爆炸性瓦斯和火源的存在（另外，足够的含氧量对矿井爆炸事故来说这一条件是满足的，在此不予考虑），而瓦斯和火源均属于实体性危险源，即矿山重大危险源。研究和了解瓦斯和火源的特性，将为辨识瓦斯爆炸事故危险源提供可靠的依据和合理的分析方法。

根据大量资料显示，瓦斯爆炸事故中瓦斯和火源具有以下一些主要特性：

（1）任意性和不确定性：指爆炸性的瓦斯和火源出现的时间和地点具有任意性和不确定性。

（2）非瞬时性：指的是爆炸性的瓦斯出现往往不是短暂的和瞬时的，而据大量瓦斯爆炸事故和爆炸事故发生的可能性看，往往在相对较长的一段时间内存在。

（3）非唯一性：指的是爆炸性瓦斯和火源的存在是导致瓦斯爆炸事故的必备因素，这两者缺一不可。

（4）可控性：在此研究的瓦斯爆炸事故危险源都具有可以控制的特性，如果所研究的危险源是无法控制和防范的，则便失去了研究的必要性和可能性。

（5）普遍性和具体性：指在瓦斯爆炸事故中爆炸性瓦斯和火源的存在，以及二者的结合导致瓦斯爆炸事故的发生有着许多共同的原因，但也随着矿井的不同和其他具体条件和环境的不同而不尽相同。因而在进行瓦斯事故危险源的辨识过程中，要以具体矿井资料为前提下，充分结合大量瓦斯爆炸事故资料来进行辨识。

技能点 3　瓦斯爆炸的原理分析

在事故分析中，瓦斯爆炸事故危险源模型与下列的几种因素相关，即瓦斯爆炸事故发生的基本条件：瓦斯的存在与积聚；瓦斯的浓度处于爆炸极限范围内；火源的存在；人因管理的失误。一般来说，绝大部分瓦斯爆炸事故只有在4种因素同时存在并相互作用时才能发生。我们可以用如下模型来表示这四个因素及事故发生的关系，如图 2-1-1 所示。

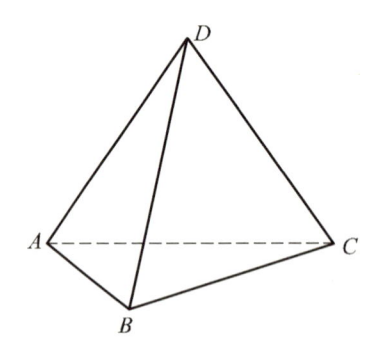

A—瓦斯存在与积聚；B—瓦斯的浓度处于爆炸极限；
C—火源的存在；D—人因管理的失误。

图 2-1-1　瓦斯爆炸事故模型

从图 2-1-1 模型可知，瓦斯爆炸事故是由四个基本因素决定的。就具体事故而言，四个基本条件的特定表现形式和相互作用方式构成了事故的多样性。瓦斯爆炸事故的原理分析：

1. 瓦斯的积聚与存在

瓦斯积聚的主要原因可以分为以下几大类：通风设备设施原因、通风系统（不含设施设备）原因、瓦检人员原因、管理不善、其他因素等。其中，上述各类原因是对许多危险源的一种综合，而不是具体的危险源，其辨识过程还需进行具体实际的辨识与分析。瓦斯-空气混合气体爆炸极限与氧浓度的关系如图 2-1-2 所示。

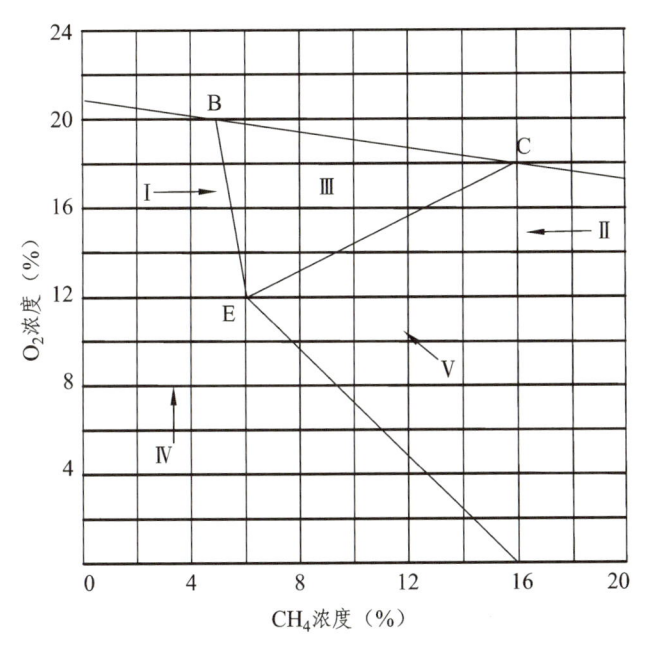

Ⅰ—瓦斯积聚后进入爆炸区；Ⅱ—高瓦斯燃烧区；Ⅲ—瓦斯爆炸区；
Ⅳ—不爆炸区；Ⅴ—通入新鲜空气燃烧或爆炸

Ⅰ—瓦斯积聚后进入爆炸区；Ⅱ—高瓦斯燃烧区；Ⅲ—瓦斯爆炸区；
Ⅳ—不爆炸区；Ⅴ—通入新鲜空气燃烧或爆炸。

图 2-1-2　瓦斯-空气混合气体爆炸极限与氧浓度的关系

2. 瓦斯的浓度处于爆炸极限范围内

大量研究表明，瓦斯爆炸极限随混合气体中氧浓度的降低而缩小。当氧浓度降低，瓦斯爆炸下限缓慢增高，爆炸上限则迅速下降，如图 2-1-2 中的 BE 和 CE 线所示。当氧浓度降低到 12% 时，瓦斯混合气体就会失去爆炸性，遇火也不会发生爆炸。同样如果有惰性气体加入，则随着惰性组分的增加，瓦斯的爆炸范围也有明显的缩小，爆炸上、下限将汇于一点。在氧气与瓦斯的坐标图上，瓦斯上、下限浓度变化轨迹组成一个三角形，如图第Ⅲ区。当混合气体的组分点位于三角形 BCE 范围时，混合气体遇火能发生爆炸。

瓦斯爆炸三角形对封闭或启封火区、密闭区惰化灭火、排放瓦斯、火区瓦斯爆炸的危险性判断等具有指导意义。例如，在封闭火区的密闭过程中，由于供风量减小，甲烷浓度增大，混合气体的组分点可能会落入图的 BCE 三角形内，遇火便会发生瓦斯爆炸。从区域划分可以看出：如果井下瓦斯异常涌出，使空气中瓦斯浓度积聚升高，或者井下通风量突然增加。则图中五个区域之间如箭头所示可以相互转化。

3. 火源的存在

对瓦斯爆炸事故来说，火源的存在是一个很重要的因素，没有火源无论瓦斯处于何种危险状态，瓦斯爆炸事故将不可能发生，同时火源也是最难控制与管理的。

4. 人因管理的失误

由于煤矿是一个有序生产系统，所以瓦斯爆炸形成事故，除了爆炸的三个物理条件外，还与管理因素密切相关。对我国所发生的瓦斯事故的统计分析表明，绝大部分事故是由于管理失误造成，特别是死亡数在 10 人及以上的重大或特大瓦斯爆炸事故，几乎都是安全管理失误造成的。安全管理方面存在的问题可以概括为两个方面，一是管理决策和方式失误，二是管理系统存在严重缺陷。

任务 2　矿井瓦斯管理

煤层瓦斯压力是指瓦斯在煤层中所呈现的气体压力，是煤层孔隙和裂隙中的游离瓦斯自由热运动对孔隙和裂隙空间壁面所产生的作用力，其单位是兆帕（MPa）。我国煤矿绝大多数是瓦斯矿井，瓦斯事故为煤矿生产中最严重的自然灾害之一。准确测定煤层瓦斯压力对预测煤层瓦斯含量、预测矿井瓦斯涌出量、预测预报煤与瓦斯突出危险性、制定瓦斯防治措施都具有非常重要的意义。通过本任务的学习，使学生能够了解矿井瓦斯压力和含量测定，并掌握瓦斯检测方法，能够进行矿井瓦斯危险源辨识，从而全面掌握矿井瓦斯管理。

子任务 1　煤层瓦斯压力和含量影响因素分析

煤层瓦斯压力测定是一个涉及人、设备、环境以及管理等因素的系统工程，测压过程中应充分考虑这些因素对测压效果的影响。在众多因素中，测压结果的准确性主要取决于人。在测压过程中应加强对人的管理、培训。人员素质提高后才能对测压设备、环境等进行有效地组织才能合理选择测压方法、测压地点以及封孔工艺，提高钻孔测压的成功率，才能准确测定煤层瓦斯压力。

技能点 1　煤层瓦斯压力的概念

煤层瓦斯压力是指煤层孔隙中所含游离瓦斯呈现的压力，即瓦斯作用于孔隙壁的压力。煤层瓦斯压力是瓦斯涌出和突出的动力，也是煤层瓦斯含量多少的标志。准确测定瓦斯压力对矿井有效而合理的防治瓦斯灾害。预测预报煤与瓦斯突出危险性，合理制定防突消突措施等均具有十分重要的意义。煤层瓦斯压力测定是向煤层打一个钻孔，通过钻孔在煤孔内布置一根测压管与外界沟通，连上测压表，封闭钻孔与外界的联系。此时由于煤孔内的瓦斯已经向外放散，压力较低，煤孔周围的煤层中瓦斯向煤孔内运移，压力逐渐增高。由于煤孔周围的煤体体积远大于煤孔的空间体积。煤层内的吸附瓦斯量又比游离瓦斯量大得多，故经过一段时间的瓦斯渗流，煤孔内的瓦斯压力逐渐接近煤层的原始瓦斯压力，从外部的压力表上可以读出煤孔内的瓦斯压力值。

技能点 2　影响瓦斯压力测定的因素分析

从系统论的观点出发，瓦斯压力测定是由人、设备、环境共同形成的一个特殊的

"人-机-环境"系统。能否准确测定煤层瓦斯压力必然要受到系统中各种因素以及它们之间的相互关系的影响。系统中的人包括打钻人员、封孔人员以及煤矿工作人员。设备包括测压管、回浆管、注浆管、连接设备、注浆泵、封孔材料、测压表等。环境包括测压地点、煤层顶底板岩性情况、地质构造影响煤体性质、钻孔的设计参数等。这些因素之间的关系复杂，涉及面很广，一个因素处理不好就可能导致测压的失败。因此，必须对它们进行合理地组织、分析才能准确地测出煤层的瓦斯压力，下面来具体分析影响瓦斯压力测定的因素。

1. 人员操作因素

人是测压的主体，同时又是影响测压的主要因素，可以说测压结果的准确性主要取决于人。人员操作因素的影响主要表现在人员的责任心不强和不规范性操作。如：测压钻孔布置不合理、打钻人员为图方便私自改变钻孔参数、钻孔深度不足或过长；测定时间掌握不规范，打钻与测定之间的时间间隔太长或者测定时未等压力表上的瓦斯压力数值稳定时就拆表读数；封孔不规范导致测压管堵塞或漏气等。这其中主要涉及的人员有技术员、打钻人员以及封孔人员。

2. 设备因素

测压设备必须具有良好的技术和质量状态，否则也会导致测压结果的不准确。由于测压设备使用时间较长时会发生损坏，使得测定误差较大。如采用水泥浆封孔时涉及的设备主要有测压管、回浆管、注浆管连接设备、注浆泵、封孔材料、测压表等。这些设备的技术和质量状态与测压结果有密切关系。

3. 环境因素

1）测压地点

煤层瓦斯压力的大小取决于煤生成后，煤层瓦斯排放条件。测压地点的选取是直接影响测压是否成功的一个关键因素。选择测压地点时，可参考以下原则：

（1）煤层周围无采空区，尽量选取在新开拓的岩石巷道。

（2）测压地点一般选择在岩石比较完整，周边地质构造单一的岩巷中进行：测压钻孔及其见煤点应避开地质构造裂隙带、巷道的卸压圈和采动影响范围，测压煤层周围岩石致密完整、无破碎带。

（3）煤层 50 m 范围内无断层和大的裂隙、岩层无淋水，岩柱（垂高）至少>10 m。

（4）同一地点测压应打 2 个测压钻孔，钻孔口距离应在其相互影响范围外，其见煤点的距离除石门测压外应≥20 m。测压结果以压力较大的一个为准。

（5）选择测压地点应保证有足够的封孔深度。一般的岩巷打钻，钻孔深度不宜<12 m。

（6）应尽可能地选择施工仰角测压孔，避免俯角和水平钻孔。

（7）如果选取顺煤层施工测压孔，钻孔长度≥40 m。选取构造简单有利于施工的最新开掘的煤巷。

2）地质构造的影响

矿井中的断层或破碎带等地质条件对压过程有很大的影响，如果必须在断层裂隙带或破碎带地段施工测压孔时，首先必须对测压孔周围 50 m 范围内注水泥浆或其他封堵材料，封堵围岩裂隙，这样才能准确测定瓦斯压力。

3）煤层顶底板岩性情况

如果煤层的顶底板比较致密，这将有利于瓦斯在煤层中赋存，减少游离瓦斯的排放，有利于测压工作缩短测压时间。

4. 管理方面的因素

矿井或科研鉴定机构对测压工作重视不够、管理不科学、不严格等，这也会间接导致测压结果的不准确。有效的管理能够使得人、设备、环境组成一个能够有效实现预期目标的系统。管理看似是影响测压结果的间接因素，却是最具根本、最能制约瓦斯压力准确性的关键所在，无论是科研鉴定机构还是煤矿自身在测压时都应重视安全管理。

5. 其他影响因素

1）瓦斯压力测定方法

测定煤层瓦斯压力时。通常是从岩石巷道向煤层打孔径为 50～75 mm 的钻孔，孔中放测压管，将钻孔密封后用压力表直接进行测定。实践证明，应尽可能采用上向施工测压孔，避免下向和水平孔测压。尽管下向孔在理论上是行得通的，但由于下向孔的施工和封孔质量很难保证，测压成功的几率很小。

2）封孔工艺的选择

不同的封孔工艺对测压效果有不同的影响，选择什么样的封孔工艺直接关系到测压结果的准确性，下面来分析一下各种封孔工艺的优缺点。

（1）黏土封孔。此种方法优点是简单易行，对封孔材料的要求也不高，封孔成本较低。缺点在于其封孔长度受限制，如孔深较长，黏土太软会导致刚度不够，无法送到指定长度；黏土太硬会导致封孔不密实，影响测压效果。

（2）水泥砂浆封孔。此种方法的优点就在于可以封孔深较长的孔；其封孔材料在封孔时为液态。凝固后变为固态，对人员技术要求会有所降低，有效地解决了黏土封孔遇到的难题。固体封孔方法封孔在封孔段岩层为松软的砂岩、钻孔周围存在微裂隙或直接在煤层打测压钻孔时，固体物不能严密封闭钻孔周边裂隙，易于漏气。测出的瓦斯压力值往往低于真实的煤层瓦斯压力。

（3）胶囊黏液封孔。胶囊粘液封孔方法在当封段岩层为松软的砂岩、钻孔周围存在微裂隙或直接在煤层打测压钻孔时可以比固体封孔方法更有效更准确测出瓦斯压力的方法具有封孔时间短，密封效果较好的特点。缺点就是造价高，而且在松软岩层或煤层打测压钻孔出现塌孔时，测压封孔设备会被埋入孔中无法回收，这样会导致测压钻孔成本上升，但此封孔方法测压效果比固体封孔方法好。

（4）聚氨酯泡沫封孔。该方法继承了胶圈胶囊封孔的优点，比之还降低了测压成本，且操作简单。配比可以延长发泡时间，发泡位数较高；克服了黄泥、水泥砂浆等在岩石微裂隙封孔不严等缺点，它能扩散渗透到钻孔周围的裂隙，大大提高封孔质量，是一种封孔测压的有效方法，测压效果更好。

子任务 2　煤层瓦斯压力和含量测定

技能点 1　煤层瓦斯压力测定

煤层瓦斯压力是指瓦斯在煤层中所呈现的气体压力，是煤层孔隙和裂隙中的游离瓦斯自由热运动对孔隙和裂隙空间壁面所产生的作用力，其单位是兆帕（MPa）。我国煤矿绝大多数是瓦斯矿井，瓦斯事故为煤矿生产中最严重的自然灾害之一。准确测定煤层瓦斯压力对预测煤层瓦斯含量、预测矿井瓦斯涌出量、预测预报煤与瓦斯突出危险性、制定瓦斯防治措施都具有非常重要的意义。

瓦斯压力测定方法有直接测定法和间接测定法。

1. 直接测定法

直接测定法是通过钻孔揭露煤层，安装测定仪表并密封钻孔，利用煤层中瓦斯的自然渗透原理测定在钻孔揭露处达到平衡的瓦斯压力。

1）测定地点的选择

（1）同一地点应打两个测压钻孔，孔口距离应在其相互影响范围外，其见煤点间的距离除石门测压外应不小于 20 m。预测石门揭煤工作面突出危险性的瓦斯压力测定，按《防治煤与瓦斯突出规定》的有关规定进行。

（2）除在煤巷中测定本煤层瓦斯压力外，测定地点应选择在石门或岩巷中。

（3）钻孔应避开地质构造裂隙带巷道的卸压圈和采动影响范围。

（4）测定煤层原始瓦斯压力的见煤点应避开地质构造裂隙带、巷道、采动及抽采等的影响范围。

（5）选择瓦斯压力测定地点应保证有足够的封孔深度。

（6）瓦斯压力测定地点宜选择在进风系统，行人少且便于安设保护栅栏的地方。

2）测压方法的分类

（1）按测压方式分：

① 主动测压法：钻孔封完孔后，通过钻孔向被测煤层充入补偿气体达到瓦斯压力平衡而测定煤层瓦斯压力的测压方法，称为主动测压法。补偿气体可选用高压氮气（N_2）、高压二氧化碳气体（CO_2）或其他惰性气体。补偿气体的充气压力应略高于预计煤层瓦斯压力。

② 被动测压法：钻孔封完孔后，通过被测煤层瓦斯的自然渗透，达到瓦斯压力平衡而测定其瓦斯压力的测压方法，称为被动测压法。

（2）按封孔材料分：

①"胶囊—密封黏液"封孔测压法封孔材料为胶囊、密封黏液，封孔方式为手工操作。适用于松软岩层或煤巷瓦斯压力测定。

② 注浆封孔测压法：封孔材料为膨胀不收缩水泥浆加黏液，封孔方式为压气注浆器或泥浆泵注浆封孔。适用于井下各种条件下的瓦斯压力测定，特别适用于近距离煤层群分煤层的瓦斯压力测定。

3）测压方法的选择

测压处岩石坚硬裂隙少，可采用黄泥、水泥封孔测压法。

（1）在松软岩层及煤巷中测定煤层的瓦斯压力时钻孔长度小于或等于 15 m 时应采用。

（2）胶囊—密封黏液封孔测压法；钻孔长度大于 15 m 时，应采用注浆封孔测压法。

（3）竖井揭煤可采用注浆封孔测压法。预测石门揭煤工作面突出危险性的瓦斯压力测定，按《防治煤与瓦斯突出规定》的有关规定进行。

（4）测定邻近煤层的瓦斯压力或煤层群分层测压应采用注浆封孔测压法。

（5）测压时间充足时，宜采用被动测压法；测压时间较短时，应采用主动测压法。

4）钻孔施工

钻孔的开孔位置应选在岩石（煤壁）完整的位置，钻孔施工应保证钻孔平直、孔形完整；穿层测压钻孔宜穿煤层全厚，钻孔施工好后，应立即清洗钻孔；保证钻孔畅通；在钻孔施工中应准确记录钻孔方位、倾角、长度、钻孔开始见煤长度及钻孔在煤层中长度，钻孔开钻时间见煤时间及钻毕时间。

5）封孔

钻孔施工完后应在 24 h 内完成封孔工作。

（1）准备工作：

① 按选用的封孔方法准备好封孔材料仪表工具等。

② 检查测压管是否通畅及其与压力表连接的气密性。

③ 钻孔为下向孔时应将钻孔水排除。

（2）封孔深度。

① 封孔深度应超过钻孔施工地点巷道的影响范围并满足以下要求：黄泥、水泥封孔测压法的封孔深度应不小于 5 m；胶囊-密封黏液封孔测定本煤层瓦斯压力的封孔深度应不小于 10 m；注浆封孔测压法的封孔深度不小于 12 m；煤层群分层测压时则应封堵至被测煤层在钻孔侧的顶板或底板；应尽可能加长测压钻孔的封孔深度。

② 本煤层测压孔封孔应保证其测压气室长不小于 1.5 m 穿层测压孔的封孔不宜超过被测煤层在钻孔侧的顶板或底板。

（3）黄泥、水泥封孔测压法封孔步骤。

① 将挡板固定在测压管的端头，然后送至预定的封孔深度。

② 用送料管将封孔材料送至挡板处，轻轻捣实将测压管固定住，然后将黄泥或水泥团逐步送入孔中，并用送料管将其捣实，一直到孔口。在封孔的过程中，每隔 1 m 左右打入 1 个木塞。

③ 在距孔口 0.5 m 处用速凝水泥封孔，孔口用木楔固定。

④ 封孔 24 h 后，安装压力表。

（4）胶囊—密封黏液封孔测压法封孔步骤。

① 在测压地点先将封孔器组装好，将其放入预计的封孔深度，在钻孔孔口安装好阻退楔，连接好封孔器与密封黏液罐、压力水罐，装上各种控制阀，安装好压力表。

② 启动压力水罐开关向胶囊充压力水，待胶囊膨胀封住钻孔后开启密封黏液罐往钻孔的密封段注入密封黏液，密封黏液的压力应略高于煤层预计的瓦斯压力。

（5）注浆封孔测压法封孔步骤。

钻孔直径为 65~75 mm，钻孔长度为 15~70 m。封孔步骤为：

① 将测压管安装至预定的封孔深度，在孔口用木楔封住，并安装好注浆管。

② 根据封孔深度确定膨胀不收缩水泥的使用量，按一定比例配好封孔水泥浆，用压气注浆器或泥浆泵一次连续将封孔水泥浆注入钻孔内。

③ 注浆 48 h 后，通过测压管用手摇注液泵将黏液注入钻孔内。

④ 撤下手摇注液泵，在孔口安装三通及压力表。

6）瓦斯压力观测与确定

（1）测压管理。

必须设专人负责瓦斯压力的测定工作，在瓦斯压力测定过程中，应做好各种参数及施工情况的记录。

（2）观测。

（3）瓦斯压力观测时间。

采用主动测压法时，当煤层的瓦斯压力小于 4 MPa 时需观测 5~10 d；当煤层的瓦斯压力大于 4 MPa 时则需观测 20~40 d。采用被动测压法时，视煤层的瓦斯压力及透气性大小的不同，需观测 30 d 以上。

（4）瓦斯压力的确定。

将观测结果绘制在以时间（d）为横坐标，瓦斯压力（MPa）为纵坐标的坐标图上，当测压时间达到上述规定，如压力变化小于 0.005 MPa/d，测压工作即可结束；否则，应延长测压时间。

对于上向测压钻孔，在结束测压工作、拆卸表头时（应制定相应的安全措施），应测量从钻孔中放出的水量，根据钻孔参数、封孔参数计算出钻孔水的静水压力，并从测定压力中扣除。对水平及下向测压孔则以测定值作为瓦斯压力值。同一地点以最高瓦斯压力作为测定结果。

2. 间接测定法

间接法测定煤层瓦斯压力是根据煤层瓦斯流动规律、煤层透气性系数、瓦斯解析规律、煤层瓦斯含量系数曲线，在测压地点附近测定的煤层瓦斯涌出量，或统计采掘中的瓦斯涌出量等参数，进行计算推测出需要测定地点的瓦斯压力。目前，国内外主要采用直接测定法获取煤层瓦斯压力参数，但是当现场缺乏测压条件，无法采用直接法测定煤层瓦斯压力时，间接测定法提供了一种获取瓦斯压力的重要手段。同时，通过与直接法测定结果相比较，间接测定法可对测压数据的可靠性进行一定程度的校验。此外，间接法还具有节省测试费用和用时较短等优点。

1）利用煤层原始瓦斯含量推算瓦斯压力

即利用特制的密闭钻头从煤体内部预定地点采取煤样，然后采用解吸法将煤样中的瓦斯全部抽出，根据煤样的质量或体积和解吸出的总的瓦斯量求出单位质量或体积的瓦斯量。再按瓦斯含量曲线或瓦斯含量公式 $X = ap^{1/2}$ 反求出瓦斯压力。该方法要求密封钻头的密封性能良好，当密封性能良好时，其所求的瓦斯压力比较准确。

2）利用残余瓦斯含量推算煤层瓦斯压力

其基本原理与利用煤层原始瓦斯含量推算瓦斯压力的方法相同，不同之处在于这种方法采用普通岩芯管采样，而不用密闭钻头。取出煤样后迅速放入煤样密闭罐中，并记录从开始取样到放入罐中的时间 t_0，然后再到地面实验室测出煤样中的剩余瓦斯含量。每次测量完毕后再充以瓦斯，达到某一压力后，突然放散瓦斯，放散瓦斯的时间与 t_0 相同，然后再测其剩余瓦斯含量。如此变换瓦斯压力，重复操作几次，根据测量结果绘制出真实瓦斯压力 p 和放散瓦斯时间 t_0 后的剩余瓦斯含量 X_M 的关系曲线，即可求得煤层瓦斯压力。这种测定方法的优点是井下操作较少，缺点是室内工作量大。

3）利用煤屑解析指标 Δh_2 测算瓦斯压力

煤屑解吸指标 Δh_2 的大小反映了煤样采集地点的瓦斯压力、煤的变质程度和煤的强度特性。该方法的基本原理是通过实验室对煤样进行瓦斯解吸规律研究，然后根据解吸数据反求出所测地点的煤层瓦斯压力。其操作过程如下：选择新暴露的煤壁或煤巷，沿煤层倾向打钻（钻孔深度要求超过巷道瓦斯排放带的深度），在打钻过程中进行定点采样，利用 MD2 型煤屑瓦斯解吸仪每隔 2 m 测定一次钻屑解吸指标并记录观察煤屑解吸指标的变化规律。取其解吸指标量最大值附近的煤样 2~4 份送实验室，进行脱气 48 h，然后在不同瓦斯压力条件下，向煤样中充以甲烷纯度为 99.99% 的瓦斯进行吸附实验，吸附 48 h 后测定煤屑解吸指标 Δh_2 值，从而得到一系列不同瓦斯压力下的解吸指标值。比较井下煤屑实测瓦斯解吸指标值和实验室解吸指标值相对应的瓦斯压力值，即可确定出煤层瓦斯压力。

技能点 2　煤层瓦斯含量测定

煤层瓦斯含量是计算瓦斯储量与瓦斯涌出量的基础，也是预测煤与瓦斯突出的危险性、确定瓦斯预抽率的重要参数之一，所以准确测定煤层瓦斯含量是非常重要的。煤层瓦斯含量是确定矿井瓦斯涌出量的基础数据，是矿井通风设计与矿井瓦斯抽采设计的重要参数之一。煤层瓦斯含量是单位质量煤中所含瓦斯的体积。煤层未受采动影响时瓦斯含量称为原始瓦斯含量；受采动影响，已有部分瓦斯排出而剩余在煤层中的瓦斯量称为残存瓦斯含量。在用煤层瓦斯含量预测矿井瓦斯涌出量时，运至地表的煤炭中的瓦斯含量简称为残存瓦斯含量。煤层瓦斯压力是用间接法计算瓦斯含量的基本参数，也是衡量煤层突出危险性的重要指标。

煤层瓦斯含量测定方法根据应用范围可分为：地质勘探钻孔法和井下测定法两类为了准确测定煤层原始瓦斯含量，必须使用专门的仪器在地质勘探钻孔中采样，以保证采样过程中损失的瓦斯量最小，或者采用某种方法对损失的瓦斯量加以补偿。当前，我国地质勘探时广泛使用解吸法测定煤层原始瓦斯含量。该法是以测量煤中解吸的瓦斯数量和解吸强度为基础的一种测定方法，其测定煤层原始瓦斯含量有如下具体步骤。

1. 采 样

用普通岩芯管采取煤芯（煤样），当煤芯（煤样）提升至地表之后，选取煤样 300～400 g，立即装入密封罐中密封。在采样过程中，标明提升煤芯（煤样）在空气中的暴露时间。

2. 瓦斯解吸量测定

煤样装入密封罐后，在拧紧罐盖之前，应将穿刺针头插入垫圈，以便使密封时排出罐内气体。密封后，密封罐应立即与瓦斯解吸仪连接，以测定煤样解吸瓦斯量随时间的变化。测定 2 h 后，得出解吸瓦斯体积 V_1 然后把装有煤样的密封罐送至实验室进行脱气和气体分析。

3. 瓦斯损失量推算

1）钻孔深度小于 500 m 时计算方法

煤样解吸测定前损失瓦斯的量多少取决于煤芯（煤样）在钻孔内和空气中的暴露时间和煤样瓦斯解吸规律。通过实验和理论分析得出，煤样在刚暴露的一段时间内，累计解吸的瓦斯量与煤样解吸时间的平方根成正比，即：

$$V_a = K(t_o + t)^{1/2}$$

式中　V_a——煤样自暴露时起至进行解吸测定时间为 t 时的瓦斯总解吸体积，mL；

　　　t_o——煤样在解吸测定前的暴露时间，min；

$$t_o = t_1/2 + t_2$$

　　　t_1——提钻时间，据经验煤样在钻孔的暴露解吸时间取为 $t_1/2$，min；

　　　t_2——定前煤样在地面的暴露时间，min；

　　　t——解吸测定的时间，min；

　　　K——比例常数，mL/min$^{1/2}$。

显然，解吸测定时测出的瓦斯解吸量 V_1 仅为煤样总解吸量的一部分（即是从 t_o 到 t 那部分解吸量）。解吸测定前煤样在暴露时间 t_o 时已损失的瓦斯量 $V_2 = K(t_o)^{1/2}$ 由此得：

$$V_1 = K(t_0 + t)^{1/2} - V_2$$

上为直线方程式，可用最小二乘法求出常数 K 和 V_2，V_2 即为所求的瓦斯损失量，为简便起见，也可用作图法求算瓦斯损失量。为此，以实测累计瓦斯解吸量 V 为纵坐标，以 $(t_0 + t)^{1/2}$ 为横坐标，把全部解吸观测点标绘在坐标纸上，将开始解吸一段时间内呈直线关系的测点连线，并延长与纵坐标轴相交，其截距即为所求的损失的瓦斯量。

2）钻孔深度大于 500 m 时计算方法

现有的地勘解吸法测定煤层瓦斯含量，存在着钻孔取样深度越大，煤层瓦斯含量预测值越低的严重缺陷，其原因是所采用的取芯损失瓦斯量推算方法不科学，有局限性。使用泥浆介质中提钻过程煤芯（煤样）瓦斯解吸过程模拟测试装置的研究结果表明，煤芯（煤样）原始瓦斯压力、钻孔泥浆压力、提钻速度、瓦斯解吸性能、破坏类型、粒度、内在水分和泥浆温度是在泥浆介质中提取煤样钻芯（煤芯）时影响瓦斯解吸过程的因素，其中煤芯（煤样）原始瓦斯压力、泥浆压力、提钻速度和煤破坏类型是主要影响因素。

提钻取芯过程中，只有当煤芯（煤样）瓦斯压力大于作用于煤芯（煤样）上泥浆压力时，煤中瓦斯才能解吸。泥浆介质中提钻取芯过程中，煤芯（煤样）瓦斯解吸是典型的非等压解吸过程，从开始瓦斯解吸到被提至地面的一段相当长的时间内，煤芯（煤样）中瓦斯处于增速解吸过程，其解吸特性与煤在空气介质解吸特性截然不同，故不能用空气介质中煤的瓦斯解吸规律推算取芯过程的瓦斯损失量。

根据模拟实验结果，以菲克扩散定律为基础，推导建立了描述泥浆介质中提钻过程，煤芯（煤样）瓦斯非等压解吸过程的理论方程和数值模拟法推算取芯过程煤芯（煤样）损失瓦斯量的新方法。在其他条件相同时，提钻过程煤芯（煤样）损失瓦斯量值随提钻速度增加而减小，随煤层原始瓦斯压力增大而增大，三者之间的关系为：

$$X = A_3 e^{-B_3 v/p}$$

式中，A_3，B_3 为与煤层性质有关的系数。

数值模拟法推算取芯过程煤芯（煤样）损失瓦斯量步骤如下：

① 用 $t^{1/2}$ 规律拟合测得数据（t, Q）获得煤芯（煤样）瓦斯扩散系数 D 与等价平均粒度 d 的比值 D/d。

② 将各提钻循环的提钻长度提钻时间泥浆比重煤芯（煤样）装罐时间地面瓦斯解吸数据（t, Q）、D/d、煤的瓦斯吸附常数 a、b 等原始数据录入计算机，形成一定格式的数据文件。

③ 启用包括有泥浆介质提钻过程和取出煤芯（煤样）过程（在空气介质中）的瓦斯解吸数值模拟软件，在赋予 D，d 及煤层原始瓦斯压力 P_{CH4} 初始值的条件下（D 和 d 用测算的值确定初值，P_{CH4} 暂按钻孔见煤深度一半所对应的泥浆压力确定初值），试算包括出现 $P_{CH4}>P_{mud}$（泥浆压力）后的提钻过程，装罐过程和地面解吸测定过程在内的煤芯（煤样）累计瓦斯解吸量，并绘制其与解吸时间的数值模拟关系曲线。

④ 比较数值模拟关系曲线中对应于地面解吸测定时的曲线段与实测地面瓦斯解吸曲线的近似程度 δ（用离差的平方来衡量）。如果 δ 小于某一足够小的数 ε，则输出提钻过程和装罐过程损失瓦斯量；如果 $\delta>\varepsilon$，则按一定方式修正 D，d 及 P_{CH4} 值，并重复上述程序，直至 $\delta<\varepsilon$ 为止。在淮南矿业集团潘一矿和焦作市白庄矿做的实测结果对比，其推算结果的相似误差均小于 15%。上述方法对浅孔与深孔同样适用，但应用时较复杂。

4. 瓦斯残存量实验室测定

经过解吸测定的煤样在密封状态下应尽快送到实验室进行粉碎前加热（95 ℃）真空脱气，脱气后将煤样粉碎，粉碎后再进行脱气，最后进行气体组分分析。脱气、粉碎和气体分析均为残存瓦斯含量测定步骤之一，得出实验室煤样粉碎前后脱出的瓦斯量 V_3、V_4，最后将煤样称重并进行煤样工业分析，得出煤样质量。

5. 煤层瓦斯含量计算

煤层瓦斯含量是上述各阶段泄出的瓦斯总体积与损失的瓦斯量之和与煤样质量的比值，即：

$$X_0 = (V_1 + V_2 + V_3 + V_4)/G$$

式中　X_0——煤层原始瓦斯含量，mL/g 或 mL/g（可燃基）；

　　　V_1——煤样解吸测定中累计解吸的瓦斯体积，mL；

　　　V_2——推算出的瓦斯损失量，mL；

　　　V_3——实验室煤样粉碎前脱出的瓦斯量，mL；

　　　V_4——实验室煤样粉碎后脱出的瓦斯量，mL；

　　　G——煤样质量，g。

应当指出，各阶段放出的瓦斯体积皆应换算为标准状态下的体积进行计算。

子任务 3　矿井瓦斯检测

技能点 1　建立检查制度

（1）矿长、矿技术负责人、爆破工、采掘区队长、工程技术人员、班长、流动电钳工下井时，必须携带便携式甲烷检测仪。瓦斯检查工必须携带便携式光学甲烷检测仪。安全监测工必须携带便携式甲烷报警仪或便携式光学甲烷检测仪。

（2）所有采掘工作面、硐室、使用中的机电设备的设置地点、有人员作业的地点都应纳入检查范围。

（3）采掘工作面的瓦斯浓度检查次数如下：

① 瓦斯矿井中每班至少 2 次。

② 高瓦斯矿井中每班至少 3 次。

③ 有煤（岩）与瓦斯突出危险的采掘工作面，有瓦斯喷出危险的采掘工作面和瓦斯较大、变化异常的采掘工作面，必须有专人经常检查，并安设甲烷断电仪。

④ 采掘工作面二氧化碳浓度应每班至少检查 2 次；有煤（岩）与二氧化碳突出危险的采掘工作面，二氧化碳涌出量较大、变化异常的采掘工作面，必须有专人经常检查二氧化碳浓度。本班未进行工作的采掘工作面，瓦斯和二氧化碳应每班至少检查 1 次；可能涌出或积聚瓦斯或二氧化碳的硐室和巷道的瓦斯或二氧化碳每班至少检查 1 次。

⑤ 瓦斯检查人员必须执行瓦斯巡回检查制度和请示报告制度，并认真填写瓦斯检查班报。每次检查结果必须记入瓦斯检查班报手册和检查地点的记录牌上，并通知

现场工作人员。瓦斯浓度超过本规程有关条文的规定时，瓦斯检查工有权责令现场人员停止工作，并撤到安全地点。

（4）在有自然发火危险的矿井，必须定期检查一氧化碳浓度、气体温度等变化情况。

（5）井下停风地点栅栏外风流中的瓦斯浓度每天至少检查1次，挡风墙外的瓦斯浓度每周至少检查1次。

（6）通风值班人员必须审阅瓦斯班报，掌握瓦斯变化情况，发现问题，及时处理，并向矿调度室汇报。

通风瓦斯日报必须送矿长、矿技术负责人审阅，一矿多井的矿必须同时送井长、井技术负责人审阅。对重大的通风、瓦斯问题，应制定措施，进行处理。

技能点 2　瓦斯检查方法

1. 巷道风流瓦斯的检查方法

1）巷道风流

巷道风流，是指巷道的顶板、底板和两帮有一定距离的巷道空间内的风流。在设有各类支架的巷道中，是距支架和巷道底板各 50 mm 的巷道空间；在不设支架或用锚喷、砌碹支架的巷道中，是距巷道的顶板、底板和两帮各为 200 mm 的巷道空间。

2）检查方法

测定巷道分流瓦斯和二氧化碳浓度应该在巷道空间风流中进行。当测定地点风流速度较大时，无论测瓦斯还是二氧化碳，瓦斯检测仪进气管口应位于巷道中心点风速最快的部位进行，连续测 3 次取其平均值。当测定低点风速比较慢时，检测仪和进气管口应根据不同气体的比重来确定，测定甲烷或氢气、氨气等气体时，应该在巷道风流的上部（风流断面全高的上部约 1/5 处）进行抽气，连续测 3 次，取其平均值。测定二氧化碳（或硫化氢、二氧化氮、二氧化硫等）浓度时，应在巷道风流的下部（风流断面全高的下部 1/5 处）进行抽气，首先测定该处甲烷浓度；然后去掉二氧化碳吸收管；测出该处甲烷和二氧化碳混合气体浓度，后者减去前者，再乘上 0.95 校正系数即是二氧化碳的浓度，这样连续测定 3 次，取其平均值。

3）注意事项

矿井总回风或一翼回风中瓦斯或二氧化碳的浓度测定，应在矿井总回风或一翼回风的测风站内进行。采区回风中瓦斯或二氧化碳的测定，应在该采区所有的回风流汇合稳定的风流中进行，其测定部位和操作方法与在巷道风流中进行的测定相同。测定部位应尽量避开由于材料堆积、冒顶等原因造成的阻断巷道断面变化而引起的风速变化大的区域。注意自身安全，防止铆钉、片帮、运输等其他事故的发生。

2. 采煤工作面瓦斯检查方法

采煤工作面风流是指距煤壁、顶（岩石、煤或假顶）、底、两帮（煤、岩石或充填材料）各为 200 mm（小于 1 m 后的薄煤层采煤工作面距顶、底各为 100 mm）和以采空区的切顶线为界的采煤工作面空间内的风流。采用充填法管理顶板时，采空区一侧应以挡矸、砂帘为界。采煤工作面回风隅角以及一段未放顶的巷道空间至煤壁线的范围内空间风流，都按采煤工作面风流处理。采煤工作面回风流是指从煤壁线开始，采煤工作面回风侧从煤壁线开始到采区总回风范围内，锚喷、锚网索等支护距煤壁、顶板、底板 200 mm 的空间范围内的风流。支架支护是距棚梁、棚腿 50 mm 的巷道空间范围内的风流。

1）采煤工作面的瓦斯的检查方法

（1）测点的选取。

采煤工作面瓦斯测点的选取以能准确反应该区域的瓦斯情况为准则。在风流测点垂直断面上选取测定部位和测定方法与在巷道风流进行测定时的测定部位和方法相同。沿风流测定位置的选取如图 2-2-1 所示。采煤工作面回风流中的瓦斯浓度的测点位置应选在距采煤工作面煤壁线 10 m 以外的采煤工作面的回风流中风流充分汇合稳定处。测点的数量应根据本采面的通风状况和矿井瓦斯等级不同适当选取。

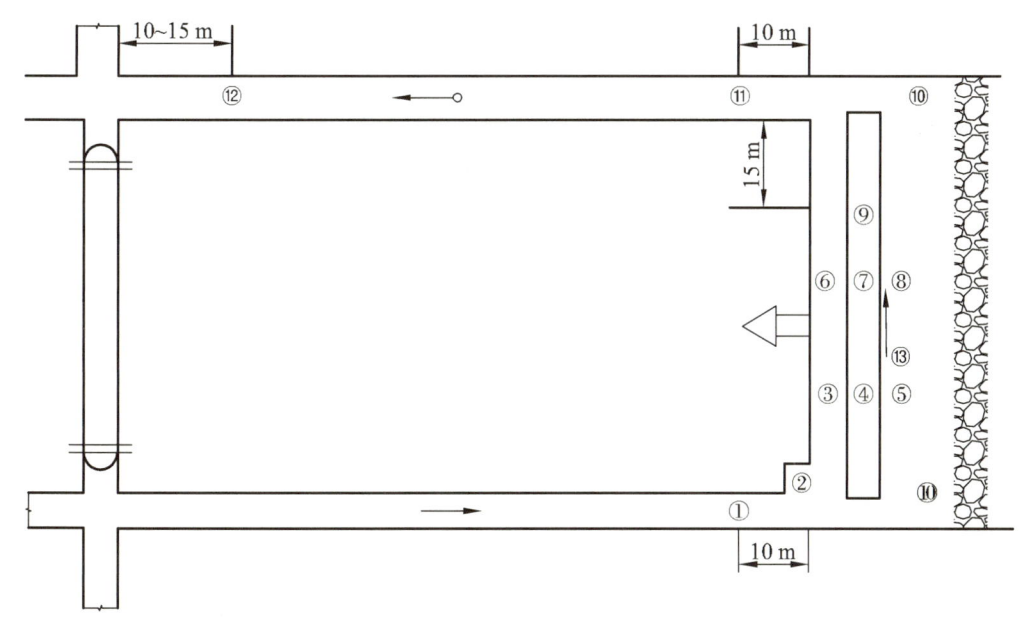

图 2-2-1 采煤工作面的测点位置

1—距采煤工作面 10 m 处的尽风流中测点；2—采煤工作面前切口测点；
3、4、5—采煤工作面前半部的煤壁侧、输送机槽和采空区测点；
6、7、8—采煤工作面后半部的煤壁侧、输送机和采空区侧测点；
9—输送机道空间中央距回风巷口 15 m 处风流中测点（只测空气温度）；
10—采煤工作面上下隅角测点；11—距采煤工作面 10 m 处的回风流中测点；
12—采煤工作面回风流进入采区回风巷前 10~15 m 处的风流中测点。

（2）测定步骤。

应从进风侧或回风侧开始，逐段检查，检查瓦斯浓度和检查局部瓦斯积聚同时进行，同时还应记住测取温度；测定甲烷浓度时，应在巷道风流的上部进行，测定二氧化碳浓度时，应在巷道风流下部进行；测点选择正确，没遗漏，每个测点连续测定 3

次，且取其最大值作为测定结果和处理标准；准确清晰地将测定结果分别记入瓦斯检查班报手册和检查地点的记录板上，并通知现场工作人员。

（3）注意事项。

① 初次放顶前的采空区也应选点测定。以便对采空区的瓦斯做到心中有数。

② 重点检查回采工作面的上下隅角。因为此区域是采面风流拐角处，风流不易带走瓦斯。同时此区域又是采空区瓦斯涌出的通道易造成瓦斯积聚。

③ 准确地掌握《规程》对井下不同地点的瓦斯浓度的要求及措施。发现瓦斯或二氧化碳超限积聚等隐患时，积极采取有效措施进行处理，并向有关领导和地面调度室汇报。

④ 在检查的同时还应注意通风及其他设施是否存在问题，发现问题及时汇报。

另外，还应注意自身安全，防止冒顶、片帮、运输等因素可能造成的危害。测点选定时应选在顶板或支护较完好的地点。

3. 掘进工作面瓦斯检查的方法

1）掘进工作面风流及回风流

掘进工作面风流，是指掘进工作面到风筒出风口这段巷道空间中按巷道风流划定法划定的空间中的风流。掘进工作面回风流，是指自掘进工作面的风筒出口以外的回风巷道中按巷道风流划定法划定的空间中的风流，如图 2-2-2 所示。

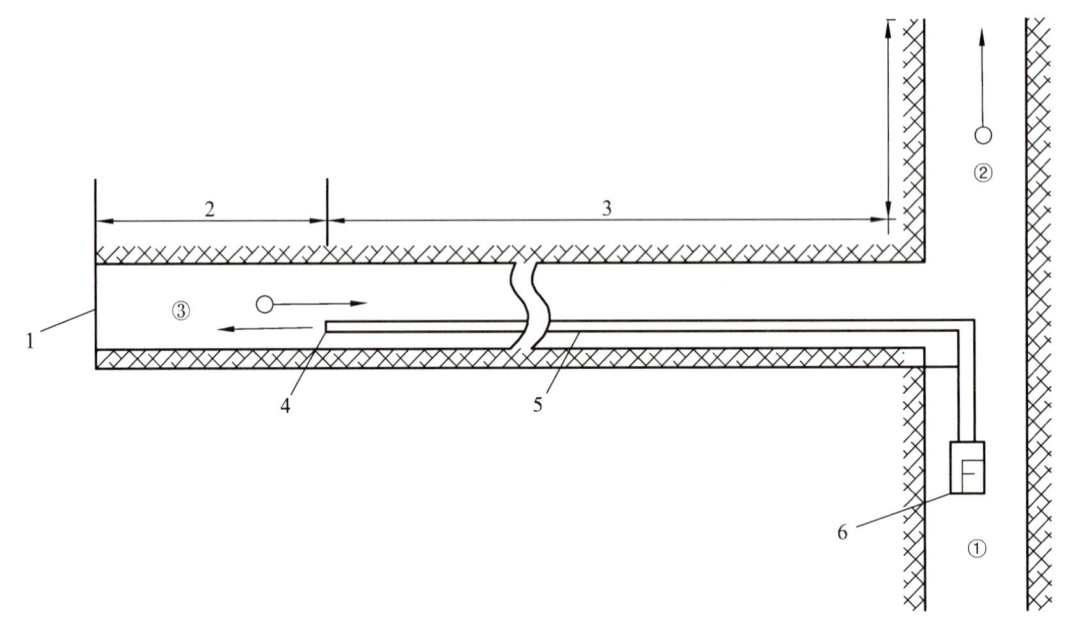

1—掘进工作面；2—掘进工作面风流；3—掘进工作面回风道风流；4—风筒出风口；
4—风筒；5—压入式局部通风机；6—局部通风机；
①—掘进工作面进风流测点；②—掘进工作面回风流中的测点；
③—掘进工作面高冒区或易局部积聚区测点。

图 2-2-2 单行掘进采用压入式局部通风掘进工作面风流和掘进工作面回风流及测点位置

2）注意事项

检查工作应由外向内依次进行。当瓦斯浓度超过 3.0%或其他有害气体浓度超过规定时，立即停止前进或推到进风流中，并通知有关人员和部门进行处理。

① 首先应检查局部通风机安装位置是否符合规定，是否发生循环风及是否挂牌由专人管理。

② 在检查风流瓦斯的同时，还必须注意检查有无局部瓦斯积聚。

③ 检查风筒末端至工作面距离及供风量是否合乎规定及风筒吊挂和安装质量，风筒有无破口等。

④ 检查甲烷传感器或断电仪安装是否符合规定，是否正常运行。

⑤ 上山掘进重点检查甲烷，下山掘进重点检查二氧化碳。

⑥ 注意自身安全，以防爆破、运输及炮烟熏人等事故的发生。

4. 盲巷瓦斯的检查方法

1）盲巷

凡不通风（包括临时停风的掘进区）长度大于 6 m 的独头巷道，统称为盲巷。

2）检查方法

由于巷道内不通风，如果瓦斯涌出量大或停风时间长，便会积聚大量的高浓度瓦斯，因此进入盲巷内检查瓦斯和其他有害气体时要特别小心谨慎。先检查盲巷入口处的瓦斯和二氧化碳，其浓度均小于 3.0%方可由外向内逐渐检查。不可直接进入盲巷检查。在水平盲巷检测时，应在巷道的上部检测瓦斯，在巷道的下部检测二氧化碳。在上山盲巷检测时，应重点监测甲烷浓度，要由下而上至顶板进行检查，当瓦斯浓度达到 3.0%应立即停止前进。在下山盲巷检测时，当二氧化碳浓度达到 3.0%时，必须立即停止前进。

3）注意事项

① 检查工作应由专职瓦斯检查员负责进行。检测前要首先检查自己的矿灯、自救器、瓦斯检定器等有关仪器；确认完好、可靠后方可开始工作，在进行检测过程中，要精神集中谨慎小心，不可造成撞击火花等隐患。

② 盲巷入口处或盲巷内一段距离处的甲烷或二氧化碳浓度达到 3.0%；或其他气体超过《规程》规定时，必须立即停止前进，并通知有关部门采取封闭等措施进行处理。

③ 检查临时停风时间较短、瓦斯涌出量不大的盲巷内瓦斯和其他有害气体浓度时，可以有瓦斯检查员和其他专业检查人员 1 人进入检查；检查停风时间较长或瓦斯涌出量大的盲巷内瓦斯和其他有害气体浓度时，最少有 2 人一起入内检查。2 人应拉开一定距离；一前一后边检查边前进。

④ 在检查甲烷、二氧化碳浓度的同时，还必须检查氧气和有害气体的浓度，超过规定或有异味等现象时，应停止前进，以防止发生中毒或窒息事故。

⑤ 测定倾角大的上山盲巷时，应重点检查甲烷浓度；检查倾角大的下山盲巷时，应重点检查二氧化碳浓度。

⑥ 测定时应站在顶板两帮及支护较好地点，避免因碰撞而造成冒落伤人。

5. 其他地点瓦斯的检查方法

（1）采掘工作面爆破地点附近 20 m 范围风流中瓦斯浓度的检查测定。采煤工作面爆破地点附近 20 m 范围内的风流，即爆破地点沿工作面煤壁方向两端各 20 m 范围内的采煤工作面风流，此范围内风流的瓦斯浓度都应测定。壁式采煤工作面采空区内顶板未冒落时，还应测定切顶线以外（采空区一侧）不小于 1.2 m 范围内的瓦斯浓度。在采空区侧打钻爆破放顶时，也要测定采空区内的瓦斯浓度。测定范围应根据采高、顶板冒落程度、采空区通风条件和瓦斯积聚情况等因素确定，并经矿总工程师批准。掘进工作面爆破地点 20 m 以内的风流即爆破的掘进工作面向外 20 m 范围内的巷道风流。其瓦斯浓度测定部位和方法与巷道风流相同，但要注意检查测定本范围内盲巷、冒顶的局部瓦斯积聚情况。在上述范围内进行瓦斯测定时都必须取其最大值作为测定结果和处理依据。

（2）采掘工作面电动机及其开关附近 20 m 范围内风流中瓦斯的检查测定。在采煤工作面中，电动机及其开关附近 20 m 以内风流即电动机及其开关所在地点沿工作面风流方向的上端和下风流端各 20 m 范围内的采煤工作面风流。在掘进工作面中，电动机及其开关附近 20 m 范围内风流即电动机及其开关地点的上风流端和下风流端各 20 m 范围内的巷道风流。在测定采掘工作面电动机及其开关附近风流瓦斯浓度时，对上风流端和下风流端各 20 m 范围内风流中瓦斯浓度都要测定，并取其最大值作为测定结果和处理依据。

（3）高冒区及突出孔洞内的瓦斯检查。高冒区由于通风不良，容易积聚瓦斯，突出孔洞未通风时里面积聚有高瓦斯浓度，检查时都要特别小心，防止瓦斯窒息事故发生。检查瓦斯时，人员不得进入高冒区域突出孔洞内，只能用瓦斯检查棍或长胶筒伸到里面去检查。应由外向里逐渐检查，根据检查的结果（瓦斯浓度、积聚瓦斯量）采取相应的措施进行处理。当里面瓦斯浓度达到了 3.0%或其他有害气体浓度超过规定时，或者瓦斯检查棍等无法伸到最高处检查时，则应进行封闭处理，不得留下任何隐患。

（4）井下爆破若是在特殊而又恶劣的环境中进行时，爆破使煤（岩）层中释放出大量的瓦斯，并且容易达到燃烧会爆炸浓度，如爆破时产生火源，就会造成瓦斯燃烧或爆炸事故。"一炮三检制"即每次爆破过程中在装药前、警戒放炮前、放炮后都必须检查瓦斯，爆破工、班组长、瓦斯检查员都必须检查。具体措施是：采掘工作面及其他爆破地点，装药前必须检查附近 20 m 范围内瓦斯；瓦斯浓度达到 1.0%，不得装药。警戒爆破前（距起爆时间不能太长，否则爆破地点及其附近瓦斯可能超限规定），检查爆破地点附近 20 m 范围和回风流中瓦斯；当达到 1.0%时，不准爆破，当回风流中瓦斯浓度超过 1.0%时，不准爆破，同时撤出人员，有爆破工或瓦斯检查员向地面报告，等候处理。爆破后至少 15 min（突出危险工作面至少 30 min），并待炮眼吹散后瓦斯检查员在前、爆破工居中、班组长最后一同进入爆破地点检查瓦斯及爆破效果等情况。在爆破过程中，爆破工、班组长、瓦斯检查员每次检查的结果都要相互核对；并且每次都以 3 人中检查所得最大瓦斯浓度值作为检查结果和处理依据。

子任务 4　矿井瓦斯危险源辨识

1. 瓦斯爆炸事故危险源的分级

通过对大量的瓦斯爆炸事故的研究与分析，并结合目前先进的基础计算理论，得出如下的几种分析方法：综合分级法；损失分级法；人员伤害分级法；预测分级法、概论分级法和严重度分级法等多种分级方法。以上的各种方法各有优缺点，在实际的应用中我们应该结合具体的情况选择不同的分级方法，可以将不同的方法结合起来，使我们对危险源的评价更加完善、合理。

2. 瓦斯爆炸事故危险源辨识方法

针对瓦斯爆炸事故的实际情况，对瓦斯爆炸事故的危险源辨识，我们的分析方法必须理论联系实际、统计结合现实，这样我们才能做到面面俱全。既不会因为忽略统计资料而导致全局的考虑不周也不会导致方法与现实的脱轨，只有将统计资料和矿井的实际情况完美结合起来，我们的分析资料才可靠有效，是对矿井的实际描述，首先我们不能脱离它，只有对实际情况的充分认识我们才能开展进一步的工作。国内外各种煤矿的统计资料的建立是实际情况的一种补充、完善。它可以对实际情况达到合理的延展、深入，它使得我们的分析结果更加全面合理可靠。

3. 瓦斯爆炸事故危险源辨识标准

瓦斯爆炸事故危险源的辨识标准有很多，综观各种标准，我们可以说这些标准可以大致分为定性与定量两类，所以我们可以采取以下的定性和定量标准结合起来对瓦斯爆炸危险源进行分类、分级。

（1）危险源的物质的量，即瓦斯的量超过允许的标准。如果危险源物质的数量比较少，远远达不到发生事故的界限，那么这种危险源物质无论它的危险性有多大，那么它也不是重大危险源。从以上理论说，危险物质达不到一定数量，则不是重大危险源。根据现实情况和大量的统计资料，瓦斯为重大危险源的临界数量或条件为：

① 矿井在历史上发生过较为严重的瓦斯事故。
② 在生产时期，采区、采掘工作面回风流中的瓦斯浓度超过 1.5%时。
③ 在生产时期，采掘工作面风流中的瓦斯浓度超过 2.5%时。
④ 专用瓦斯巷中的瓦斯浓度超过 2.5%时。
⑤ 在采掘工作面内，体积大于 0.5 m^3 的空间，局部积聚浓度达到 2.0%时的瓦斯。
⑥ 进行维修的巷道中瓦斯浓度超过 1.5%时。

（2）危险源物质管理的其他因素：

① 引起瓦斯爆炸事故的相互作用的因素的多少。对不发生瓦斯爆炸事故而言，引起瓦斯爆炸事故因素的多少，对判断其是否为重大危险源以及进行触发型危险源的辨识工作也是很主要的因素之一。
② 发生事故的次数。发生瓦斯爆炸事故的次数不仅能说明瓦斯爆炸事故的难控制性，同时也能够说明瓦斯爆炸事故的危险性。

③ 发生事故的伤亡情况。伤亡情况是说明事故严重程度的最好指标，也是判断其是否为重大危险源的最好指标。同时，事故发生时人们最为关心的问题也是人员伤亡情况。

④ 造成的经济损失。判断事故的严重程度最终指标是看事故所造成的经济损失有多大，这也是矿山企业最为关心的。

⑤ 事故后处理和恢复的难易程度等。事故发生后，对事故的处理的恢复生产的间断时间，都是衡量事故所带来影响及灾情的直接指标，也是衡量其经济损失的直接指标。

上述指标，有些不仅是瓦斯爆炸事故危险源辨识过程中必须考虑的因素，也是瓦斯爆炸事故危险源评价过程中必须考虑的因素。

4. 瓦斯爆炸事故危险源辨识的主要因素

在瓦斯爆炸事故危险源辨识过程中，应本着科学、认真、负责的态度，应以"纵向到底、横向到边、全面彻底、不留空缺"为原则，对井下生产系统中存在的一切导致瓦斯爆炸事故危险因素进行辨识分析。又根据瓦斯爆炸事故危险源定义可知，瓦斯爆炸事故危险源是指能够导致存在于矿井生产系统中的危险物质——瓦斯，发生瓦斯爆炸事故的一切危险因素和条件等，所以辨识过程也必须从这些方面入手来进行分析和辨识。根据瓦斯爆炸事故的特性，依据导致瓦斯爆炸事故最基本的两个因素：爆炸性瓦斯和火源的存在，在此提供瓦斯爆炸事故危险源辨识的主要因素，结合辨识的主要步骤有：

1）各类生产场所

应从进风井开始分析到回风井，该分析过程应包括主、斜井段、井底车场、各类回风巷、采煤工作面、掘进工作面、运输线路、甩车场、采空区、供电室等井下各类生产场所和生产辅助场所。

2）生产流程

从进风到割煤、放炮、出煤、运煤等各类井下生产流程。

3）通风系统

对于矿井这类特殊的生产系统，通风系统是一个必不可少的重要因素。它主要包括从通风机、井下通风设备设施、各类通风系统巷道和井下测风、监测设施设备等。

4）各类设施设备

电缆、运输设备、提升设备、变电设备、采掘设备设施、通风构建物、矿灯、井下照明灯、事故的应急设施设备等井下所用的物资、设备。

5）人员管理

由于人员管理因素是一个辨识比较困难，且很难用准确数字来衡量的一个因素，因此本书认为应将它作为一个单独的因素进行辨识，并以量化研究。

辨识内容主要可以从上述内容中来进行详细地展开，并加以阐述得出具体的瓦斯爆炸事故危险源，即上述各项因素中能够导致爆炸性瓦斯和火源存在的一切因素。当然要对上述内容进行详细分析，并得出合理、可靠的瓦斯爆炸事故危险源，就必须以具体矿井的瓦斯爆炸事故隐患资料，尤其是结合大量瓦斯爆炸事故的统计资料，并合理运用可靠、正确的辨识方法，来辨识出具体矿井，同时也适合其他大量矿井的瓦斯爆炸事故危险源。

5. 瓦斯爆炸事故危险源辨识的主要步骤

瓦斯爆炸事故危险源辨识的主要步骤，即辨识的具体过程，按其辨识的内容可分为以下几点：

（1）井下生产系统中各重点岗位、场所中可能存在的导致瓦斯爆炸事故的危险因素。包括各重要岗位可能存在的潜在危险因素。

（2）井下爆炸性瓦斯和火源可能存在的场所，可能发生的时间，以及爆炸性瓦斯分布的情况和存在量的情况及变化。

（3）瓦斯爆炸事故危险源的危险性、特点及其从相对稳定的状态向事故发展的激发状态的条件和可能性等。

（4）生产系统中当瓦斯爆炸事故发生时，可能造成的损失极其严重的后果和事故波及的范围、影响时间的大概估算和预测。

（5）井下重要设备在运行过程中出现的致灾可能性。

（6）井下工作人员在生产过程中可能带来的危险因素，即危险源辨识过程中的人的不安全行为危险因素。

任务3　煤与瓦斯突出防治

大量处于承压或卸压状态的瓦斯从煤岩裂缝或孔洞中快速喷出的动力现象叫瓦斯喷出。喷出瓦斯量的多少和持续时间的长短，取决于蓄积的瓦斯量和瓦斯压力。瓦斯喷出是瓦斯特殊涌出的一种形式，由于在短时间内喷出大量高浓度的瓦斯，对矿井安全生产构成严重的威胁。井下一旦发生瓦斯喷出就会造成局部区域瓦斯积聚，会导致人员窒息，还有可能引起爆炸等事故。因此，采取有效措施预防瓦斯喷出和减少其可能造成的危害，是矿井瓦斯治理的一项重要工作。通过本任务的学习使学生掌握煤与瓦斯突出的特征、危害、前兆和规律，能够进行煤与瓦斯突出防治工作，在未来的工作中提出安全合理、科学可行的防治方案。

子任务1　煤与瓦斯突出特征及预兆

技能点1　煤与瓦斯突出的特征及危害

1. 煤与瓦斯突出特征

（1）向外突出距离较远，具有分选现象，大块在下、小块在中间，煤粉在上。

（2）堆积角小于煤的自然安息角。

（3）煤破碎程度高，含有大量的块煤和手捻无力感的煤粉。

（4）有明显动力效应，破坏支架，推倒支架，破坏和抛出设备、设施。
（5）有大量瓦斯涌出，有时风流逆向。
（6）突出孔洞呈口小腔大梨形、倒瓶形、分岔形等。

2. 煤与瓦斯突出危害

一旦发生煤岩突出，抛出的煤岩瞬间会堵塞巷道，阻断风流，突出的强大冲击动力摧毁巷道、设施，破坏通风系统，甚至使风流逆转，造成瓦斯窒息，燃烧和爆炸事故，造成人员伤亡。

技能点 2　突出前的预兆

1. 无声预兆

（1）煤层结构变化、层理紊乱、煤质变软，光泽暗淡，煤岩严重破坏。
（2）工作面煤体和支架压力增大，煤壁外鼓，片帮掉渣，煤被挤出、弹出；打眼顶钎、夹钎；喷孔、装药装不进去。
（3）瓦斯涌出量增大，或忽大忽小，湿度下降，煤壁发凉，煤尘增多。

2. 有声预兆

（1）顶板来压，出现裂隙、掉渣、支架断裂声。
（2）煤壁发生震动或冲击，并伴有声响（劈裂、鞭炮、闷雷声）。

子任务 2　煤与瓦斯突出过程及规律分析

技能点 1　煤与瓦斯突出概念

在极短时间内，从煤（岩）壁内部向采掘工作空间突然喷出煤（岩）和瓦斯（二氧化碳）的动力现象，即煤（岩）与瓦斯（二氧化碳）突出。它是一种伴有声响和猛烈力能效应的动力现象，能摧毁井巷设施、破坏矿井通风系统，使井巷充满瓦斯和煤（岩）抛出物，造成人员窒息、煤流埋人，甚至可能引起瓦斯爆炸与火灾事故，导致生产中断。因此，煤与瓦斯突出是煤矿最严重的自然灾害之一。

技能点 2　煤与瓦斯突出的一般规律

（1）突出发生在一定深度以下，且突出危险性随深度增加而增加。由于各个矿井、煤层的瓦斯及地质条件不同，采掘方法不同，发生突出的深度也不同，其中突出的最浅深度称为始突深度，其标志着突出需要的起始地应力和瓦斯压力条件，一般比瓦斯风化带的深度深一倍以上。对于同一突出煤层，随着开采深度的增加，突出危险性逐渐增加，表现为突出的次数增多，强度增大，突出煤层数增加，突出的区域扩大，从一点突出发展到多点突出，甚至是点点突出。

（2）突出次数、强度及始突深度随煤层厚度的增加而剧变。突出煤层越厚，特别是软分层厚度的增加，其突出危险性越大，表现为突出次数多、突出强度大、始突深度浅。此外，突出危险性随煤层倾角的增大而增大。

（3）同一个突出煤层，瓦斯压力越高，突出危险性越大。应该指出，不同煤层的瓦斯压力与突出危险性没有直接关系。因为决定突出的因素除了瓦斯压力以外还有地应力和煤结构，因此不能单凭瓦斯压力来判断突出危险性。

（4）在应力集中带内进行采掘工作，突出危险性明显增加，这是因为应力叠加造成的。所以，在突出煤层中进行采掘工作时，同一煤层的同一阶段，在集中应力的影响范围内不得布置两个工作面相向回采和掘进。

（5）突出大多数发生在落煤工序，尤其是爆破工序落煤时的突出次数约占总突出次数的80%，有的矿区高达90%，其中近70%的突出发生在爆破时。这是因为爆破对煤体的震动冲击以及应力重新分布，为突出创造了有利条件。

（6）突出大多数发生在地质构造带。容易发生突出的地质构造带有八种类型：向斜轴部地带、帚状构造收敛端、煤层扭转区煤层产状变化区、煤包及煤层厚度变化带、煤层分岔处、压性及压扭性断层地带、岩浆岩侵入带。

（7）从突出的巷道类型看，石门揭穿煤层的全过程突出危险性最大，虽然石门揭煤的突出次数不多，但突出发生几率最高，突出强度最大，为平巷突出强度的5.7倍。绝大多数特大型突出就发生在石门揭开突出危险煤层时。

（8）绝大多数突出都有预兆，预兆主要有三个方面：地压显现、瓦斯涌出、煤力学性能与煤体结构变化。

① 地压显现方面的预兆有：煤炮声、支架声响、掉渣、岩煤开裂、底鼓、岩煤自行剥落、煤壁外鼓、来压、煤壁颤动、钻孔变形、垮孔夹钻、顶钻、钻粉量增大、钻机过负荷等。

② 瓦斯涌出方面的预兆有：瓦斯涌出异常、瓦斯浓度忽大忽小、煤尘增大、气温与气味异常、打钻喷瓦斯、喷煤、哨声、蜂鸣声等。

③ 煤力学性能与煤体结构方面的预兆有：层理紊乱、煤强度松软或软硬不均、煤暗淡无光泽、煤厚变化大、倾角变陡、波状隆起、褶曲、顶板和底板阶状凸起、断层、煤干燥等。

（9）突出特点部分归纳。除上述外，突出预兆中有多种物理（如声、电、磁、震、热等）异常效应，随着现代电子技术及测试技术的高速发展，这些异常效应已被应用于突出预报。因此总结和掌握突出预兆对矿井的正常生产和工人的生命安全具有十分重要的意义。以下为突出特点部分归纳总结：

① 突出的次数和强度与开采深度成正比。

② 多发生在煤平巷、上山掘进头，特别是石门揭煤时。

③ 多发生在地质构造区。

④ 突出多发生在外力冲击作用下。

⑤ 围岩致密而干燥的厚煤层。

⑥ 多发生在煤层由薄变厚。

⑦ 多发生在应力集中区。
⑧ 煤结构发生变化。
⑨ 突出有迟延性。

子任务 3　区域性防治突出措施

煤与瓦斯突出是煤矿井下最严重的自然灾害之一，到目前为止，人们对各种地质、开采条件下突出发生的规律还没有完全掌握。因此，为了煤矿井下安全生产，必须采取有效措施防止突出事故的发生；同时，在制定和实施防突措施时，要因地制宜，切合实际，遵循一定的原则。

防突须遵循的基本原则有：

（1）部分卸除煤层或采掘工作面前方煤体的应力，将集中应力区推移至煤体深部。

（2）部分排除煤层或采掘工作面前方煤体中的瓦斯，降低瓦斯压力，减小工作面前方的瓦斯压力梯度。

（3）增大工作面附近煤体的承载能力和稳定性。改变煤体的物理力学性质，使其不易发生突出，如煤层注水后，煤体湿润，弹性减小，塑性增大，使突出不易发生。

（4）改变采掘工艺条件，使采掘工作面前方煤体应力和瓦斯动力学状态平缓变化，达到工作面本身自我卸压的目的。

前两个原则是减少发生突出的能源，是釜底抽薪的办法，因此，它是国内外绝大多数防突措施的主要依据，如开采保护层、预抽瓦斯、超前钻孔、水力冲孔和松动爆破等，均属建立在卸压和排放瓦斯原则上的防突措施。根据增大发生突出的阻力制定的防突措施有超前支架金属骨架、注浆加固煤体等煤（岩）与瓦斯突出的预防措施（简称预防突出措施）。按作用范围划分为区域性防突措施和局部防突措施。

区域性防突措施的作用在于使煤层一定区域（如一个采区）消除突出危险性。该类措施包括：开采保护层、预抽煤层瓦斯和煤层注水等措施。区域性防突措施的优点是，在突出煤层采掘工作开展前，预先采取防突措施，措施施工与采掘作业互不干扰，且其防突效果较好，故在采用防治突出措施时，应优先选用区域性防突措施。

局部防突措施的作用在于使工作面前方小范围煤体丧失突出危险性。属于该类措施的有超前钻孔、水力冲孔、松动爆破、金属骨架等措施。根据局部措施的应用巷道类别，可将局部措施分为石门措施、煤巷措施和采煤工作面措施等。局部防突措施的缺点是：措施施工与采掘工艺相互干扰，且防突效果受地质开采条件变化影响较大；在执行局部防突措施后，要对防突效果进行检验。局部防突措施仅在没有条件采用区域防突措施时才采用。区域性防突措施主要有开采保护层、预抽煤层瓦斯和煤层注水三种。

技能点 1　开采保护层

开采保护层是预防突出最有效的区域性防突措施，也是一种主要的防突技术措施。因此，《防治煤与瓦斯突出规定》规定，在突出矿井中开采煤层群时，必须首先开采保护层。开采保护层后，在被保护层中，受到保护的地区按非突出煤层进行采掘工作；在未受到保护的地区，必须采取防突措施。保护层，是在煤层群中首先开采的非突出煤层，该煤层的开采能够使具有突出危险的煤层丧失或降低突出危险。世界上各发生突出的国家，只要有保护层，都采用了该项措施。

1. 保护层的保护作用

突出矿井在开采煤层群条件下，必须首先开采没有突出危险或突出危险较小的煤层作为保护层；由于保护层的采动影响，可使邻近的突出危险煤层丧失突出危险。位于突出煤层上方的保护层称为上保护层；位于突出煤层下方的保护层称为下保护层。保护层先采以后，在其上、下的煤层会发生卸压（地应力减小）、变形、位移，导致煤体透气性增大，瓦斯得到排放，瓦斯压力与瓦斯含量下降，煤体变硬等，从而使保护范围内煤层的突出危险性丧失，使其采掘时的瓦斯涌出量大大降低，并可显著提高效益。

保护层开采后，岩体中形成自由空间，破坏了原岩应力的平衡，地应力重新分布，岩体向采空区方向移动，发生顶板冒落与下沉、底板鼓起等现象，煤层与岩体发生卸压、膨胀，同时产生大小不同的裂缝。透气性系数增大引起瓦斯流量增大，瓦斯的排放引起煤层瓦斯含量的减少、瓦斯压力的下降和瓦斯潜（压）能的降低，而煤体的坚固性则增加。由此可见，这一系列变化的起因在于岩（煤）层的变形与移动，变形与移动越大，卸压越充分，保护效果也越好。而且，距开采层越近其保护效果越好；反之，则保护效果越差。保护层的保护效果还取决于开采的地质与技术条件。

2. 选择保护层的原则

（1）首先选择无突出危险的煤层作为保护层。当煤层群中有几个煤层都可作为保护层时，应根据安全、技术和经济的合理性，综合比较分析，择优选定。

（2）矿井中所有煤层都有突出危险时，应选择突出危险程度较小的煤层作为保护层，但在此保护层中进行采掘工作时，应做好突出预测预报工作，以便有的放矢地采取防突措施加快保护层采掘速度。

（3）选择保护层时，应优先选择上保护层，条件不允许时，也可选择下保护层，但在开采下保护层时，不得破坏被保护层的开采条件。

（4）在特殊条件下也可选下保护层。

技能点 2　预抽煤层瓦斯

无保护层可采和单一的突出危险煤层，经过试验预抽瓦斯有效时，都必须采用预抽煤层瓦斯作为防突措施。我国目前采用这种措施的矿井占突出矿井总数的21%以上。该措施的实质是，通过向突出煤层内打大量的密集钻孔，造成局部卸压，同时排放瓦斯、释放瓦斯潜能，再经过较长时间（几个月到数十个月）的预抽煤层瓦斯进一步降低煤层中的瓦斯压力与瓦斯含量，并由此引起煤层的收缩变形、地应力下降、煤层透气性增高等变化，从而达到削弱直至消除突出危险的目的。

1. 预抽煤层瓦斯的适用条件

当突出煤层的实测透气性系数不小于 $40\times10^{-2}\ m^2/(MPa^2\cdot d)$ 时应采用预抽煤层瓦斯措施。采用这项措施的有效性应根据矿井实际考察结果而定，若无实际考察数据时，可参考下列指标：

（1）瓦斯抽出率应大于30%（瓦斯抽出率等于瓦斯抽出量占钻孔控制范围内煤层瓦斯储量的百分比）。

（2）预抽煤层瓦斯后，在控制区内煤层残余瓦斯压力与残余瓦斯含量分别小于 0.74 MPa 和 8 m^3/t。

（3）预抽煤层瓦斯后，在控制区内的煤厚收缩变形不小于0.2%。

2. 预抽煤层瓦斯必须遵守的规定

单一的突出危险煤层和无保护层可采的突出煤层群，可采用预抽煤层瓦斯防治突出的措施，但必须遵守下列规定：

（1）钻孔应控制整个预抽区域并均匀布孔。

（2）预抽煤层瓦斯防治突出措施的有效性指标，应根据矿井实测资料确定，报集团公司总工程师批准后执行。

（3）在未达到预抽有效性指标的区段进行采掘作业时，必须采取补充的防治突出措施。

3. 注意事项

（1）在未开采保护层的煤层内掘进钻场、打钻或需要掘进巷道时，必须采取防突措施。

（2）在达不到考察指标的区域进行采掘作业时，必须采取补充的防突措施。在达到考察指标的区域采掘时，应对措施的效果进行检验。

（3）钻孔封闭质量很重要，应保证封孔质量和钻孔抽采负压。

4. 提高煤层预抽瓦斯效果的途径

我国多数煤层属低透气性煤层，对低透气性煤层进行预抽瓦斯困难较多。虽然多打钻孔，长时间进行抽采可以达到一定的目的，但是由于打钻工作量大，长时间提前抽采与采掘作业有矛盾，因此必须采用专门措施增加瓦斯的抽采率。这些措施主要有：

1）增大钻孔直径

目前，各国的抽采钻孔直径都有增大的趋势。我国有试验表明，预抽瓦斯钻孔直径由 73 mm 增至 300 mm，抽出瓦斯量约增加3倍。

2）提高抽采负压

提高抽采负压是否能显著增加抽采量还存在着不同的看法，一些矿井提高抽采负压后抽采量明显增加，如我国鹤壁抽采负压由 3.3 kPa 提高到 10.6 kPa，抽出瓦斯量增加25%。

子任务 4　煤与瓦斯突出防护措施

技能点 1　防止瓦斯积聚（第一道防线）

1. 加强通风

（1）采用机械通风。严禁单独自然通风，建立合理通风系统，实行分区通风。

（2）按《煤矿安全规程》规定选定适当风速，合理分配风量，禁止无风、微风作业。

（3）掘进工作面应采用全风压通风和局通通风。

（4）保证通风设施的质量和正确选择通风设施的位置，并加强维护和管理。

（5）瓦斯矿井应采用抽出式通风。

（6）临时停工的巷道不准停风，否则切断电源，设置栅栏、警示标牌，禁止人员入内。

（7）采掘工作面及其他作业地点风流中瓦斯浓度达到 1.0%时，必须停止用电钻打眼；爆破地点附近 20 m 以内风流中瓦斯浓度达到 1.0%时，严禁爆破。

（8）采掘工作面及其他作业地点风流中、电动机或其开关安设地点附近 20 m 以内风流中的瓦斯浓度达到 1.5%时，必须停止工作，切断电源，撤出人员，进行处理。

（9）采掘工作面及其他巷道内，体积大于 0.5 m^3 的空间内积聚的瓦斯浓度达到 2.0%时，附近 20 m 内必须停止工作，撤出人员，切断电源，进行处理。

（10）对因瓦斯浓度超过规定被切断电源的电气设备，必须在瓦斯浓度降到 1.0%以下时，方可通电开动。

2. 加强检查

加强检查是防止瓦斯爆炸的前提：

（1）每个矿井都必须建立瓦斯检查制度。

（2）检查人员要持证上岗，坚守岗位，按规定进行检查。

（3）在加强检查瓦斯的同时，还应建立瓦斯监测系统，可随时掌握瓦斯变化情况。

3. 及时处理局部积聚的瓦斯

生产中容易积聚瓦斯的地点：采面上隅角，停风的盲巷，顶板冒落的空洞，低风连巷道的顶板附近。

（1）采面上隅角积聚瓦斯处理方法有挂风障法、尾巷排放法。

（2）巷道冒顶处瓦斯积聚处理方法有砂土充填法、导风板引风法、分支通风法。

（3）对低风速巷道顶部瓦斯积聚处理方法有提高风速、加大风量、吹散瓦斯。

（4）停风的盲巷或密闭区内积聚的瓦斯处理方法：该处浓度高、量大，排除时要特别慎重，并制定专门的安全措施。该工作一般由矿山救护队担任。

技能点 2　防止瓦斯引燃

严格明火管理：烟草、火具、取暖、焊接时采取安全措施。

严格机电防爆管理：选矿用防爆型电器、设备，防爆性能常检查，消灭电气失爆、禁敲、拆矿灯，带电维修、局通用风电闭锁。

加强爆破管理：煤矿许用炸药、雷管、放炮工培训、一炮三检、三人连锁制度。

严防撞击和摩擦火花：斜巷运输设完善保险装置，易摩擦发热部位设过热保护装置，加强机械检查、维护、润滑，防铁器撞击。

加强火区管理，经常检查密闭，测定火区温度与瓦斯浓度。

技能点 3　防止瓦斯爆炸事故扩大

（1）通风系统应力求简单，无用巷和采空区及时密闭。
（2）实行分区通风。
（3）主巷设反风装置，主要风门设反风设施，定期反风试验。
（4）装设防爆门，保护风机。
（5）矿井两翼，相邻采区，相邻煤层之间设水袋或岩粉棚。
（6）佩戴自救器。
（7）编制火灾预防和处理计划，并贯彻到矿山企业职工的工作中。

技能点 4　突出矿井中布置工作面防护措施

（1）主要巷道应布置在岩巷或非突出煤层中。应尽可能减少突出煤层中的掘进工作量。开采保护层的采区，应充分利用保护层的保护范围。

（2）应尽可能减少石门揭穿突出煤层的次数，揭穿突出煤层地点应避开地质构造带。如果条件许可，应尽量将石门布置在被保护区，或先掘出揭煤地点的煤层巷道，然后再与石门贯通。石门与突出煤层中已掘巷道贯通时，被贯通巷道应超过石门贯通位置 5 m 以上并保持正常通风。

（3）在同一突出煤层的同一区段的集中应力影响范围内，不得布置 2 个工作面相向回采或掘进。突出煤层的掘进工作面，应避开本煤层或邻近煤层采煤工作面的应力集中范围。

技能点 5　石门揭穿突出煤层前的防护措施

（1）在工作面距煤层法线距离 10 m（地质构造复杂、岩石破碎的区域 20 m）之外，至少打 2 个前探钻孔，掌握煤层赋存条件、地质构造、瓦斯情况等。

（2）在工作面距煤层法线距离 5 m 以外，至少打 2 个穿透全厚或见煤深度不少于 10 m 的钻孔，测定煤层瓦斯压力或预测煤层突出危险性。测定煤层瓦斯压力时，钻孔应布置在岩层比较完整的地方。对近距离煤层群，层间距小于 5 m 或层间岩石破碎时，可测定煤层群的综合瓦斯压力。

（3）工作面与煤层之间的岩柱尺寸应根据防治突出措施要求、岩石性质、煤层倾角等确定。工作面距煤层法线距离的最小值为：抽放或排放钻孔 3 m，金属骨架 2 m，水力冲孔 5 m，震动爆破揭穿（开）急倾斜煤层 2 m、揭开（穿）倾斜或缓倾斜煤层 1.5 m。如果岩石松软、破碎，还应适当加大法线距离。

（4）对于有突出危险煤层，应采取开采保护层或预抽煤层瓦斯等区域性防治突出措施。

技能点 6　突出煤层的采掘工作面防护措施

（1）掘进上山时不应采取松动爆破、水力冲孔、水力疏松等措施。

（2）在急倾斜煤层中掘进上山时，应采用双上山、伪倾斜上山或直径在 300 mm 以上的钻孔等掘进方式，并加强支护。

（3）采煤工作面应尽量采用刨煤机或浅截采煤机采煤。

（4）急倾斜突出煤层厚度大于 0.8 m 时，应优先采用伪倾斜正台阶、掩护支架采煤法等。对于急倾斜突出煤层倒台阶采煤工作面，应尽量加大各个台阶高度，尽量缩小台阶宽度，每个台阶的底脚必须背紧背严，落煤后，必须及时紧贴煤壁支护。

（5）在过突出孔洞及在其附近 30 m 范围内进行采掘作业时，必须加强支护。

任务 4　瓦斯爆炸防治

井下空气中瓦斯含量达到一定浓度时，遇到高温火源，就会爆炸或燃烧，从而引起火灾，造成人员伤亡，破坏矿井安全生产，因此，我们必须掌握瓦斯事故的发生、发展规律和预防措施，积极防备，保证安全生产。通过本任务的学习使学生掌握瓦斯爆炸的条件、危害等，能够对瓦斯爆炸以及预防瓦斯爆炸事故扩大提出预防措施。

子任务 1　瓦斯爆炸条件及影响因素分析

瓦斯爆炸是一种热-链式反应。当爆炸混合物吸收一定能量（通常是引火源给予的热能）后，反应分子即进行断裂，离解成两个或两个以上的游离基（也称自由基）。这类游离基具有很大的化学活性，成为化学反应的活化中心。在适当的条件下，每一个游离基又可以进一步分解，再产生两个或两个以上的游离基。这样循环下去，游离基越来越多，化学反应速度也越来越快，最后就可以发展成为爆炸。对于瓦斯爆炸的中间反应过程，已经提出了几种反应方式，其中之一认为，瓦斯吸收能量后分解成[CH_3]和[H]两个游离基，[CH_3]和[H]又分别与 O_2 反应，各自生成两个新的游离基[CH_3O]、[OH]和[OH]、[O]，这些游离基又能进一步反应，这样迅速发展下去，反应就会以极其猛烈的爆炸形式表现出来。瓦斯爆炸的形成或中止，主要取决于活化游离基的形成、发展和消失。

技能点 1　瓦斯爆炸的条件

瓦斯爆炸的必备条件为：一定浓度的瓦斯、高温火源和足够的氧气。

（1）瓦斯浓度：爆炸界限为 5%～16%。当瓦斯浓度为 9.5%时，爆炸威力最强，低于 5%，高于 16%遇火不会爆炸。瓦斯只在一定的浓度范围内爆炸，这个浓度范围称为瓦斯的爆炸界限。一般认为，在新鲜空气中，瓦斯的爆炸界限是 5%～16%。5%是瓦斯最低爆炸浓度，称为爆炸下限；16%是瓦斯爆炸最高浓度，称为爆炸上限。

当瓦斯浓度低于 5%时，遇到火源不爆炸，只能在火源外围形成稳定的燃烧层，此燃烧层呈浅蓝色或淡青色。当瓦斯浓度高于 16%时，在混合气体内遇到火源不爆炸也不燃烧。但若有新鲜空气供给时，就可以在混合气体与新鲜空气的接触面上进行燃烧。

从理论上讲，瓦斯浓度为 9.5%时，混合气体中全部瓦斯与全部氧气都能参与反应，既无多余的瓦斯也无多余的氧气，化学反应最完全、最充分，产生的热量也最多，因而爆炸威力最大。矿井空气与地面空气有差别，据实验，井下最易引爆且威力最大的瓦斯浓度为 7%～8%。

实践证明，瓦斯爆炸界限不是固定不变的，它受到很多因素的影响，主要有其他可燃气体、煤尘、惰性气体及混合气体的初时温度和初时压力等。

值得注意的是，爆炸界限并不是固定不变，受可燃气体、煤尘的混入，温度、压力等影响，因此对矿井瓦斯管理来说，任何情况下都不允许达到或接近爆炸的下限。

（2）高温火源：能够点燃瓦斯所需的最低温度称为引火温度。一般来说，瓦斯爆炸的引火温度为 650 ℃～750 ℃。瓦斯的最小点燃能量为 0.28 mJ，是常温常压环境下使用电容放电的方法测试得到的。煤矿井下的明火、煤炭自燃、电气火花、吸烟和撞击或摩擦火花都能点燃瓦斯。影响瓦斯点燃温度和点燃能量的主要因素有瓦斯浓度、混合气体压力和温度以及火源性质等。

不同的瓦斯浓度，引火温度也不同。瓦斯浓度为 7%～8%时，其引火温度最低。混合气体压力越大，点燃温度越低。正常大气压力下瓦斯点燃温度为 700 ℃；当混合气体压力增加到 2.8 MPa 时，点燃温度降低为 460 ℃。当混合气体瞬间被压缩到原体积的 1/20 时，自身的压缩热便能使其发生爆炸。混合气体温度越高，点燃温度越低。一定浓度的瓦斯遇到高温火源才会爆炸。井下明火、自燃电气火花、放炮火焰、吸烟、电焊、赤热金属表面、撞击、摩擦火花等都可引燃瓦斯。

（3）充足的氧气：必须有充足的氧气，瓦斯才会爆炸。实验表明：瓦斯爆炸界限随着瓦斯和空气中氧含量的降低而缩小，当氧气小于 12%时，瓦斯失去爆炸性。在封闭火区内，积存大量瓦斯，并且有火源的存在，而氧气浓度很低，不致引起爆炸，但启封火区应慎重。

技能点 2　瓦斯爆炸事故的原因

1. 瓦斯积聚

（1）通风系统不合理不完善。如自然通风不合规定的串联通风、扩散通风无回风巷道的独眼井及通风设施不齐全等，都属于不合理通风，都能引起瓦斯积聚而导致瓦斯爆炸。

（2）采掘工作面风量不足。如不按需要分配风量、通风巷道冒顶堵塞、单台局部通风机供多头、风筒出口距工作面太远等，都可能造成采掘工作面风量小、风速低而导致瓦斯积聚。

（3）风流短路。如打开风门不关闭巷道，贯通后不及时调整通风系统等，都能造成通风系统的风流短路而引起瓦斯积聚。

（4）局部通风机出现循环风。如局部通风机安设位置不合规定，全风压供给风量小于局部通风机吸入风量等，都能出现循环风而导致瓦斯积聚。

（5）局部通风机停止运转。如机电故障掘进工作面停工停风，局部通风机管理混乱及任意开停等都容易导致瓦斯积聚。

（6）风筒断开或漏风严重。如施工人员不爱护通风设施，将风筒刮坏等，通风人员不能及时发现或进行维护修补，可造成掘进工作面风量不足导致瓦斯积聚。

（7）采空区或盲巷积存瓦斯。采空区或盲巷往往积有大量的高浓度瓦斯，气压变化或冒顶等能使其涌出或突然压出，引起瓦斯积聚。

（8）通风系统的原因：串联通风；巷道堵塞造成风量的不足；通风系统不合理；风流短路等。

（9）瓦检人员的原因：瓦斯检测人员脱岗；瓦斯检测不及时；瓦斯漏检；瓦斯检测人员的数量不足等。

（10）管理不善：抽放条件恶劣；抽放时间短；抽放量小；巷道布置、采掘方法不合理等。

2. 引爆火源

（1）放炮火源：放炮不装水炮泥；放明炮；抵抗线不足；封泥不足等。

（2）电火花。电气设备出现失爆、电缆短路、带电检修作业产生的电火花，是引起瓦斯爆炸的主要火源之一。

（3）爆破火焰。爆破火焰主要是炮眼封泥长度不够、发爆器或爆破母线接线不良、填塞不当的爆破、最小抵抗线过小（药卷中心或重心到最近自由面的最短距离）过小及炸药不合格等引起的。

（4）撞击摩擦火花。井下因撞击和摩擦产生火花的情形多种多样。机械设备之间的撞击、截齿与坚硬夹石之间的摩擦、坚硬顶板冒落时的撞击、金属表面之间的摩擦等，都能产生火花而引爆瓦斯。

（5）明火及煤炭自燃。由于种种因素的影响，井下明火未能杜绝，由此引发的瓦斯爆炸事故时有发生。井下明火的来源主要有吸烟、电焊、气焊、煤炭自燃形成的火区。

技能点 3　瓦斯爆炸的危害

（1）爆炸产生高温。瞬间温度 1 850 ~ 2 650 ℃，会造成人员伤亡，引起火灾，烧毁设备、设施、损坏巷道。

（2）爆炸产生高压气体和强大冲击波。会造成人员伤亡，严重摧毁巷道支架、设施、设备、冒顶。另在冲击波作用下扬起大量煤尘，造成瓦斯或煤尘连续爆炸，使灾害扩大。

（3）冲击。瓦斯爆炸形成的冲击波可分为正向冲击和反向冲击两种。

① 正向冲击。瓦斯爆炸时产生的高温高压，促使爆源附近的气体以极快的速度（每秒几百米甚至数千米）向外冲击，形成威力巨大的冲击波，称为正向冲击。由于冲击气流是高温高压气流，因此，能够造成人员伤亡、巷道及设施的破坏，还能扬起大量的煤尘并使之参与爆炸。此外，正向冲击还可能点燃可燃物引起矿井火灾。

② 反向冲击。瓦斯爆炸时，爆炸气体从爆源点高速向外冲击，加之爆炸后生成的一部分水蒸气很快凝聚在爆源附近就形成气体稀薄的低压区。在外围压力相对增大时，在压差的作用下，爆炸气体连同爆源外围气体，又以高速反向冲回爆源地，这一过程称为反向冲击。这种反向冲击的力量虽然较正向冲击的力量小，但它是沿着已遭破坏的区域反冲，其破坏性往往更大。此外，反向冲击还可能引起连续爆炸事故。

③ 爆炸产生大量有毒、有害气体。瓦斯爆炸产生的主要有害气体是一氧化碳、二氧化碳，当煤尘参与爆炸时，产生的一氧化碳更多，造成的人员伤亡更严重。资料表明，瓦斯、煤尘爆炸事故中死亡的人数90%左右都是因一氧化碳中毒，窒息死亡。

子任务 2　预防煤矿瓦斯爆炸事故技术措施

风险预控管理的理念是从人员、设备、环境和工作方法等方面找出可能产生危险的有害因素，对起决定性作用的因素严加防范，消除煤矿生产过程中的不安全隐患，进而防范事故的发生。只有消除瓦斯爆炸的条件和限制爆炸火焰的传播才能从根本上预防瓦斯爆炸，应主要从防止瓦斯积聚、防止引爆瓦斯和防止瓦斯爆炸事故的扩大等方面采取措施。依据煤矿重大危险因素分析与评价结果，运用风险预控管理理念，对煤矿瓦斯爆炸灾害提出相应的风险预控措施。

技能点 1　防止瓦斯积聚

针对矿井瓦斯治理，可以按照瓦斯涌出量和方式进行划分，明确矿井属于哪种类型，如高瓦斯矿井、瓦斯矿井等，这样就能按照等级采取相应的治理措施。瓦斯突出矿井的治理过程中，在开采时应用监测预警技术，这是比较有效的防控方法。出现预警时能够有效撤离危险区域，或避免突发安全事故。高瓦斯矿井一般会利用抽采卸压的方法，针对密闭采空区使用插管进行有效抽放，或对工作区域瓦斯异常进行钻孔排放。瓦斯矿井大多只要加强通风系统，避免瓦斯大量积聚就能降低安全问题，利用降阻调节法缓解通风压力，强化矿井通风效果。

（1）优化通风系统，保证工作面的供风量。采掘工作面必须实行独立通风，所有采掘工作面的回风必须回入采区、水平、一翼或总回风巷；采煤工作面进风巷、回风巷应采用单巷布置，逐步淘汰多巷道、大风量处理瓦斯问题的系统模式。所有工作面、硐室必须按规定配风，保证实际风量不低于计划风量，确保将瓦斯浓度稀释到规定临界值以下。

（2）采取有效的瓦斯抽采措施。高瓦斯及突出矿井须严格按规定开展有效的瓦斯抽采工作，应抽尽抽，确保瓦斯抽采各项措施落实到位，并严格开展抽采达标评判工作。

（3）采煤工作面回风隅角瓦斯积聚治理。通常情况下，采煤面回风隅角最易积聚瓦斯，可优化采煤面的通风方式，优先选用"Y"型与"U+高抽巷"型通风系统，改变采空区瓦斯流向；加强和完善生产过程中裂隙带瓦斯抽采设计，积极推广各种形式的采煤面裂隙带抽采和高抽巷抽采技术；回采时尽可能减少采空区浮煤，以降低回风隅角处的瓦斯涌出；另外，可采用风障引流法、风筒导风法等辅助方法。

（4）掘进工作面瓦斯积聚处理。严格进行瓦斯监测。对于临时停风巷道、独头巷道以及封闭巷道的排瓦斯情况，应分级分类制定专项排瓦斯安全技术措施，并严格按措施实施；对于瓦斯涌出量大的掘进工作面可采用双巷掘进方式，间隔施工联络巷，通过全风压通风尽量缩短风筒送风距离，从而保障工作面风量。

技能点 2　防止点火源的出现

（1）防止爆破火源。井下严禁放明炮、糊炮，炮眼深度和炮眼的封泥长度应符合《煤矿安全规程》要求；掘进工作面应全断面一次起爆，不能全断面一次起爆的，必须采取分次打眼、分次装药、分次运煤的安全措施；爆破作业前，必须开启巷内所有非自动风流净化水幕，爆破前后及时清除巷道煤尘，洒水冲洗巷帮，严禁煤尘积聚；必须严格执行"一炮三检"和"三人连锁"爆破制度。

（2）防止电气火源和静电火源。严禁一切非防爆电气设备下井，严禁供电线路及电气设备失爆，严禁带电检修和移动电气设备、设施；井下机电设备硐室、检修硐室及其他机电设备集中地点必须配备相应的消防灭火器材；所有电气设备须连接接地装置；井口和井下电气设备必须有防雷击和防短路的保护装置；井下严禁使用可燃性有机化学材料。

（3）防止摩擦和撞击点火。严控金属间相互撞击产生火花，严控采煤机直接割顶、底板石头和液压支架顶梁和护帮板，如遇断层、陷落柱、石包等地质构造时，必须制定防止产生火花的专项安全技术措施；在摩擦发热的装置上，应安设过热保护装置和温度检测报警断电装置。

（4）防止明火点燃。严格实行明火管制，建立健全明火管理制度；严禁携带明火下井，工业广场内的进风、回风井口或井口房、通风机房、瓦斯泵房附近 20 m 内严禁烟火；严格落实动火作业规定，非经特别批准不得在井口房和井下任何地点进行电焊、氧焊和喷灯焊接等动火作业；严格实行可燃物管制，严格限制携带易燃、易爆物品下井，杜绝违章行为。

技能点 3　加强瓦斯检查和监测

矿井要严格执行瓦斯检查制度，每月组织制定《瓦斯检查点设置计划》和《巡回检查图表》；配备专职瓦检员，正常生产的采掘面、开拓新水平的井巷接近煤层时、遇到煤线或接近地质破坏带的开拓面的瓦检员不应兼职其他地点的瓦斯检查工作。矿井装备的安全监控系统必须满足《煤矿安全规程》和国家有关技术要求、使用规范，系统必须实时监控全部监测地点的瓦斯浓度、一氧化碳浓度、风速、风压、温度、烟雾等变化情况，有关技术及管理人员必须实时掌握瓦斯变化情况，发现问题及时处理。

在矿井瓦斯治理过程中，必须要加大监测监控的力度，所以必须建立完善的监控系统，实时针对井下瓦斯浓度进行监测，为煤矿生产提供充分的安全保障。比如在矿井内配置检测终端，针对各类数据信息进行收集、传递，并安排专人进行负责管理，这样就能针对矿井瓦斯展开预测预防，杜绝由瓦斯引发的安全事故。其次要组建专职维修队伍，定时对监控系统展开维护和检查，确保各个设备能够正常运行，在发现问题时可以及时处理，不影响煤矿生产的进行。一般来说设备对于整个检测效果的影响非常大，好的设备不仅检测结果精准，也具有更加完善的性能，所以必须引进现代化设备，打造矿井瓦斯监控系统，提高治理能力和水平。在监控系统运行过程中，应该安排专业人员进行盯岗，尤其是矿井瓦斯涌出异常区域，实施交接班的形式，确保一直有工作人员监督管理，促使现场的安全隐患得到有效处理。

技能点4　设置隔爆装置及抑爆物质

煤矿井下必须根据《煤矿安全规程》规定安设隔爆设施。隔爆设施可有效阻止或减弱瓦斯爆炸后火焰和冲击波传播的范围和强度，降低爆炸火焰的燃烧温度，破坏其传播的条件，从而有效阻断瓦斯爆炸事故进一步扩大，减少损失。煤矿隔爆技术可以按照原理分为两大类，分别为主动隔爆技术以及被动隔爆技术。主动隔爆装置具有重复利用性，克服了被动隔爆装置的弱点。主动隔爆装置由探测器、控制器、喷洒器组成。主动隔爆装置的工作原理是由探测器监测到爆炸火焰或者冲击波时将信号传递给控制器，控制器发出指令使喷洒装置喷撒出抑爆剂从而扑灭火焰中断火焰的传播。被动隔爆技术需要依靠瓦斯爆炸冲击波的作用，产生机械动作来喷洒灭火剂等，从而对位于瓦斯爆炸冲击波后方的爆炸火焰进行阻隔。

1. 主动隔爆

主动抑爆装置是指在隔爆装置之中提前储存一定量的灭火剂、水、干粉等，当被监控区域内出现瓦斯爆炸时，通过传感器捕捉到信号并向控制装置发出指令，控制系统开启隔爆装置的喷头喷出灭火剂，瞬间形成抑爆屏障，从而实现主动抑爆。目前主动抑爆技术装置优、缺点如下：

主动抑爆技术装置优点：

（1）能在很短的时间里形成有效抑爆屏障（≤200 ms）；

（2）对爆炸初始阶段抑制效果较好；

（3）体积相对较小；

（4）方便移动。

主动抑爆技术装置缺点：

（1）有效持续抑爆时间短；

（2）不能有效抑制二次爆炸和多次爆炸；

（3）有毒有害气体不能有效隔绝；

（4）不能降温；

（5）有些装备自身具有安全隐患；

（6）不宜在大巷安装。

2. 被动隔爆

常见的被动隔爆装置有岩粉棚、水槽棚、水袋棚等，优点在于成本低廉、工艺简单。岩粉棚防止煤尘爆炸传播的历史悠久，最初的防潮岩粉棚和被动式水袋棚等抑爆装置抑制煤尘爆炸传播效果也较理想。隔爆水棚以及岩粉棚在我国很多矿井都有广泛应用，用于对瓦斯爆炸传播的抑制，其中岩粉棚的触发过程是，岩粉棚受到优先于爆炸火焰的爆炸冲击波的冲击而被掀翻，使岩粉暴露在空气中，并形成岩粉带，岩粉带对后续传来的爆炸火焰进行阻隔，从而达到对瓦斯爆炸传播的隔爆作用。岩粉棚的缺点在于当煤矿井下风量较大时，岩粉容易被风流扬起，使工作环境中飘荡大量岩粉使工作环境造成污染，对于工作人员的呼吸道造成影响，又由于井下空气潮湿，岩粉暴露在空气中，易受潮结块而失去飞扬能力大大降低了灭火效果。虽然有些岩粉棚做了防潮处理但制作复杂成本也随之增大，所以隔爆岩粉棚逐渐被淘汰。

3. 抑爆物质

在抑爆物质方面，相对于惰性岩粉，水是良好的抑爆材料，这是由于水的比热容大，可以对爆炸火焰起到良好的降温效果，并且水蒸气可以对热辐射有良好的屏蔽作用。我国用水作为灭火剂的被动式抑爆技术构成隔绝爆炸火焰的装置主要有隔爆水幕、隔爆水袋和隔爆水槽等。隔爆水槽是应用于煤矿井下巷道内用于隔绝爆炸火焰的装置。隔爆水槽的作用原理简单，在瓦斯爆炸传播路线上安设一系列装满水的容器，在爆炸冲击波的作用下，水槽被破坏，容器中的水在断面上均匀地铺开，阻止并扑灭火焰。隔爆水棚的缺点在于水棚中的水会蒸发流失，尤其对于高温矿井，需要经常向隔爆水棚中补充水，在风量大的矿井中隔爆水棚的易混入大量矿尘，当水量补充不及时的情况如果发生爆炸将无法起到有效的隔爆作用。

通过改进现有的主动抑爆技术装备，可变为可持续抑爆的主动水雾抑爆系统。细水雾抑爆是当有细水雾作用于火焰面时会延长火焰阵面预热区的范围，减缓反应速度，进而使爆炸传播速度降低，从而抑制火焰传播。

子任务3　预防瓦斯爆炸事故扩大技术措施

技能点1　强化引爆火源的安全管理，避免引爆火源的出现

在预防瓦斯爆炸事故发生时，我们应首先针对引爆火源采取有效措施，根据相关研究，我们必须防止以下三方面的火源出现：电气火源、放炮火源、摩擦撞击火源。

（1）强化矿井用电的安全管理，严防电火花导致的瓦斯爆炸事故。例如，井下的电气设备，工具必须防爆，并做好日常维护，保持良好的防爆性能；井下电缆接头不准有明接头、羊尾巴、鸡爪子，电缆不容许漏电，并且装设漏电保护器；维护井下电气设备时必须停电作业；井下和井口房内不准进行电焊、气焊和使用喷灯焊接作业。

（2）强化井下放炮的安全管理，严防爆破火焰导致的瓦斯爆炸事故。例如，井下火药、雷管要严格管理；井下放炮必须用安全炸药，不准使用不合格或变质炸药；打眼、装药、封泥必须按规程进行；严格执行"一炮三检"制度，不准放糊炮、明炮；

在放炮时应精确地进行工程计算，确定合理的抵抗线，并严格按照工程计算打孔、装药，避免放炮火花的出现等。

（3）强化机械摩擦和金属撞击的安全管理，严防撞击火花导致的瓦斯爆炸事故。例如，不能在通风不良的地点使用能产生撞击火花的金属物体和开动机械，不得已必须要开动机械时要制定相应的安全操作规程；瓦斯超限区抢险救灾要用专用工具，避免二次事故的发生；对采掘机截割部件进行处理，要采取喷雾降温措施；对胶带运输机的特殊部位要采取相应的措施（比如喷雾降温，油浸）来避免引爆瓦斯的火源出现等。另外，井下必须使用合格矿灯，如遇特殊情况，矿灯熄灭或损坏，绝对不准在井下打开电池盒或拧灯头进行修理，也不能敲打灯头和电池盒。

由于井下工作系统复杂、难以管理等特点，许多本不应该出现的火源也会出现在井下，比如：穿化纤衣服下井而引起静电火花；井下要是用非抗静电风筒、电缆和橡胶塑料制品，会引起摩擦火花；井下出现抽烟明火等。这些特殊危险源是本不应该出现在井下的，所以我们要加强管理，避免这些特殊的危险源出现在井下。

技能点 2　强化瓦斯安全管理，防止瓦斯积聚

虽然根据研究的结果来说，防治火源的出现是解决瓦斯爆炸事故的最佳措施，但是，在有些地方引爆火源的出现是难以避免的，相较而言控制瓦斯浓度比较简单。这时，采取一定的措施来消除瓦斯的积聚，来预防瓦斯爆炸事故的发生就有一定的现实意义。而加强瓦斯的安全管理也可以作为防治瓦斯引爆火源失效时的一个预备防治系统，具有一定的实际意义。

1. 加强管理，最大限度抽放瓦斯

抽出开采层、临近层和采空区等瓦斯源中的瓦斯，减少矿井、采区和工作面瓦斯涌出，是超前预防、控制瓦斯事故的根本措施。抽放瓦斯的方法，分为开采层抽放、临近抽放和采空区抽放三种类型。

（1）开采层抽放瓦斯具体分为未卸压抽放法和强制抽放法。其中，未卸压抽放法又分为开采层工作面顺层钻孔预抽、密闭采掘巷道预抽、密闭巷道与钻孔集合预抽；卸压抽放法又分为工作面钻孔边采边抽、掘进巷道超前钻孔边掘边抽；强制抽放法又分为钻孔水力割缝抽瓦斯、地面钻孔水力压裂抽瓦斯、预裂控制爆破抽瓦斯。

（2）邻近层抽放瓦斯具体分为上邻近层抽放法、下邻近层抽放法和围岩抽放法。其中，上邻近抽放法又分为顶板穿层钻孔抽放瓦斯、顶板岩石巷道抽瓦斯、顶板岩石巷道与钻孔集合抽瓦斯、地面钻孔抽瓦斯；下邻近层抽放法又分为底板穿层钻孔抽放瓦斯、底板岩石巷道抽瓦斯、岩石巷道与钻孔集合抽瓦斯；围岩抽放法又分为围岩裂隙钻孔抽瓦斯、围岩溶洞钻孔抽瓦斯。

（3）采空区抽瓦斯具体分为现采区采空区抽放法、已采区采空区抽放法。其中，现采区采空区抽放法又分为工作面尾巷抽瓦斯、工作面采空区埋管抽瓦斯、已采区密闭抽瓦斯。

2. 健全可靠的通风系统，保证全矿井和各工作面有足够的风量

强化通风的安全管理，保证工作面有足够的风量稀释瓦斯和驱散涌出的瓦斯，是

防止瓦斯积聚超限控制爆炸事故的最基本、最有效的措施。因此，每一矿井必须有完备的独立的通风系统，而且要可靠、合理，按规定供给足够的风量。

在瓦斯矿井中，采煤工作面和回风道都要采用上行风。掘进工作面采用局扇通风，禁止采用扩散通风，并要保证正常运转，不准循环风和串联风。采空区密闭，风门及各种通风构筑物，应符合质量标准，设施位置要适当，并加强维修管理，以防漏风。

3. 加强瓦检人员的管理，及时发现并改变瓦斯积聚的异常状态

瓦斯检测人员运用安全技术装备对矿井和工作面的瓦斯进行监测，做到及时发现并及时改变瓦斯积聚超限的异常状态，使之达到安全要求。

（1）在高瓦斯矿井安装瓦斯爆炸危险监控仪，对掘进巷道瓦斯、粉尘的异常状态进行监控，是预防、控制瓦斯爆炸事故的安全技术措施。

（2）严格瓦斯检查与管理制度，对矿井和工作面瓦斯进行检查，每一矿井都必须按规定配备足够的瓦斯检查人员，切实做好日常生产过程中的瓦斯检查，做到及时发现并及时改变瓦斯积聚超限的异常状态。

技能点 3　强化安全生产检查、提高安全素质

防止瓦斯爆炸事故的安全检查，要侧重检查人们在井下作业中，违章把火种带入井下、抽烟，违章用电、违章放炮、违章敲打矿灯等具有导致瓦斯爆炸事故的异常行为；其次要侧重检查瓦斯抽放、通风管理、瓦斯监测、电气设备防爆，以及各种火源具有导致瓦斯爆炸的异常状态等，并要做到改变其异常，使之达到安全生产的客观要求，从而控制瓦斯爆炸事故的发生。

首先要对从事煤矿井下作业人员坚持开展经常性的安全宣传和专业安全技术培训，其次要培训相关煤矿从业人员掌握瓦斯爆炸事故的规律，认识其危害，并严格贯彻执行煤矿安全规程，做到有法可依、有法必依、违法必究，当发现自身或他人有违章作业的行为时，要及时加以改变，使之达到安全要求。

技能点 4　发生瓦斯煤尘爆炸事故时的应急避险措施

瓦斯煤尘爆炸时可产生巨大的声响、高温、有毒气体、炽热火焰和强烈冲击波。因此，在避难自救时应特别注意以下几个要点：

（1）当灾害发生时一定要镇静清醒，不要惊慌失措、乱喊乱跑。当听到或感觉到爆炸声响和空气冲击波时，应立即背朝声响和气浪传来方向，脸朝下，双手置于身体下面，闭上眼睛迅速卧倒。头部要尽量低，有水沟的地方最好趴在水沟边上或坚固的障碍物后面。立即屏住呼吸，用湿毛巾捂住口鼻，防止吸入有毒的高温气体而中毒和灼伤气管及内脏。用衣服将自己身上的裸露部分尽量盖严，以防止火焰和高温气体灼伤皮肉。

（2）迅速取下自救器，按照使用方法戴好，以防止吸入有毒气体，高温气浪和冲击波过后应立即辨别方向，以最短的距离进入新鲜风流中，并按照避灾路线尽快逃离灾区。已无法逃离灾区时，应立即选择避难硐室，充分利用现场的一切器材和设备来保护自身和其他人员安全。进入避难硐室后要注意安全，最好找到离水源近的地方，设法堵好硐口，防止有害气体进入。注意节约矿灯用电和食品，室外要做好标记，有规律地敲打连接外部的管子、轨道等，发出求救信号。

任务 5　矿井瓦斯抽放与管理

煤层瓦斯抽采一般是指利用瓦斯泵或其他抽采设备抽取煤层中高浓度的瓦斯，并通过与巷道隔离的管网，把抽出的高浓度瓦斯排至地面或矿井总回风巷中。它不仅是降低矿井瓦斯涌出量、防止瓦斯爆炸和煤与瓦斯突出灾害的重要措施，而且抽出的瓦斯还可变害为利，作为优质洁净能源加以开发利用。因此，从 20 世纪 50 年代起，世界上各主要产煤国对煤矿的瓦斯抽采都十分重视，使瓦斯抽采工作得到了较快的发展，世界煤矿年抽出瓦斯量大幅度增加。近年来，随着我国煤矿开采深度增加和开采强度的提高、矿井瓦斯涌出量增大，抽采瓦斯已成为高瓦斯煤层开采的一个必不可少的重要基础工作，为煤矿瓦斯利用提供了重要条件。通过本任务的学习，使学生掌握瓦斯抽放的方法，并针对矿井的实际情况提出合理的抽采参数，并对抽放进行安全管理。

子任务 1　本煤层瓦斯抽放

技能点 1　本煤层瓦斯抽放方法

本煤层瓦斯抽放是指采用巷道或打钻的方式直接抽放开采煤层内含有的瓦斯的方法。按照抽放与采掘的时间关系。本煤层抽放可分为"预抽"和"边抽"两种方法。所谓"预抽"，就是在开采之前预先抽出煤体中的瓦斯。"预抽"又可分为巷道预抽和钻孔预抽 2 种，所谓"边抽"，是指边生产边抽放瓦斯，即生产和抽放同时进行。"边抽"又包括边采边抽和边掘边抽 2 种。

1. "预抽"本煤层瓦斯的施工方法及其优缺点

预抽本煤层瓦斯巷道预抽和钻孔预抽的施工方法及优缺点如下：

（1）巷道预抽本煤层瓦斯。即在回采之前事先掘出瓦斯巷道，因同时要考虑采煤工作需要，因此也叫采准巷，然后将巷道密闭，在密闭处接设管路进行抽放，直到回采时为止。这种方法的优点是，煤体卸压范围大，煤的暴露面积大，有利于瓦斯释放。缺点是开采时巷道维修量大；高瓦斯煤层掘进施工困难；若密闭不严易进气，抽出的瓦斯浓度低；巷内易引起自燃发火，因此该方法目前较少选择使用。

（2）钻孔预抽本煤层瓦斯。即在开采煤层底板（或顶板）岩层中掘一条与煤层走向平行的巷道，在此巷道中每隔一定距离（20～30 m）掘一石门做钻场（深度不超 6 m），在每个钻场内向煤层打 3～7 个呈放射状的钻孔，穿透煤层进入顶（底）板，插管封孔进行抽放。

这种方法的优点是钻孔贯穿煤层，瓦斯很容易沿层理面流入钻孔，有利于提高抽放效果，其次，抽放工作是在掘进和回采之前进行的，能大大减少生产过程中的瓦斯涌出量。缺点是被抽放煤层没有受采动影响，煤层压力变化不大（未卸压），透气性低的煤层可能达不到预抽效果。

2. "边抽"本煤层瓦斯的施工方法及其优缺点

1）边采边抽

即在工作面前方，在进风巷或回风巷中每隔一定距离打平行于工作面的钻孔，然后插管、封孔进行抽放，也可以每隔一定距离（20～30 m）掘一钻场（深度小于6 m），布置3个扇形钻孔，然后插管、封孔进行抽放。

边采边抽的优点是由于采动影响，煤层已卸压，煤层透气性增加，抽放效果好，不受采掘工作影响和时间限制，具有较强的灵活性和针对性。缺点是开孔位置在煤层，封孔不易保持严密，影响抽放效果和瓦斯浓度；另外，钻孔与煤层层理平行，层理之间不易沟通，瓦斯不易流动，也影响了抽放效果。

2）边掘边抽

即在掘进巷道两帮每隔一定距离（20～30 m）掘一钻场（深度小于6 m），在钻场向工作面推进方向打2～3个超前钻孔，然后插管、封孔进行抽放。随着工作面的推进，钻场和钻孔也向前排列。边掘边抽的优点是工作面前方和巷道两帮一定范围的应力已发生变化，因而游离和解吸瓦斯能直接被钻孔抽出，透气性低的煤层也会获得一定效果。缺点是增加了掘钻场和打钻的工程量和时间，对掘进速度有一定影响，有漏风，抽放率低；另外，此法只能降低掘进时的瓦斯涌出量，而不能降低回采时的瓦斯涌出量。

技能点 2　瓦斯抽放效率提高的研究

1. 基本方法

提高本煤层的瓦斯抽放效果，多年来一直是瓦斯抽放工作中难以解决并一直在努力解决的问题。目前提高本煤层瓦斯抽放率的技术途径主要有两个：一是采用人为方法预先松动原始煤体，提高煤层的透气性，主要有水力压裂、水力割缝等水力化措施以及预裂爆破等，二是合理布孔和改变钻孔参数。

顺层平行钻孔预抽开采层瓦斯是防治瓦斯超限和煤与瓦斯突出的重要措施，在一定程度上缓解了我国煤层开采的瓦斯问题。但我国许多煤矿区的煤层属于远距离煤层群，加之煤层透气性差，因此瓦斯抽放效果并不十分显著，未能从根本上解决采掘工作面瓦斯超限和煤与瓦斯突出问题。

造成瓦斯抽放率不高的主要原因有4个方面：煤层透气性差；预抽方式单一；预抽参数不尽合理；预抽时间不足。无论采用平行钻孔布孔还是交叉布孔抽放本煤层瓦斯，都属于较难抽放的煤层。但是由于采用交叉布孔形式后改变了煤层裂隙分布，增加了煤层透气性，使得抽放总体效果从钻孔瓦斯自然涌出初始量看，交叉孔略小于平行孔。从钻孔瓦斯衰减系数和瓦斯排放总量分析，交叉布孔要优于平行布孔所改变。

2. 深孔控制预裂爆破

1）基本方案

深孔控制预裂爆破技术是针对单一、低透气性、高瓦斯煤层的条件而研究的。因此，其主要应用于本煤层的瓦斯预抽。实际应用时是在回采掘进中或形成之后，工作面开采之前进行预抽煤层瓦斯,以解决回采中工作面瓦斯超限或煤与瓦斯突出问题。其基本方案是在回采工作面的运输巷和回风巷,平行于工作面向工作面煤体间隔一定距离打平行钻孔,其中有爆破孔和控制孔二者交替布置。

2)钻孔布置参数的选择

理论和实践都充分证明,钻孔参数的选择直接影响预裂效果。影响预裂效果的主要因素有地应力δ、瓦斯压力P煤的坚固性系数f、孔径D和孔间距L。其中δ越大,越不利于爆破裂隙的发展;P有助于裂隙的发展,f对裂隙发展的影响具有一定特殊性,孔径D越大越有利于裂隙的发展,孔间距L越大,越不利于裂隙发展。在上述诸因素中,影响裂隙发展最大的是孔径和孔间距,而且只有二者能够人为控制,所以布孔参数十分重要。

技能点3　提高本煤层瓦斯抽采量的方法

对于低透气性较难抽出瓦斯的煤层,采用常规的钻孔布置方式及参数预抽本煤层瓦斯时,往往达不到所要求的抽采效果。为解决开采层采掘工作面瓦斯涌出量大的问题,就须采用提高本煤层瓦斯抽采量的其他方法,即通过各种手段,人为强迫沟通煤层内的原有裂隙网络或产生新的裂隙网络,使煤体透气性增加,这种方法也被称为强化抽采瓦斯的方法。

1. 增加钻孔暴露煤面

(1)加大钻孔直径可增加钻孔的表面积扩大瓦斯抽采空间,降低钻孔抽采阻力,提高钻孔抽采半径,增加钻孔间距,减少钻孔数量,提高钻孔单孔瓦斯抽采量。由于当钻孔孔径很大时,从打钻工艺技术来说,不是容易做到的。因此,在防止塌孔堵塞钻孔通道的前提下尽量加大钻孔直径以提高煤层瓦斯抽采量,通常钻孔直径为100 mm左右。

(2)增加钻孔的穿煤长度:对于穿层钻孔应穿透整个煤层厚度顺层钻孔尽可能增加钻孔长度,这对提高钻孔抽采量是有益的。由于煤层厚度是一定值,顺层钻孔长度的增加也是有限的,而且钻孔长度越长,打钻技术难度越大,因此,通过增加钻孔穿煤长度来增加瓦斯抽采量是有限的。

(3)增加钻孔密度:一般是指缩短钻孔间距增加瓦斯抽采钻孔数量,即缩小每一个钻孔的瓦斯流场控制范围。钻孔间距合理,对提高整个煤层的瓦斯抽采率是十分必要的,某个钻孔在某一流动时间内都有一个瓦斯流动场,所以只有在流动场内相互不受干扰时增加钻孔密度,才能经济有效地提高煤层瓦斯抽采量。

必须指出,对于低透气性煤层,每个钻孔所控制的瓦斯流场的范围是很小的,随着时间的增长,流场的扩展范围也很小,在这种情况下,增加钻孔密度对提高瓦斯抽采率效果显著而且当钻孔密度达到一定程度时,对煤层还能起到增加卸压作用,这种网格式预抽瓦斯作为防突的区域性措施试验中已得到验证。由于增加钻孔密度是一项简单易行的措施,因此它是目前提高本煤层瓦斯抽采率的一项主要措施。

2. 人为改变瓦斯流场的边界条件

（1）提高煤层原始瓦斯压力，增加钻孔瓦斯抽采量最早的想法是煤层注高压水，实现用水驱赶煤层瓦斯、增加瓦斯抽采量的目的。可是煤层高压注水的试验结果表明，注水湿润煤体后，不但没有增加钻孔瓦斯流量，反而抑制了煤层瓦斯的涌出，究其原因是注水后瓦斯与水在煤体内呈二相流动，当煤体内的空隙被水湿润饱和后，气相流动的渗透率反而变小。关于向煤层内注高压气体问题，目前正在试验研究中，在工艺技术及理论方面尚有一系列问题需要解决，如煤对混合气体的吸附、解吸能力问题，向煤层注气的均匀性问题，注高压气体的安全性问题，混合气体的爆炸危险性问题等。

（2）提高瓦斯抽采钻孔的负压理论分析认为，提高抽采负压对钻孔瓦斯流量的影响不会很大。但一系列的测试表明，当煤体受负压影响，瓦斯被排出后，会发生收缩变形，如果煤的各项物理力学性质不同，则在收缩过程中，会导致煤体裂隙网络的变化，这样就有可能改变煤的透气性系数，增加钻孔瓦斯抽采量。因此，对于不同煤层，其最佳抽采负压值也是不相同的，可以认为每一煤层甚至每一钻孔都有自己的"负压-流量"特性曲线。

子任务 2　邻近层瓦斯抽放

开采煤层群时，回采煤层的顶、底板围岩将发生冒落、移动、龟裂和卸压、透气系数增加。回采层附近煤层中的瓦斯就能向回采层的采空区运移。这类向开采层采空区涌出瓦斯的煤层，叫邻近层，位于开采层顶板内的邻近层，叫上邻近层，底板内的叫下邻近层。邻近层瓦斯抽放，是在有瓦斯赋存的邻近层内预先开掘抽放瓦斯巷或预先从开采层或围岩大巷内向邻近层打钻，将邻近层涌出的瓦斯汇集抽出。前者称巷道法，后者称钻孔法。

邻近层瓦斯抽采即为通常所称的卸压瓦斯抽采。在煤层群中，由于开采层的采动影响，使其上部或下部煤层移动、龟裂和卸压，渗透率增加，并引起邻近层的瓦斯向开采层的采掘空间运移（涌出）。为了防止和减少邻近层的瓦斯通过层间裂隙大量涌向开采层，则可采用瓦斯抽采方式进行处理。

邻近层的瓦斯抽采是指在有瓦斯赋存的邻近层内预先开凿抽采瓦斯的巷道，或预先从开采煤层或围岩大巷内向邻近层打钻，将邻近层内涌出的瓦斯汇集抽出。前一方法称巷道法，后一方法称钻孔法。邻近层瓦斯抽采方法大致可分为地面钻孔抽采法、井下钻孔抽采法和顶板巷道抽采法由于地面钻孔抽采法的应用受到煤层赋存条件与地面地形、地表裂隙等条件限制，因此，目前主要采用井下钻孔抽采法和顶板巷道抽采法抽采邻近层瓦斯。

技能点 1　井下钻孔抽采法

在采用井下钻孔抽采邻近层煤层瓦斯时，应考虑煤层的赋存状况和开拓巷道布置方式根据煤层赋存状态和开拓巷道布置方式不同，钻孔布置方式有两种。

1. 开采层内巷道布置瓦斯抽采钻孔

该方式的适应条件为缓倾斜或倾斜煤层的走向工作面，根据抽采钻孔是布置在回风巷还是进风巷，又可分为以下两种。

1）钻场设在工作面回风巷内

在采煤工作面回风巷内设钻场，向邻近层打穿层钻孔，抽采邻近层煤层中的瓦斯。如山西的阳泉四矿、内蒙古包头五当沟矿、贵州六枝大用矿均采用此种瓦斯抽采方式。这种布置方式多用于抽采上邻近层瓦斯，其优点有两个：一是抽采负压与通风压力方向一致，故而有利于提高邻近层的抽采效果，尤其是低层位的钻孔抽采效果更为明显；二是瓦斯抽采管路安设在回风巷内，可免遭机电设备碰撞损坏，利于维护管理。但也存在一定的缺点，即增加了瓦斯抽采专用巷道的维护时间和工程量。

2）钻场设在工作面进风巷内

在采煤工作面进风巷内设钻场，向邻近层打穿层钻孔抽采邻近层瓦斯。该布置方式多用于抽采下邻近层瓦斯，与钻孔布置在回风水平相比，其优点为：① 在进风巷运输水平一般均设有电源和水源，故而钻孔施工方便。② 一般情况下，开采阶段的运输巷即为下一阶段的回风巷，故而不存在由于抽采瓦斯而增加巷道的维护时间和工程量的问题。

2. 在开采层外巷道中布置钻场及抽采钻孔

该法适用条件很广，可用于不同倾角的煤层和不同采煤方法的工作面。根据开拓方式的不同，其钻孔布置方式又可以分为以下两种。

（1）钻场设在开采层底板岩巷内：由钻场向邻近煤层打穿层钻孔，抽采邻近层中的瓦斯。

如四川天府磨心坡矿、安徽淮北芦岭矿、淮南谢二矿和四川松藻打通一矿均是这种布置。该布置方式多用于抽采下邻近层瓦斯，其优点为：抽采钻孔服务时间一般较长，除抽采卸压瓦斯外，还可用作邻近层开采前的预抽和邻近层回采后的采空区瓦斯抽采，且不受采煤工作面开采的时间限制。钻场一般处于主要岩石巷道内，相对减少了巷道的维修工程量，同时，对于抽采设施的施工与维护也较方便。

（2）钻场设在开采层底板巷外：由钻场向邻近层打穿层抽采钻孔抽采邻近层瓦斯。

如四川中梁山煤矿南井就是这种布置。此种布置方式多用于抽采上邻近层瓦斯，中梁山煤矿的应用结果表明，同样是开采 2 号层时抽采 1 号层瓦斯，与在开采层内布孔抽采邻近层的方式相比，前者抽采效果大大提高而巷道工程量并未增加多少。

技能点 2　巷道法抽采瓦斯

巷道法抽采瓦斯主要是指在开采层的顶部处于采动形成的断裂带内，挖掘专用的抽采瓦斯巷道（高抽巷），用以抽采上邻近层的卸压瓦斯。巷道可以布置在邻近煤层或岩层内。巷道法抽采瓦斯可分走向专用抽采巷和倾斜专用抽采巷 2 种。

这种抽采方式是随着我国采煤机械化的发展、采煤工作面长度的加长、推进速度的加快、开采强度的加大，回采过程中瓦斯涌出量骤增，原有的钻孔抽采邻近层瓦斯方式已不能完全解决问题的情况下，开始试验和应用的，并取得了较好效果，它具有抽采量大、抽采率高等特点，目前已在不少矿区扩大试验和推广应用。

技能点 3　顶板巷道结合钻孔抽采邻近层瓦斯法

该方法首先在阳泉一矿北头嘴井 1104 综采工作面开始试验，随后又在 1105 综采工作面扩大试验。这两个综采面均是开采 3 号煤层，2 号煤层和 1 号煤层（厚度平均为 0.51 m 和 0.47 m）分别位于其顶部 15.23～20.6 m 和 25.34～29.19 m。当时情况是由于综采工作面面长加大（160 m），推进速度加快，综采面瓦斯涌出量比炮采面有大幅度增加，达 65.5 m³/min；故而采用原先的顶板穿层钻孔抽采邻近层瓦斯的方法（瓦斯抽采率不到 20%）已难于解决综采面瓦斯涌出量大的问题。为此，改用顶板岩巷抽采邻近层瓦斯，巷道布置在 1 号或 2 号煤层内沿走向间隔一定距离（最大间距 300 m 左右）开掘平行或斜交工作面的顶板巷道，其中有些巷道内还打了一部分沿层钻孔。抽采试验表明，该抽采方法具有抽采量大（在有效抽采距离内抽采率达 63.5%，平均为 49.5%）以及有效抽采距离长（215～272 m）等特点，并能较好地解决综采工作面的瓦斯涌出问题。根据抽采试验结果，该矿 3 号煤层顶板巷道抽采瓦斯的合理参数为：顶板巷道间距 240 m 顶板巷道距 3 号煤层顶板距离 26～30 m，巷道伸入工作面距离 40 m 与工作面平行布置抽采负压以 2.0～2.5 kPa 为宜。但是随着矿井高产高效工作面的迅速发展，对于高瓦斯矿井瓦斯涌出量大的问题，单独采用某一种抽采方式往往难以解决问题，而必须采用综合抽采技术措施。

技能点 4　待抽邻近层的选择原则及抽采参数确定

待抽邻近层的选择主要是根据开采层周围岩层卸压范围和瓦斯变化状况来确定。邻近层层位与开采层间距的上限和下限的确定与层间距离的大小、开采层厚度、层间岩性、倾角等均有关系。一般认为，在缓倾斜煤层条件下，上邻近层抽采的极限层间距离为 120 m 左右，下邻近层为 80 m 左右；在急倾斜煤层条件下，上下邻近层各为 60 m 左右但是间距太近时，由于岩层垮落而不利于瓦斯抽采。实践表明，一般层间距小于 10 m 的邻近层抽采瓦斯效果较差。层间距为多少的邻近层作为抽采层合适，应根据实际测定来确定，这需在现场进行一定量的考查，以便取得良好效果。

子任务 3　采空区瓦斯抽放

采空区瓦斯的涌出，在矿井瓦斯来源中占有相当的比例，这是由于在瓦斯矿井采煤时尤其是开采煤层群和厚煤层条件下，邻近煤层、未采分层、围岩、煤柱和工作面遗煤中都会向采空区涌出瓦斯，不仅在工作面开采过程中涌出，而且工作面采完密闭后也仍有瓦斯继续涌出。一般新建矿井投产初期采空区瓦斯在矿井瓦斯涌出总量中所占比例不大，随着开采范围的不断扩大，相应地采空区瓦斯的比例也逐渐增大，特别是一些已开采多年的老矿井，采空区瓦斯所占比例多数可达 25%～30%，少数矿井达 40%～50%，甚至更大。对这一部分瓦斯如果只靠通风的办法解决，显然是增加了通风的负担，而且又不经济。通过国内外的实践，对采空区瓦斯进行抽采，不仅可行，而且也是有效的。

技能点 1　采空区瓦斯抽采的方法

采空区瓦斯抽采方法是多种多样的，将其归类基本上可划分两类：按开采过程来划分，可分为回采过程中的采空区瓦斯抽采和采后密闭采空区抽采；按采空区状态划分，可分为半密闭采空区瓦斯抽采和全密闭采空区瓦斯抽采。这两种划分方法实质上包含相同的范畴，现取其中之一进行介绍。

1. 半密闭采空区瓦斯抽采

半密闭采空区是指采煤工作面后方的、在工作面回采过程中始终存在并且随着采面的推进范围逐渐增加的采空区。由于这种采空区是和通风网络连通的，来源于各个方面的瓦斯涌入采空区后，又涌向工作面并经回风流排出，当采空区积存和涌出瓦斯较大时，将使工作面上隅角或回风流瓦斯经常处于超限状态，有时还可能由于顶板的垮落而引起采空区瓦斯的突然大量涌出，对生产构成很大的威胁。若能通过各种采空区瓦斯的抽采方法，将采空区瓦斯抽出，则就可直接减少工作面的瓦斯涌出量，使回采工作得以安全和顺利进行。

半密闭采空区抽采瓦斯在国内外所采用的主要方式有：

1）插（埋）管抽采

把带孔眼的管子在顶板垮落前直接插（砌）入采空区内进行瓦斯抽采。插入的管子直径 75~100 mm，处在采空区内一端的管子长 2.0~2.5 m，管壁穿有小孔，该管尽量靠近煤层顶部，处于瓦斯浓度较高的地点。这种方法抽出的瓦斯浓度不是很高，通常只有 10%~25%，其抽采效果取决于抽出混合气体中的瓦斯浓度和支管中的负压这两个主要因素。这一方法的优点是简单易行，成本低，缺点是抽出的瓦斯浓度低。埋管法抽采和插管法抽采基本是相同的类型，只是布置方式不同。埋管法一般是沿采煤工作面回风巷上帮敷设一条直径 108 mm 的瓦斯管，随着工作面的推进瓦斯管的一端逐渐埋入采空区，瓦斯管路每隔一定距离设三通并安阀门，可以开闭。埋管的有效长度一般为 20~50 m。这种方法在国内采用的矿井较多称为上隅角埋管法抽采空区瓦斯。实践表明，在工作面瓦斯涌出总量不是非常大的条件下，对解决上隅角和回风瓦斯超限的效果是好的。现以淮南矿业集团为例加以说明，其做法是根据采空区内瓦斯浓度随着距工作面（沿走向方向）距离增大而增大的测试结果埋管，管口距工作面的距离定为 30 m 为了减少采空区漏风，提高抽采效果，在采空区上、下隅角构筑挡风墙距抽采管口 5 m 左右。

2）向冒落拱上方打钻抽采

钻孔孔底应处在初始冒落拱的上方，以捕集处于垮落带上部卸压层和未开采的煤分层或下部卸压层涌向采空区的瓦斯。这种抽采方式，有的可以抽出较高浓度的瓦斯，钻孔的单孔瓦斯流量可达 2~4 m/min 左右，可使采空区瓦斯涌出量降低 20%~35%。

3）在基本顶岩层中打水平钻孔抽采

当涌向采空区的瓦斯主要来自开采煤层的顶板之上，而顶板为易于破坏的岩层，从开采层往上打钻抽采有困难时，可采用从回风巷向煤层上部掘斜巷，一直进入稳定的岩层为止并在斜巷末端做钻场，迎着工作面推进方向打与煤层平行的 2～3 个钻孔的方式抽采瓦斯。所打钻孔孔长 100～150 m，孔径 90～100 mm。从钻孔中心线到煤层顶板的距离取决于直接顶（不稳定岩石）厚度，一般为 5～10 m 随着采煤工作面的推进钻孔底始终处在冒落拱上部，而孔口处于负压状态。这种抽采方式可以取得较好的抽采效果。

2. 全封闭采空区瓦斯抽采

全封闭采空区是指工作面（或采区、矿井）已采完封闭的采空区，也称老采空区。老采空区虽与矿井通风网络隔绝，但采空区中往往积存大量的高浓度瓦斯，它仍有可能通过巷道密闭或隔离煤柱的裂隙往外泄出，从而增加矿井通风的负担和不安全因素。全封闭采空区瓦斯抽采有以下几种不同的方式：

1）报废矿井瓦斯抽采

报废矿井一般都开采了很大范围，在采空区不仅积存大量的瓦斯，并且在较长时间内还会继续涌出瓦斯，可进行瓦斯抽采和利用。报废矿井抽采瓦斯除必须具备瓦斯储量丰富的条件外，还应具有井下无水和与邻近矿井相隔离及地表密封的条件。具体实施时，对各个井田都要进行密闭，以防漏气。用其中的一个井筒安装管子插入密闭进行抽采，抽采管路在各个水平都要设开口，以便在深部水平充满水和二氧化碳时还能继续进行抽采。

2）开采已久的老采空区瓦斯抽采

开采已久的老采空区内一般仍有大量的瓦斯储存，将这部分瓦斯抽出并加以利用是很有意义的，我国很多矿井都进行了开采已久的老采空区的瓦斯抽采。抚顺矿区是已有 90 余年的老矿区，整个煤田走向 18 km 范围内开采深度下延了 600～700 m，煤厚自东向西 8～130 m，平均 50 m，采后的采空区中积存着大量的瓦斯可供抽采。据测算，仅胜利矿就有瓦斯储量 27 亿 m^3。老虎台矿于 1954 年就开始采空区瓦斯抽采，多年来共抽出瓦斯 4 亿多立方米；龙凤矿和胜利矿也相继进行了采空区瓦斯抽采。目前，3 个矿的采空区瓦斯抽采总量达 70 m^3/min，年抽采量 3 769 万立方米约占总抽采瓦斯量的 1/3。

3）采完不久的采空区瓦斯抽采

这种采空区的特点是，采区或采面刚采完不久，虽已密闭，但来自邻近层、围岩、丢煤和煤柱等的瓦斯涌出并未因之而终止，仍有较多的瓦斯继续涌向采空区，并且延续较长的时间，一般可达 1～2 年或更长；采空区的密封又难以达到完全严密，积聚在采空区的瓦斯将会不同程度地向外泄漏，一般离现开采区较近，对矿井生产可能构成的安全威胁相对要大于老采空区。因此，对采完不久的采空区进行瓦斯抽采，具有更重要的意义。具体进行抽采时，可根据各个矿井不同情况采取不同方式。即可以利用各种钻孔或巷道（包括穿层钻孔、邻近层抽采钻孔、地面抽采钻孔和集中瓦斯巷道等）进行抽采，也可在采空区靠回风侧的密闭插管抽采。

技能点 2　采空区瓦斯抽采管理

采空区抽采瓦斯能否达到技术上可行、方法上有效、安全上可靠和经济上合理，关键在于管理。管理工作主要应从下列几个方面考虑。

1. 抽采前的分析判断

进行采空区瓦斯抽采时首先要考虑其必要性，也就是要具体分析矿井、采区或工作面的瓦斯涌出来源中采空区瓦斯所占的比例，当采空区瓦斯涌出很大或较大，对生产构成的威胁很大，而单纯依靠通风的办法难以解决而又不经济时，就应采取采空区瓦斯抽采措施；其次根据具体情况确定是采用半封闭采空区抽采方式还是采用全封闭采空区抽采方式。

当采用全封闭采空区瓦斯抽采方式时，还应对采空区的气体成分和温度等进行取样和测定，以进一步判断是否具备抽采条件和判定抽采时的安全可靠程度。

2. 加强采空区密闭

加强采空区密闭对全封闭采空区瓦斯抽采是个必要的条件，提高采空区的气密性，可防止漏气，保持必要的抽采瓦斯浓度和防止有自燃倾向的煤层因漏气进氧而发生采空区发火对于已采完的采空区都要砌筑永久密闭。

永久性密闭要选择顶、底板坚固的岩（煤）层巷道，两道密闭墙（砖或料石）中间充填砂或黄土，密闭墙四周要掏槽，插管抽采的密闭上还应设置注砂（泥浆）管和采气、测温等观测管。有的矿区还采用了强化密闭，如抚顺矿区对抽采瓦斯的采空区都采用"砂带"和永久性密闭墙同时进行封闭，以提高气密性。密闭墙厚度不小于 1 m 四周掏槽深度不小于 0.3 m，并应设置各种附属设施。

一般来说，新砌筑的密闭可以达到较好的气密性，但年久后仍会受矿压作用变形而发生漏气。因此，对密闭还需经常维护和观测，一旦发现漏气，及时采取措施堵漏或在原密闭外再筑一道密闭。

3. 合理控制抽采量及负压

采空区的瓦斯包括已采空间积存的瓦斯和不断涌入采空区的瓦斯，因此，采空面积的大小不同和涌向采空区的瓦斯源的多少不同必然导致采空区瓦斯量的差异。为了保持采空区瓦斯抽采能够正常和连续地进行以及抽出瓦斯质量的稳定，合理的抽采瓦斯量应控制在小于或等于采空区瓦斯的补给量，否则会导致抽采瓦斯浓度的降低，并影响抽采工作的正常进行。由于抽采量不宜任意增大，故抽采负压也应加以控制，只要满足克服管路的阻力和同矿井通风网络的风压相匹配（适当大于通风总负压）就可以，抽采负压不必过高。

子任务 4　矿井瓦斯抽放安全管理

（1）矿井瓦斯抽放工作由企业技术负责人负全面技术责任，应定期检查、平衡瓦斯抽放工作；负责组织编制、审批、实施、检查瓦斯抽放工作长远规划、年度计划和安全技术措施，保证瓦斯抽放工作的正常衔接，做到"掘、抽、采"平衡。企业行政正、副职负责落实和检查所分管范围内的有关瓦斯抽放工作；企业各职能部门负责人对本职范围内的瓦斯抽放工作负责瓦斯抽放所需要的费用、材料和设备等，必须列入企业财务、供应计划和生产计划。煤炭企业必须配备专业技术人员，负责瓦斯抽放日常管理，总结分析瓦斯抽放效果，研究和改进抽放技术，组织新技术推广等。

（2）瓦斯抽放矿井必须建立专门的瓦斯抽放队伍，负责打钻、管路安装回收等工程的施工和瓦斯抽放参数测定等工作。

（3）瓦斯抽放矿井必须建立健全岗位责任制，钻孔钻场检查管理制度，抽放工程质量验收制度。

（4）瓦斯抽放矿井必须有下列图纸和技术资料：

① 图纸：瓦斯抽放系统图；泵站平面与管网布置图（包括阀门安全装备检测仪表放水器等）；抽放钻场及钻孔布置图；泵站供电系统图。

② 记录抽放工程和钻孔施工记录；抽放参数测定记录；泵房值班记录。

③ 报表：抽放工程年、季、月报表；抽放量年、季、月旬报表。

④ 台账：抽放设备管理台账；抽放工程管理台账；瓦斯抽放系统和抽放参数抽放量管理台账。

⑤ 报告：矿井和采区抽放工程设计文件及竣工报告；瓦斯抽放总结与分析报告。

（5）加强瓦斯抽放参数（抽放量、瓦斯浓度负压、正压、大气压、温度等）的监测，发现问题时及时处理。抽放量的计算用大气压为 101.325 kPa，温度为 20 °C 时标准状态下的数值。

（6）抽放瓦斯管理：

① "多打孔、严封闭、综合抽"是加强瓦斯抽放工作的方向。瓦斯抽放矿井应增加瓦斯抽放钻孔量，提高瓦斯管路敷设质量、严密封孔及对多瓦斯源矿井（工作面）采用综合抽放方法，以提高抽放效果。

② 永久抽放系统的年瓦斯抽放量应不小于 100 万立方米，移动站不小于 10 万立方米。

③ 瓦斯抽出率：预抽煤层瓦斯的矿井：矿井抽出率应不小于 20%，采煤工作面抽出率应不小于 25%；邻近层卸压瓦斯抽放的矿井：矿井抽出率应不小于 35%，采煤工作面抽出率应不小于 45%；采用综合抽放方法的矿井：矿井抽出率应不小于 30%；煤与瓦斯突出矿井，预抽煤层瓦斯后，突出煤层的瓦斯含量应小于该煤层始突深度的原始煤层瓦斯含量或将煤层瓦斯压力降到 0.74 MPa 以下。

④ 预抽煤层瓦斯的钻孔量：当采用顺层孔抽放时，钻孔量见表 2-5-1；当采用穿层钻孔抽放时，钻孔见煤点的间距可参照下列数据：容易抽放煤层 15～20 m；可以抽放煤层 10～15 m；较难抽放煤层 8～10 m。

表 2-5-1　吨煤钻孔量表　　　　　　　　　　　　　　m/t

煤层类别	薄煤层	中厚煤层	厚煤层
容易抽放	0.05	0.03	0.01
可以抽放	0.05～0.1	0.03～0.05	0.01～0.03
较难抽放	>0.1	>0.05	>0.03

（7）严格瓦斯抽放工程施工质量，所有瓦斯抽放工程都须按质量标准进行验收，不符合设计标准的应重新施工直到合格为止。

（8）瓦斯抽放管路必须进行防腐处理，外部涂红色以示区别。

（9）瓦斯抽放量的计量器具必须采用符合国家标准的计量器具。

作　业

1. 什么叫矿井瓦斯，瓦斯是怎样产生的？
2. 瓦斯有哪些性质？
3. 瓦斯在煤体中的存在状态有哪些？涌出形式有几种？
4. 矿井瓦斯等级是根据什么划分的？分为几级？
5. 瓦斯爆炸的条件是什么？爆炸界限是多少？
6. 防止瓦斯爆炸的措施有哪些？
7. 为什么在瓦斯矿井中多采用抽出式通风？
8. 什么是瓦斯喷出？
9. 什么是煤与瓦斯突出？
10. 抽放瓦斯的方法有哪几种？

模块 3　矿尘防治

知识目标

1. 掌握矿尘及尘肺病的基本概念。
2. 掌握矿山矿尘综合防治的意义及方法。
3. 掌握煤尘爆炸的条件及预防方法。

能力目标

1. 能够掌握尘肺病预防措施。
2. 能够根据矿山实际条件提出综合防尘措施。
3. 能够预防井下矿尘爆炸。

素质目标

1. 掌握矿尘防治的有效方法。
2. 掌握预防矿尘爆炸的措施。

任务 1　认识矿尘及尘肺病

矿尘（粉尘）是矿井建设和生产过程中所产生的各种矿物细微颗粒的总称。煤矿生产中产生的矿尘，其危害巨大，它不仅能引起矿工患职业病，煤尘还具有爆炸性。煤尘爆炸是造成矿井损失和人员伤亡的严重的煤矿灾害之一。本任务主要对矿尘的性质及存在的危害进行了解，掌握矿山综合防尘技术及对抑制煤尘爆炸的预防措施进行阐述。

子任务 1　认识矿尘的性质及危害

煤尘是煤矿采掘过程中产生的以煤炭为主要成分的微细颗粒。把沉积于器物表面或井巷四壁之上的煤尘称为落尘；悬浮于井巷空间空气中的煤尘称为浮尘。落尘与浮尘在不同风流环境下是可以相互转化的。煤尘的危害主要表现为：易导致职业病；有爆炸性的煤尘可以爆炸；污染井下环境和设备；影响安全生产。

工人长期在有矿尘的环境中作业，吸入大量粒度小于 5 μm 的矿尘，轻者会引起呼吸道炎症，重者会造成人体肺部组织纤维化病变，使肺部失去弹性，减弱或丧失呼吸能力，缩短人的寿命。作业地点空气中矿尘过多会影响视线，增加发生事故的可能性，影响劳动生产效率，影响设备安全运行，对安全生产十分不利。细小的尘粒在其外界火源的点燃下，很容易燃烧引起矿井火灾。煤尘在一定条件下具有爆炸性，煤尘的爆炸对矿井的危害极大，它不仅造成经济损失，还会造成大量的人员伤亡。据煤尘爆炸性鉴定结果统计，我国90%以上生产煤矿的煤尘都具有爆炸危险性。

子任务2　尘肺病的发病症状及影响因素分析

技能点1　尘肺病的症状及周期

尘肺病明显的症状主要有：咳嗽、咳痰、胸痛、呼吸困难。常伴有肺部感染、气胸、呼吸衰竭和心力衰竭等。尘肺病的发病潜伏周期为2~20年，最短的在半年内会发病。尘肺病的发病初期：一般没有任何的症状，只能够从X胸片中看出肺部的尘肺样改变。尘肺病的发展期：随着病情的发展出现胸闷、气促、胸痛、咳嗽、咳痰等症，并逐渐加重，晚期患者呼吸困难极为严重，稍活动或休息时也感到气紧，不能平卧，常伴食欲减退、头昏、乏力、体重下降、盗汗等。

尘肺病人的临床表现主要是以呼吸系统症状为主的咳嗽、咳痰、胸痛、呼吸困难四大症状，此外尚有喘息、咳血以及某些全身症状。

呼吸困难：呼吸困难是尘肺病最常见和最早发生的症状，且和病情的严重程度相关。随着肺组织纤维化程度的加重、有效呼吸面积的减少、通气/血流比例的失调，缺氧导致呼吸困难逐渐加重。

咳嗽：咳嗽是尘肺病人最常见的表现，主要和并发症有关。早期不明显，并发慢性支气管炎时，咳嗽加重；与气候季节等有关尘肺病人在并发肺部感染时，往往不像一般人发生肺部感染时有明显全身症状，可能表现为咳嗽较平时加重。吸烟病人咳嗽较不吸烟者明显。

咳痰：是尘肺病人常见的症状，即使在咳嗽很少的情况下，病人也会有咳痰，这主要是由于呼吸系统对粉尘的清除导致分泌物增加所致。一般痰量不多，多为灰色稀薄状，并发慢性支气管感染时候，可见痰量增多，呈现黄色状厚块，不容易咳出。

胸痛：胸痛是尘肺病人最常见的症状，几乎每个病人或轻或重均有胸痛，其中可能以矽肺和石棉肺病人更多见。患者常感觉胸痛，部位不一，感觉不一，有针刺样感觉，或者隐痛等。

咳血：咳血较为少见，可由于上呼吸道长期慢性炎症引起黏膜血管损伤，咳痰中带有少量血丝；亦可能由于大块纤维化病灶的溶解破裂损及血管而咳血量较多。合并肺结核是咳血的主要原因，且咳血时间较长，量也会较多。因此，尘肺病人如有咳血，应十分注意是否合并肺结核。尘肺结核咳血居尘肺结核死因的第一位。

其他：除上述呼吸系统症状外，可有程度不同的全身症状，常见的有消化功能减弱、胃胀、腹胀、大便秘结等。

技能点 2　生产性粉尘对健康的影响

对呼吸系统的影响，对呼吸道黏膜、皮肤、角膜的损伤。粉尘沉着症、有机粉尘引起的肺部病变、其他呼吸道疾患，粉尘吸附可溶性毒物导致中毒，形成肿瘤。按病因分为五类尘肺：

（1）矽肺：游离二氧化硅为主的粉尘引起。

（2）硅酸盐肺：硅酸盐为主的粉尘引起的硅酸盐尘肺，包括石棉肺、水泥尘肺、滑石尘肺、云母尘肺和陶工尘肺等。

（3）炭尘肺：由煤尘及含碳为主的粉尘引起的尘肺，如煤工尘肺、石墨尘肺和炭黑尘肺。

（4）金属尘肺：由金属粉尘引起的金属尘肺，如铝尘肺。

（5）混合型尘肺：由于长期吸入含游离二氧化硅和其他粉尘，如煤尘等引起。

技能点 3　尘肺病发病原因

尘肺引起的肺部纤维化，形同伤口结疤，肺组织变硬和变厚，肺组织弹性下降，进出气体受限，肺泡丧失气体交换的能力，出现呼吸困难，呼吸时需增加力度，容易气促等，如图 3-1-1 所示。

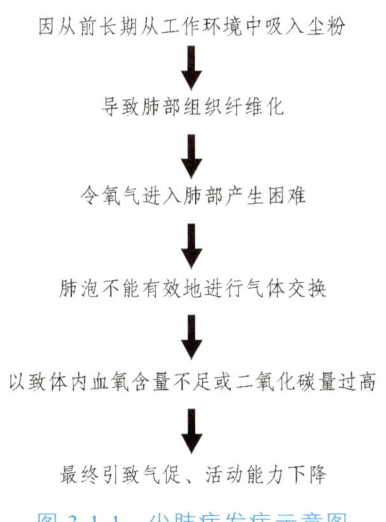

因从前长期从工作环境中吸入尘粉
↓
导致肺部组织纤维化
↓
令氧气进入肺部产生困难
↓
肺泡不能有效地进行气体交换
↓
以致体内血氧含量不足或二氧化碳量过高
↓
最终引致气促、活动能力下降

图 3-1-1　尘肺病发病示意图

尘肺是由于长期吸入大量粉尘，滞留在肺部，引起肺部组织纤维化为主的疾病。粉尘作业工人在工作中吸入大小不同的粉尘颗粒，会对人体有不同的影响，如表 3-1-1 所示。粉尘颗粒越小，在空气中飘浮的时间越长，被人吸入的机会越多。一般粉尘颗粒在 5 μm 以下的，才能到达肺的深部，引起肺部疾患即尘肺。

表 3-1-1　粉尘粒径对人体的影响

粉尘直径/μm	粉尘对人体的影响
大于 10	会被阻留在鼻腔、咽部和大气道
5~10	可进入小支气管，并沉积和附着在小支气管黏膜上，通过纤毛运动和咳嗽反射排出体外
小于 5	可以进入肺泡内，被吞噬细胞吞噬，导致肺泡炎症，使肺泡的细胞很快被破坏

人体通过各种清除功能，可排出进入呼吸道的 97%~99% 的粉尘，1%~3% 的尘粒沉积在体内，长期蓄积，酿成肺组织病变，引起疾病。尘肺病发病比较缓慢，一般潜伏期为 5~10 年，有的长达 15~20 年，但如果持续吸入含量高、浓度大的粉尘，1~2 年也可患上尘肺病。医学上认为尘肺病是一种不可治愈、不可逆转的疾病，但是，通过康复运动和治疗，可以有效地干预、减缓病情恶化。

任务 2　矿山综合防尘

为了科学地指导防尘工作，制定合理的防尘措施，及时评价防尘措施的防尘效果，杜绝矿尘造成的伤害及事故，需要对煤矿掘进工作面、采煤工作面粉尘进行综合防治。通过本任务的学习使学生能够掌握不同类型的防尘技术以及不同地点的综合防尘技术。

子任务 1　通风排尘技术

掘进通风方式有三种，各种通风方式的排尘效果也不尽相同

1. 压入式通风排尘

压入式通风排尘是我国煤矿掘进广泛采用的一种通风方式。它的优点是新鲜风流由风机经风筒直接对掘进工作面进行冲洗，有效射程长，迎头区排烟效果好；装备和管理都较简单。缺点是污风沿巷道排出，劳动环境差。当风量一定时，掘进巷道越长，污风在巷道内流动时间越久。对于压入式通风除尘系统，要求风筒末端距工作面不得大于 $5S^{1/2}$（S 为巷道断面积）。

2. 抽出式通风排尘

抽出式通风的优点是新鲜风流沿巷道进入工作面，整个掘进巷道空气清新，劳动环境好。缺点是风筒吸风口有效吸捕距离短，风筒需离迎头很近（2~5 m），对瓦斯大的工作面容易形成瓦斯局部积聚。对于抽出式通风除尘系统，要求抽出式风筒末端距工作面不得大于（3~4）D（D 为风筒断面直径）。抽出式通风风机前端应设置除尘器，将粉尘净化处理后的空气排入巷道，避免粉尘沿程污染。或者直接使用抽出式除尘风机。目前，我国煤矿应用的抽出式除尘风机及风流净化器有：SCF 系列湿式除尘风机、PSCF 水射流除尘风机、JTC-1 型掘进通风除尘器及 MAD-I 型风流净化器等。

3. 混合式通风排尘

混合式通风是压入式和抽出式两种通风方式的联合运用，兼有压入式和抽出式的优点，其中压入式向工作面供新风，抽出式从工作面排出污风。其布置方式取决于掘进工作面空气中污染物的空间分布和掘进、装载机械的位置。按局部通风机和风筒的布设位置，分为长压短抽、长抽短压和长抽长压三种；按抽压风筒口的位置关系，每种方式又有前抽后压和前压后抽两种方式。

子任务 2　湿式作业

湿式凿岩是炮掘工作面综合防尘技术的重要内容。其实质是在凿岩过程中，将压力水通过凿岩机、钻杆送入并充满孔底，以湿润、冲洗和排出产生的矿尘。湿式凿岩的除尘率可达 90%左右，并能提高凿岩速度 15%～25%。凿岩机的供水方式分为中心式和旁侧式两种。

中心供水是在钻机中心装有水针，水针前端插入针尾部的中心孔，后端与弯头及供水管相连，凿岩时打开水阀，压力水经水针进入炮眼底，以湿润和冲洗粉尘。旁侧供水是从风钻机头的侧面直接向钎尾供水，凿岩时打开水阀，压力水从供水管进入供水套，经过橡胶密封圈的水孔和钎尾侧孔流入钎杆水孔直达炮眼内。岩石电钻多采用旁侧式供水方式。旁侧供水与中心供水方式相比，虽然能提高纯凿岩速度 20%～28%，作业地点粉尘浓度降低 47%，且对于粒度小于 5 μm 粉尘的抑制效果较好，但是存在一些固有的缺点，如钎尾易断、胶圈易磨损、漏水和换钎不便等。因此，旁侧供水方式迄今未得到广泛使用，目前我国矿山大都采用中心供水方式。

子任务 3　掘进工作面综合防尘

在煤矿各生产环节中，井巷掘进是产生粉尘的主要生产环节之一。掘进工作面工序多尘源分散多变，粉尘分散度高。掘进钻眼、爆破和装岩或掘进机切割和装载时，不仅产生大量硅尘，而且还产生大量煤尘，严重危害着矿工的身体健康。据资料介绍，煤矿尘肺病患者中85%以上发生在岩巷掘进工作面，煤巷和半煤岩巷的煤尘瓦斯燃烧爆炸事故发生率也占较大的比重。掘进工作面的矿尘来源，按掘进工序划分，对炮掘面主要产生于钻眼、爆破和装岩，其中以凿岩产尘量最高；对综掘面主要是切割和装载，综掘机整个工作期间，粉尘产生量都很大。

技能点 1　普掘工作面防尘

所谓普掘是指凿岩机打眼，爆破落岩，装岩机装岩的掘进工艺。我国在湿式凿岩的基础上进一步采取爆破喷雾、冲刷岩帮、装岩洒水和加强通风等措施，形成了一套较为成熟的岩巷掘进综合防尘措施。因湿式凿岩与湿式作业相同，本技能点不再赘述。

1. "水炮泥"爆破降尘

水炮泥就是用装水的塑料袋，填于炮眼内，用它代替一部分炮泥。爆破时水袋破裂，水在高温高压下汽化，与尘粒凝结，达到降尘的目的。采用水炮泥比单纯用土炮泥时的矿尘浓度低 20%～50%，尤其是呼吸性粉尘含量能有较大的减少。此外，水炮泥还能降低爆破产生的有害气体，缩短通风时间，并能防止爆破引燃引爆瓦斯。水炮泥的塑料袋应难燃，无毒，有一定的强度。水袋封口是关键，目前使用的自动封口水炮泥袋。装满水后，和自行车内胎的气门芯一样，将袋口自行封闭。

2. 喷雾洒水降尘

1）风水喷雾器抑尘

我国矿山在爆破工作面常采用风水喷雾器其降尘效果较普通标准喷雾器为佳，尤其是能使细粒粉尘的浓度有明显的降低。风水喷雾器使用时，安装在尘源附近，可以单独使用，也可以与水幕或洒水器联合使用，雾体的流动方向迎向风流时的效果最好。同时应有良好的局部通风相配合，以缩短净化风流时间，提高防尘效果。掘进工作面爆破后的喷雾要求爆破后能立即启动水管阀门进行喷雾。

2）水幕净化

爆破后充满烟尘的巷道空间很大，为此在掘进巷道可设置 1～2 道由多个喷雾器组成的水幕并配备相应的自动控制装置。要求水雾粒度细而密度大，水雾颗粒具有较高的速度，每个喷嘴耗水量为 3～10 L/min，水雾扩散角为 60°～90°，最大可达 180°射流形状为形或平面形，水压一般为 0.2～0.7 MPa。

3）冲洗岩帮

凿岩时凿岩机的废气会使工作面帮壁上的干燥粉尘重新扬起，而爆破不仅产生新的粉尘，更会扬起沉降于巷壁上的旧尘。这种二次飞扬尘往往是造成炮掘工作面粉尘浓度居高不下的重要原因。因此，湿式凿岩时的工作面积尘清洗，爆破前后对工作面（炮烟抛掷长度内）的洒水洗壁，都具有重要意义。它不仅可以大大减少顶帮、支架上的落尘受冲击气流作用而引起的二次扬尘量，而且湿润的帮壁使工作面空气湿度增加又能黏附空气中的浮尘。冲洗岩帮一般用缝隙式喷嘴，要求水流出口具有一定喷射功能，有利于冲洗。一般水压为 0.3～0.5 MPa，耗水量约 10 L/min，冲洗距离应从通风机风筒出口至迎头的长度，冲洗时间约 10 min。

4）装岩洒水

人工装岩时对爆堆一定要进行洒水处理。如某矿装岩时向岩堆洒水一次，工作地点矿尘浓度为 5 mg/m³；而分层每次洒水，工作地点矿尘浓度小于 2 mg/m³；而不洒水干装岩，工作地点矿尘浓度竟大于 10 mg/m³。采用耙斗装岩时，可以采用对爆堆分层洒水的方法进行装运。采用装岩机装运时，除对爆堆洒水外，在铲斗装岩机一侧，安装一个使喷雾器开闭的控制阀。当铲斗装岩时，控制阀门打开，水路接通，铲斗内喷雾器喷雾。矿石装入铲斗后，摇臂开始向上，运转到一定高度时，摇臂将阀杆压入阀内，水路隔断，停止喷雾；铲斗达到卸矿位置时，又开始喷雾。这种降尘设施，既节约用水，又不因喷雾而影响司机操作。

技能点 2　机掘工作面防尘

机械化掘进工作面安全上突出的问题是产尘量高，仅采取一般的降尘措施难以奏效。国内外的研究和实践表明，只有采取喷雾、捕（除）尘和通风相结合的综合措施，才能实现可靠的防尘。

1. 喷雾降尘

掘进机喷雾分内外两种。外喷雾多用于捕集空气中悬浮的矿尘，内喷雾则通过掘进机切割机构上的喷嘴向割落煤岩处直接喷雾，在矿尘生成的瞬间即将其抑制。较好的内外喷雾系统可使空气中含尘量减少 85%～95%。

掘进机的外喷雾采用高压喷雾时，高压喷嘴安装在掘进机截割臂上，启动高压泵的远程控制按钮和喷雾开关安装在掘进机司机操纵台上，掘进机截割时开动喷雾装置，掘进机停止工作时关闭喷雾装置。喷雾水压控制在 10～15 MPa 范围内降尘效率可达 75%～95%。

2. 抽尘净化

抽尘净化是降低机掘工作面粉尘浓度最有效的方法之一。抽尘净化是利用除尘器运行中产生的负压，通过吸尘风筒与靠近尘源的吸尘罩，在尘源处造成一个负压区，使含尘空气由吸尘罩经吸尘风筒进入除尘器中净化处理。因此，抽尘净化是靠除尘器来实现的。目前，国内外研制的除尘器种类较多，除尘原理多种多样，除尘器的能力、设置位置要与掘进机的结构及技术特征相应配套。

3. 通风除尘

受抽出式除尘风机风量和有效吸程的限制，往往不能满足煤巷机掘面稀释瓦斯的要求，因此煤巷机掘面一般采用压入式、长压短抽式等通风方式。煤巷机掘面通风方式的选择应考虑如下几个因素：有效稀释端头瓦斯；有效降低粉尘浓度；不影响掘进机的正常工作。

技能点 3　锚喷支护防尘

1. 锚喷支护尘源

锚喷支护在加快成巷速度、降低成本、保证质量、安全施工、减轻劳动强度等方面都具有突出的优点，是国内外公认的多快好省的支护方式。但随着这项新型支护方法的普遍推广，带来的尘害却十分突出。在锚喷支护作业中，粉尘主要来源于：打锚杆眼；水泥和骨料的运输下料拌料以及往喷射机上料等；喷浆产尘，包括喷射机自身产尘和喷射时产尘。

2. 综合防尘措施

锚喷支护的防尘，应针对不同尘源的特点，坚持采用成熟经验及防尘的综合配套设备，坚持机具改革并采用以水治尘和个体防护相结合的综合治理方法。

1）打锚杆眼的防尘

打锚杆眼防尘的重点是解决打顶板垂直锚杆眼和打倾角较大的锚杆眼的产尘问题。通常，采用风动凿岩机打锚杆眼时宜采用孔口或孔底捕尘凿岩机；采用中心供水的风钻湿式打眼时应采用漏斗式冲孔水回收装置，并且操作人员要穿防雨衣，佩戴防尘口罩；采用电钻打锚杆眼应采用湿式煤电钻。应积极推广使用 MZ 系列液压钻机，实现锚喷支护钻眼工艺基本无粉尘作业。

2）喷浆防尘

混凝土喷射过程中的粉尘飞扬是锚喷作业中粉尘防治的重点。目前，喷浆工序降尘比较有效的措施有：① 改干喷为潮喷；② 改革现有喷浆机；③ 采用低风压近距离喷射工艺；④ 使用减水剂减少喷射产尘；⑤ 加强通风；⑥ 设置水幕；⑦ 应用除尘器除尘；⑧ 个体防护。

子任务 4　采煤工作面综合防尘

采煤工作面的各项工序都会产生大量煤尘和岩尘，特别是采煤机割煤、移架、转载、工作面支护、顶板自然垮落等工序都会产生大量煤尘，其中采煤机制煤作业是最主要的尘源，工作面移架产尘量居第二位。采煤工作面的防尘措施可分为抑尘措施和捕尘措施，抑尘措施包括煤层注水、采空区灌水等抑制煤尘产生的措施，捕尘措施包括采煤机喷雾、移架喷雾、转载运输系统的喷雾洒水等。

技能点 1　煤层注水

煤层注水是国内外广泛采用的防止煤尘爆炸的最积极、最有效的措施。

1）煤层注水的实质

煤层注水是采煤工作面最重要的防尘措施，它是在回采前预先在煤层中打若干钻孔，通过钻孔注入压力水，使其渗入煤体内部，增加煤的水分和尘粒间的黏着力，并能降低煤的强度和脆性，增加塑性，采煤时煤尘的生成量减少。同时，渗透到煤裂隙内的水分可将原生细尘黏结为较大的尘粒，使之失去飞扬能力。

煤层的湿润过程实质上是水在煤层裂隙和孔隙中的运动过程，因而是一个复杂的水动力学和物理化学过程的综合。水在煤层中的运动可以分为压差所造成的运动和它的自运动。压差是静水压或水泵造成的，使水在煤层中沿裂隙和大孔隙按渗透规律流动。自运动与注水压力无关，它取决于水的重力和水与煤炭的化学的、物理化学的作用。自重使水在裂隙与孔隙内向下运动。化学作用是水作用于煤层内的无机的和有机的组分，使之氧化或溶解。物理化学作用包括毛细管凝聚、表面吸着和湿润等。压差和重力造成的水渗透流动时间不长，范围不大，湿润效果不高，一般只能达到 10%～40%。物理化学作用是煤层湿润的主导作用，可以延续很长时间，并能使煤体均匀、充分地湿润，将湿润效果提高到 70%～80%。此外，煤层注水破坏了煤体内原有的煤-瓦斯体系的平衡，形成煤-瓦斯-水三相体系，并且该体系内各种介质发生相互作用。综上所述，水在煤层中的运动，主要是靠注水压力、毛细管力和重力等三种力的综合作用，来克服煤层裂隙面的阻力、孔隙通路的阻力和煤层的瓦斯压力。

注水后的煤层，在回采及整个生产流程中都具有连续的防尘作用，而其他防尘措施则多为局部的。采煤工作面产量占全矿井煤炭总产量的90%，因此煤层注水对减少煤尘的产生，防止煤尘爆炸，有着极其重要的意义。

2）影响煤层注水效果的因素

（1）煤的裂隙和孔隙的发育程度。

煤层注水效果与煤层的裂隙和孔隙有直接关系。水注入煤体后，先沿阻力较低的大裂隙以较快的速度流动，注水压力增高可使在裂隙中的运动速度加快，毛细作用力随孔径变细而增加。注水实践表明，大的裂隙和孔隙中水的运动主要靠注水的压力，而细小孔隙中水的运动主要靠毛细管作用，因此，水在各级孔隙中运动速度差异很大。煤体开始注水后，水可以较快地到达一些裂隙中，但细小的孔隙则需要较长时间。国外理论研究表明，在同样压力下，水在大孔隙中的运动速度要比在细微孔隙中大1 000倍。注水现场也证实，湿润煤体的层理、节理面只需数小时到数天，而使煤体大部分细微孔隙湿润则需要十余天到数十天，对于 1×10^{-9} m以下的细微孔隙，由于接近水分子的直径 2.6×10^{-10} m，不在注水湿润考虑范围之内。

（2）在煤层注水渗流的过程中，煤体的结构特征会对注水渗流的作用范围和效果产生重要影响，在进行相关实施的过程中，必须综合考虑煤体结构特征对于渗流状态的影响。

（3）煤层注水的整个过程可以进一步细分为注水压裂、渗流扩孔以及毛细润湿三个阶段，在时间维度上，这三个阶段是同时发生不分时间先后的，但是在空间维度上，液体在不同煤体尺度结构内的运移路径为：大裂缝-小裂隙-大孔隙-中孔隙-小孔隙-微孔隙。

（4）存在于煤层裂-孔隙结构中大量煤颗粒的产生原因主要有两个方面，分别是煤岩体内存在的固有煤颗粒以及工程诱因产生的煤颗粒。煤粉在渗流通道内发生堆积容易造成液体运移的阻力增大、导致煤层渗透率下降，从而直接削弱煤层注水的预湿减尘效果。

（5）注水参数的影响。煤层注水参数是指注水压力、注水速度、注水量和注水时间。其中，注水量或煤的水分增量不仅是煤层注水效果的标志，而且也是决定煤层注水除尘率高低的重要因素。通常，注水量或煤的水分增量变化在50%~80%。注水量和煤的水分增量都和煤层的渗透性、注水压力、注水速度和注水时间有关。

技能点2　采空区灌水预湿煤体

1. 采空区灌水预湿煤体的实质

当厚煤层采用倾斜或水平、斜切分层以人工假顶或用夹矸层作分层顶板，下行垮落法开采时，以及近距离煤层群开采时，在上一分层或上邻近煤层的采空区灌水，依靠水的自重及煤体或夹矸层内孔隙的毛细作用力缓慢渗入下一分层或下邻近煤层的煤体，使之在开采前预先湿润，达到防尘的目的。这一方法称为采空区灌水预湿煤体防尘法。

2. 采空区灌水方法

1）倾斜分层超前钻孔采空区灌水

在下分层的回风巷中，超前工作面向上分层采空区打短钻孔或长钻孔，通过钻孔向采空区内灌水。钻孔长度以钻入采空区为准，短钻孔一般为 2~5 m，孔间距 5~7 m；长钻孔视具体情况而定，以辅助短钻孔之不足。灌水时孔口如不返水，可不封孔。采用静压灌水，一次可灌多孔，每孔注水流量控制在 300~700 L/h。运输巷见水便停灌。每隔 3~7 d 反复进行灌水，直到煤体湿润为止。

2）水平分层采空区灌水

在上分层回采过程中，边采边向采空区灌水，边灌边渗透到下一分层灌水以下分层工作面煤体得到湿润为准。流量过小达不到预湿下分层煤体的目的，流量过大会造成跑水，影响生产。一般灌水流量采用 0.5~2 m³/h。

3）采空区埋管灌水法

在采煤工作面回风巷中铺设灌水管路，直接向放顶后的采空区灌水水管前部埋入采空区 5~10 m，以不向工作面流水为原则。灌入的水可渗透到下分层，如果是近距离煤层，灌入的水通过层间岩石渗入到下一煤层，达到预先湿润煤体的目的。随工作面的推进，不断向工作面一侧用慢速绞车撤出水管。每次灌入水量应根据放顶面积、煤层倾角、煤层或层间岩石的透水性等因素，通过试验确定。

4）缓倾斜煤层水窝灌水法

在下分层风巷内沿煤层倾斜方向向下开一些水窝，水窝深 1 m，宽 2 m，走向间距 7~10 m，按煤层需浸润时间与工作面推进速度计算超前采煤工作面的距离。提前灌入充足的水量，水可自流到采空区内，也可直接渗入煤层内。水窝参数可根据具体情况确定。

技能点 3　综采工作面综合防尘

综合机械化采煤工作面是煤矿井下的主要尘源，必须采取综合防尘措施。除采用煤层注水或采空区灌水预湿煤体的技术外，还必须通过以下几个方面的技术途径减少粉尘的产生量，降低空气中的粉尘浓度。

① 对采煤机的截割机构应选择合理的结构参数及工作参数；
② 对采煤机需设置合理的喷雾系统与供水系统；
③ 采用合理的通风技术及最佳排尘风速；
④ 为液压支架设置移架喷雾系统；
⑤ 对煤炭输送转载及破碎机破煤等生产环节应采取有效的防尘措施。

1. 采煤机截割机构参数的选择

现代化矿井综采综掘工作面的尘源主要来自采掘机械作业。因此，研制产尘少的采掘机械或改进目前采掘机械结构设计，进而改善煤岩体的破碎机理，减少煤层的破碎程度，增大产尘的粒径，从而降低全尘和呼吸性粉尘的生成量，无疑对采掘面乃至全矿井的抑尘具有一定现实意义。

2. 采煤机喷雾降尘

1）喷雾冷却系统

滚筒采煤机的喷雾冷却系统由喷雾系统和冷却系统组成。喷雾系统分为内喷雾方式和外喷雾方式两种。采用内喷雾方式，水由安装在截割滚筒上的喷嘴直接向截齿的切割点喷射，即进行"湿式截割"；采用外喷雾方式，水由安装在截割部的固定箱上、摇臂上或挡煤板上的喷嘴喷出，形成水雾覆盖尘源，从而使粉尘湿润沉降。

喷雾冷却系统分为以下三类：

第一类：只设内喷雾和冷却系统，而不设外喷雾系统。

第二类：设内、外喷雾和冷却系统。

第三类：只设外喷雾和冷却系统，不设内喷雾系统。

水进入机组总水门后分成两路：一路直接供外喷雾；另一路经过电机和牵引部冷却器供外喷雾滚筒采煤机的喷雾降尘效果与采用的喷嘴类型、型号、喷嘴的布置、喷雾参数、煤尘性质及割煤方向等很多因素有关。因此，各个国家或不同矿井所取得的降尘效果均有差异。在不同的采煤机上，采用 PZ 型喷嘴和符合要求的喷雾参数时，全尘的降尘率达 80%～86%。德国对 EDW300L 型滚筒采煤机组采用各种喷雾方式的降尘效果进行了考察，结果表明内、外喷雾再附加喷嘴喷雾，其降尘率最高，但对呼吸性粉尘的降尘率也只有 70% 左右；其次是内喷雾加外喷雾，降尘率为 65% 以上；只用内喷雾时，降尘率为 62%；只用外喷雾时，降尘率为 52%。国内外经验表明，采煤机采用内外喷雾相结合，并将大部分水（60%～80%）用于内喷雾，均可获得良好的降尘效果。

2）采煤机新型喷雾降尘技术

从实施采煤机内外喷雾的实际情况看，内喷雾常因喷嘴的堵塞或系统的密封漏水而不能正常使用；传统外喷雾往往采用逆风喷雾的方式，不仅降尘效果欠佳，而且当双滚筒采煤机逆风割煤时，由于风流受到采煤机的阻碍、前滚筒的高速旋转和逆风喷雾的原因，在采煤机前端产生强烈的涡流，致使大量的高浓度含尘气流扩散到采煤机司机作业空间，给司机和下风流作业区的人员造成严重危害。

一般说来，采煤机内、外喷雾在采煤机总体设计时已经定型，在使用过程中，内喷雾即使不理想，也是难于进行变更的；但针对传统外喷雾存在的弊端，对喷嘴的安装位置、数量、布置方式及雾流喷射方向等进行改进，研究双滚筒采煤机新型外喷雾降尘方法，是完全可能的。近些年来，国内外相继开展了这方面的研究工作，并取得了较大进展。其基本特点是利用喷雾引射的方法，将大部分含尘风流引向煤壁，迫使其沿煤壁侧流动，从而避免含尘气流污染采煤机司机的工作区间和向人行道空间扩散，同时在引射喷雾和跟踪喷雾的作用下，将污浊风流中的粉尘降下来。这种新型的外喷雾降尘系统称为"采煤机含尘气流控制及净化装置"。

3. 安设简易通风隔尘设施

1）采空区风帘和人行道风帘

为保证工作面有足够风量和合理的风速，应尽量减少工作面的漏风。为此，可设置采空区风帘和人行道风帘点。设置采空区风帘，可减少井巷进入工作面的风流向采空区泄漏，使新鲜风流在风帘处拐 90°弯，一直由支架靠工作面的一侧通过，从而提高工作面的有效风量；设置人行道风帘，可迫使风流从支架柱腿流向需要供风的工作面，以增加工作面风量。

2）采煤机隔尘帘幕

采煤机是综采面的主要尘源，且当其在工作面移动特别是处于割煤行程时，采煤机周围由于工作面断面缩小，形成高速风流，个别地方浮游粉尘量明显增加。在极薄煤层开采中这一问题更为突出。为了有效地控制采煤机产尘的扩散，在尽量保证采煤机周围风流稳定的同时，可沿采煤机机身纵向设置隔尘帘幕。这种帘幕可用废输送机胶带按采煤机实际高度制作而成，简易可行，防尘效果较好。

3）切口风帘

当采煤机割煤至下巷时，高速进风风流将流经切割滚筒携带大量粉尘波及采煤机司机。尽管这一作用时间较短，但其产尘强度大，且对一个生产班多循环作业的综采面来说，是一个不容忽视的问题。通常可采用如下的解决办法，即在下巷转载机与工作面侧煤壁沿推进方向 1.2～1.8 m 处之间悬挂切口风帘。这一风帘将引导风流绕过切制滚筒。随着工作面沿走向推进，采煤机每割两刀，风帘再重新安设一次即可。

子任务 5　转载运输系统综合防尘

采掘工作面的湿式防尘措施使煤炭或岩渣受到了一定湿润，但在装运和转载中因机械的翻动和水分随风流蒸发，通常会有程度不同的粉尘飞扬，有时甚至在矿井进风流中（逆煤流通风）就出现严重的尘害。因此，控制转载运输系统中的产尘，同样是矿井综合防尘的一项重要内容。

转载机-破碎机降尘：转载机-破碎机通常是下巷内主要产尘点，也是采煤工作面进风流污染的主要原因。封闭转载机-破碎机，并在该区域一定地点安装若干喷雾器，可以显著降低粉尘。除破碎机配备的一支装有 4 个空心锥形喷嘴的主分流管外，可再安装 3 支辅助喷雾分流管：第一支分流管装 2 个喷嘴，安在破碎机入口；第二支分流管装 3 个喷嘴，安在破碎机出口侧；第三支分流管装 3 个喷嘴，安在紧靠转载机向胶带输送机卸载点处，喷嘴均采用空心锥形喷嘴。总耗水量为 90 L/min，其中辅助喷嘴耗水量占 50%。

刮板输送机自动喷雾装置：刮板输送机自动喷雾装置的动作原理是当输送机上无煤或少煤时，摆杆处于垂直或稍偏离垂直位置做微小摆动，此时开关断开，不喷雾。输送机上有一定量的煤时摆杆到达预先调定的角度，开关接通电磁阀，开始喷雾。此自动喷雾装置也适用于带式输送机。采区煤仓装载点自动喷雾装置：在采区煤仓装载点自动喷雾装置中，放煤把手与开关相连，当放煤时开关闭合，接通电路，使电磁阀通电开始喷雾。关闭放煤闸门时，开关断电，停止喷雾。

架线式电机车自动喷雾装置：当矿车通过时，利用机械控制或光电控制喷雾，达到为煤列车喷雾的目的，防止风流对运载煤炭的扬尘。喷雾是目前国内外井下转载运输系统的主要防尘措施。特别是许多矿井使用的自动喷雾洒水装置，具有按需喷雾、控制较先进、应用广和降尘效果好等优点，是值得推广的重要综合防尘措施之一。在实践中，已经开发出了多种自动喷雾装置。

任务 3 煤尘爆炸预防

煤尘爆炸同瓦斯爆炸一样都属于矿井中的重大灾害事故。我国历史上最严重的一次煤尘爆炸发生在 1942 年日本侵略者控制下的本溪煤矿，死亡 1549 人，伤残 246 人，死亡的人员中大多为 CO 中毒。煤尘发生爆炸是有条件的，而且受一些因素的影响，伴随爆炸的发展过程，有其自身特点和产物。针对这一特点，控制其爆炸条件限制其爆炸范围，做好煤尘爆炸预防。通过本任务的学习使学生掌握煤尘爆炸的条件，知晓煤尘爆炸的危害，掌握煤尘爆炸的预防措施以及限制煤尘爆炸范围扩大的防治措施，从而达到矿井安全管理的目的。

子任务 1　煤尘爆炸条件

煤尘爆炸必须同时具备 4 个条件，缺一不可。

（1）煤尘本身具有爆炸性。煤尘可分为爆炸性煤尘和无爆炸性煤尘。煤尘的挥发分越高，越容易爆炸。煤尘有无爆炸性，要通过煤尘爆炸性鉴定才能确定。

（2）煤尘的爆炸浓度。具有爆炸性的煤尘只有在空气中呈浮游状态并具有一定的浓度时才能发生爆炸。煤尘的爆炸浓度受很多因素影响，瓦斯的存在将使煤尘爆炸下限降低，从而增加了煤尘爆炸的危险性。随着瓦斯浓度的增高，煤尘爆炸浓度下限急剧下降。

（3）高温热源。能够引燃煤尘爆炸热源温度的变化范围比较大，它与煤尘中挥发分含量有关。煤矿井下能点燃煤尘的高温火源主要为爆破时出现的火焰、电气火花、冲击火花、摩擦高温、井下火灾和瓦斯爆炸等。

（4）空气中氧气浓度大于 18%。空气中氧气浓度小于 18% 时，煤尘就不能爆炸。但空气中氧浓度在 18% 以下时，并不能完全防止瓦斯与煤尘在空气中的混合物爆炸。

子任务 2　煤尘爆炸的预防措施

预防煤尘爆炸的措施主要包括 3 个方面：

（1）减尘、降尘：减尘、降尘是通过减少煤尘产生量或降低空气中悬浮煤尘含量，以达到从根本上杜绝煤尘爆炸可能性的措施。其主要方法有煤层注水、使用水炮泥、喷雾降尘、清除落尘等。

（2）防止引燃煤尘：防止引燃煤尘的措施与防止瓦斯引燃的措施大致相同。特别要注意的是：瓦斯爆炸往往会引起煤尘爆炸。此外，煤尘在特别干燥的条件下可产生静电，放电时产生的火花也能引起自身爆炸。

（3）隔绝煤尘爆炸：为了防止煤尘爆炸事故的扩大，应采取撒布岩粉、设置隔爆水槽等隔绝爆炸范围的措施。

子任务3　限制爆炸范围扩大

预防煤尘爆炸的技术措施概括起来有三个方面：减尘与降尘措施、防止煤尘引燃引爆措施、防止煤尘爆炸事故扩大的隔爆措施。设法减少生产中煤尘的生成量和降低浮尘和落尘量，是防止煤尘爆炸的根本性措施。

技能点1　减尘与降尘措施

发生煤尘爆炸，必须存在高浓度煤尘云，消除可爆性煤尘云的飞扬状态就消除了煤尘爆炸的一个重要条件。因而采取湿式作业、喷雾洒水、煤层注水预湿煤体等减尘与降尘措施可降低空气中煤尘的浓度，同时还降低了沉积煤尘量，这是预防煤尘爆炸事故的治本措施。

技能点2　防止沉积煤尘飞扬

1. 清扫和冲洗

（1）对输送机巷道、运煤转载点附近、翻罐笼附近及装车站附近等地点的沉积煤尘定期进行清扫，并将堆积的煤尘和浮煤清除出去。一般情况下，正常通风时，应从入风侧由外往里清扫，并尽量采用湿式清扫法。

（2）对沉积强度较大的巷道，可采取水冲洗的方法，冲洗时，可选择软管或水车冲洗，应保证每平方米巷道冲洗水量不小于 2 L。冲洗巷道的周期由煤尘的沉积强度及煤尘爆炸的下限决定。所谓煤尘沉积强度，是指每天每立方米巷道空间中煤尘沉积的质量大小。

2. 撒布岩粉

在开采有煤尘爆炸危险的矿井时，应定期在巷道内撒布惰性岩粉，增加沉积煤尘的不燃成分，这也是防止煤尘爆炸的重要措施。

3. 巷道刷浆

用生石灰与水按一定比例配制成的石灰浆喷洒在主要运输大巷周边，使已沉积在巷道周壁上的煤尘被石灰水湿润、覆盖而固结，不再飞扬起来参与爆炸，最好每半年进行一次刷浆。巷道刷浆有利于巷道附着煤尘时及时发现和处理。通常，石灰浆为生石灰和水按1∶15（体积比）配制将石灰倒入水中搅拌后，把粒径大于0.8 mm的石灰渣滤除，倒入盛浆密封容器或喷浆车，利用气压或泵压进行喷洒刷白，喷浆应保证浆膜均匀，用浆量可按每平方米0.6～0.8 L计算。

技能点 3　防止产生引爆火源

1. 加强明火管理，增强防火意识

井口要建立入井检查制度，严禁携带烟草、点火工具及穿化纤衣服入井；井下严禁使用电炉和灯泡取暖，不得从事电焊、气焊和喷灯加热等工作；井口房、通风机房附近 20 m 内禁止存在明火；矿灯发放前应保证完好，在井下使用时严禁敲打、撞击，发生故障时严禁拆开。新工人入井前，必须进行防火、防爆的安全教育，提高他们的安全意识。

2. 消除瓦斯引燃

正常的生产条件下，井下作业场所煤尘浓度一般不会达到煤尘爆炸的下限浓度，但当有瓦斯爆炸冲击波将巷道落尘吹起后，煤尘就很容易被瓦斯爆炸火焰引爆，因此预防瓦斯积聚引爆，是防止煤尘爆炸的重要手段。

3. 消除爆破火焰

爆破必须使用煤矿安全炸药，按规定充填炮泥和装药，严禁打浅眼、放糊炮、放明炮以及封泥不足、不用水炮泥等不符合有关规定的爆破作业，爆破作业必须执行"一炮三检"和"三人连锁爆破"制度。

4. 消除电气失爆

井下使用的所有电气设备都必须按规定采用隔爆型设备，电气防爆设备要及时检查维修，严禁失爆。

5. 消除其他火源

对高瓦斯区域和高瓦斯工作面，还应有防止金属支柱或轨道碰撞产生火花的技术措施；必须采用阻燃运输胶带和阻燃电缆；加强井下火区的管理等。

技能点 4　煤尘爆炸隔爆措施

所谓隔爆措施，是指在爆炸物（煤尘）爆炸的传播路线上放置盛有消火剂（岩粉或水）的容器，或安置水槽、水袋，在爆破冲击波的作用下，容器中的消火剂或水袋能布满整个巷道断面，能阻止爆炸冲击波后面爆炸火焰的传播，隔绝爆炸。这种盛有消火剂的容器称为隔爆棚。

根据消火剂种类不同，隔爆棚可分为岩粉棚和水槽棚（包括隔爆水袋与隔爆水槽）。根据消火剂洒散源的不同，隔爆棚可分为被动式隔爆棚和自动式隔爆棚。所谓被动式隔爆棚，是指消火剂的洒散由爆炸本身引起，即隔爆棚在爆炸冲击波的作用下，将消火剂撒布于整个巷道断面上，以扑灭随之而来的爆炸火焰。其作用机理建立在爆炸冲击波超前于爆炸火焰的基础上。但是，冲击波速度与火焰速度常受不同的爆炸强度及不同的爆炸过程的影响，因此，被动式隔爆棚常由于冲击波超前距离的大小不同而失去隔爆作用。为此，研制了自动式隔爆棚。自动式隔爆棚主要由探测系统（传感器）和飞散系统（雷管）两部分组成，两者安置位置相距一定距离（50 m 左右）。这种隔

爆棚可设在距爆源点较近的位置，它可以在爆炸火焰到来的瞬间将隔爆的消火剂撒布于巷道空间，将火焰熄灭在萌芽状态。

1. 岩粉棚

（1）岩粉棚分为重型岩粉棚和轻型岩粉棚，重型岩粉棚作为主要岩粉棚，轻型岩粉棚作为辅助岩粉棚。

（2）一列岩粉棚的岩粉总用量按巷道面积计算：主要岩粉棚为 400 kg/m，辅助岩粉棚为 200 kg/m。

（3）岩粉棚的排间距离，重型棚为 1.2~3.0 m，轻型棚为 1.0~2.0 m。

（4）岩粉棚与工作面之间的距离必须保持在 60~300 m。

（5）岩粉棚不得用铁钉或钢丝固定。

（6）岩粉棚上的岩粉，每周至少进行一次检查如果岩粉受潮、变硬，则应立即更换；如果岩粉量减少，则应立即补充；如果在岩粉表面沉积有煤尘，则应加以清除。

2. 水棚

水棚包括水槽棚和水袋棚两种。水槽棚为主要隔爆棚，水袋棚为辅助隔爆棚。

1）水槽棚

水槽棚的作用和岩粉棚相同，只是用水槽盛水代替岩粉板堆放岩粉。水槽是由改性聚氯乙烯塑料制成的呈倒梯形的半透明槽体，槽体质硬、易碎，其半透明性便于直接观察槽内水位，有利于维护管理。我国主要使用的水槽有 40 L 和 80 L 两种规格。

2）水袋棚

吊挂水袋隔爆是一种形式独特的隔爆方法。具体做法是把水装在容量约 30 L 的双抗涂敷布（阻燃抗静电）制作的近似半圆形的隔爆水袋里。袋子上部两侧开有吊挂孔，水袋一个一个地横向挂于支架的钩上，沿巷道方向横着挂几排。在爆炸冲击波的作用下，水袋迎着冲击波的一侧脱钩，水从脱钩侧猛泻出去，呈雾状飞散，从而扑灭爆炸火焰。一般地，水袋的吊挂巷道长度为 15~25 m。

水袋棚是一种经济可行的辅助性隔爆设施。我国已设计出 GBSD 型开口吊挂式水袋容积为 30 L、40 L 和 80 L 三种。为了保证柔性开口水袋在爆风作用下容易脱钩，水容易全部倾出扩散成水雾，不存在兜水缺点，水袋外形呈圆弧形，通过四个金属吊环用挂钩吊挂，吊钩角度为 60°±5°。水袋棚的用水量按 200 L/m² 计算。

3）水棚设置要求

（1）主要隔爆棚应采用水槽棚，水袋棚只能作为辅助隔爆棚。

（2）水槽必须符合检验标准的要求。

（3）水槽的布置必须符合以下规定：

当断面 $S < 10 \text{ m}^2$ 时，$nB/L \times 100\% \geq 35\%$；

当断面 $S < 12 \text{ m}^2$ 时，$nB/L \times 100\% \geq 60\%$；

当断面 $S \geq 12 \text{ m}^2$ 时，$nB/L \times 100\% \geq 65\%$。

式中，L 为巷道断面宽度，m；B 为水槽宽度，m；n 为排棚上的水槽个数，个。

（4）水槽之间的间隙与水槽同支架或巷壁之间的间隙之和不得大于 1.5 m；特殊情况下不得超过 1.8 m。两个水槽之间的间隙不得大于 1.2 m。

（5）水槽边与巷壁支架顶板构筑物之间的距离不得小于 0.1 m。水槽底部距顶梁（顶板）的距离不得大于 1.6 m；如果大于 1.6 m 则必须在该水槽的上方增设一个水槽。

（6）水棚顶部距顶梁（无支架时为顶板）两帮的空隙不得小于 0.1 m；水棚距巷道轨面的距离不应小于 1.8 m。水棚应保持同一高度，需要挑顶时，水棚区内的巷道断面应与其前后各 20 m 长的巷道断面一致。

（7）水棚排间距离应为 1.2~3.0 m，主要水棚的棚区长度不小于 30 m，辅助棚的棚区长度不小于 20 m，第一排水棚与工作面的距离必须保持 60~200 m。

（8）水棚应设置在直线段巷道内，水棚与巷道交叉口转弯处的距离必须保持 50~75 m，与风门的距离必须大于 25 m。

（9）水棚用水量按巷道断面积计算，主要水棚为 400 L/m^2，辅助水棚为 200 L/m^2。

（10）水内混入 5%的煤尘后即应换水。

3. 隔爆水幕

隔爆水幕的作用原理是雾状水在爆炸高温作用下很快蒸发形成密集的"水雾墙"，大量吸热降温，起到阻止火焰蔓延的作用。隔爆水幕可分为一般型隔爆水幕和自动隔爆水幕两种。一般型隔爆水幕需经常打开才会有效，严重影响了生产和行人，所以各国均在研究和使用自动隔爆水幕。

自动隔爆水幕是自动隔爆装置的一种。简单的自动隔爆水幕主要由 8~12 道梯形管架和 120~160 个喷嘴及利用冲击波自动打开水源的控制装置组成。水幕的梯形管架用 2 英寸铁管焊接而成，并固定在支架侧面。每组管架上安设 15~20 个喷嘴，喷水方向以 45°斜向爆破冲击波传来的方向。自动喷雾的控制装置由 0.32 m^2 迎风板和球形阀门构成。平时迎风板直立，球形阀门关闭。灾变时，迎风板被吹倒阀门开启，喷嘴即喷射大量水雾，使整个巷道瞬间被雾状水充满，从而隔离爆炸火焰的传播。

4. 自动隔爆装置

用于防止爆炸火焰沿管道或巷道传播，采用爆炸探测器触发隔爆装置，在火焰前方一定距离处形成和维持消焰剂带，隔绝随后达到的传播火焰。适用于管道或巷道的自动隔爆系统，一般采用红外线或紫外线火焰传感器来探测火焰辐射，可以避免周围环境对传感器的干扰。自动隔爆系统的有效性受火焰速度的影响较大，因此要求监控单元对火焰速度进行计算，同时触发安装在距传感器足够远的隔爆装置，在火焰到达之前，完全关闭管道断面或者形成和维持一定区段的隔爆带，防止火焰或爆炸产物向其他场所传播形成"二次爆炸"，从而把爆炸事故控制在特定的区域。

作 业

1. 影响尘肺病发病的因素主要有哪些方面？
2. 简述煤尘爆炸的条件和特征。

3. 简述预防煤尘爆炸的技术措施有哪些？
4. 简述隔绝煤尘爆炸的技术措施有哪些？
5. 简述掘进工作面的综合防尘措施主要有哪些？
6. 掘进通风方式有哪几种？各种通风方式的排尘效果如何？
7. 掘进工作面防尘技术有哪些？
8. 采煤工作面防尘技术有哪些？
9. 影响煤层注水的主要因素有哪些？
10. 简述综采工作面防尘的主要技术措施。

模块 4　矿井火灾防治

本模块介绍了矿井火灾的分类、危害及主要防治措施。重点介绍煤炭自燃、内因火灾预防、外因火灾预防。对防治矿井火灾，保证煤矿安全生产起到了防患于未然的作用。

知识目标

1. 掌握矿井火灾的类型与危害。
2. 掌握煤炭自燃的机理及影响因素。
3. 掌握预防内因火灾的措施。
4. 掌握外因火灾的预防。

能力目标

1. 能够解释煤炭自燃的原因及影响。
2. 能够概述几种预防内因火灾的措施。
3. 能够概述几种常见外因火灾的预防措施。
4. 能够采用正确方法和措施对不同原因引起及发生在不同地点的矿井火灾进行处理。

素质目标

1. 树立"安全第一"的思想和认识。
2. 培养良好的思想政治素质、行为规范和职业道德。
3. 培养吃苦耐劳、爱岗敬业的优良品质。

任务 1　矿井火灾的危害与预防

火灾是严重威胁煤矿安全生产的重要灾害之一，极易造成群死群伤。因此，必须做好矿井的防火灭火工作，以保证煤矿安全生产。研究矿井火灾，一方面要了解、掌握矿井火灾发生、发展的规律，以便能及时准确地预测、预报火灾的发生；另一方面，一旦出现矿井火灾，能根据火灾发生的性质、规律、地点等采取有针对性的措施及时扑灭火灾。

子任务 1　矿井火灾的基本概念及分类

技能点 1　矿井火灾的基本概念

1. 矿井火灾的定义

火灾是指时间和空间上失去控制的燃烧所造成的灾害。矿井火灾是指发生在矿井井下或地面，威胁到井下安全生产，造成损失的一切非控制性燃烧。例如，矿井工业场地内的厂房、仓库、储煤场、井口房、通风机房、井巷、采掘工作面、采空区等处的火灾均属矿井火灾。

2. 矿井火灾发生的条件

引起矿井火灾的三个必要条件，也称矿井火灾发生的"三要素"。

（1）可燃物。在煤矿采掘生产过程中，煤炭本身就是一个大量而且普遍存在的可燃物。另外，在生产过程中产生的煤尘、涌出的瓦斯，所用的坑木、机电设备、油料、炸药等都具有可燃性。它们的存在是发生火灾的基本因素。

（2）热源。热源是发生火灾的必要因素，只有具备足够热量和温度的热源才能引燃可燃物。在矿井里，煤的自燃、瓦斯爆炸、煤尘燃烧、放炮作业、机械摩擦生热、电流短路火花、电气设备运转不良产生的过热、吸烟、烧焊以及其他明火都可能是引火热源。

（3）氧气。燃烧就是剧烈的氧化，任何可燃物尽管有热源点燃，如果缺乏足够的 O_2，燃烧是难以持续的，所以空气的供给是维持燃烧形成火灾必不可少的条件。实验证明，在 O_2 浓度为 3% 的空气环境里，任何可燃物的燃烧都不能维持；在 O_2 浓度为 12% 的空气中瓦斯失去爆炸性，浓度在 14% 以下，蜡烛也会熄灭。

矿井火灾的发生，必须三个要素同时存在，相互结合，而且要达到足够的数量和能量。在理论上，为了完整地表述矿井火灾的三要素，常用三角形来形象比喻。把矿井火灾看作一个三角形，如图 4-1-1 所示，则矿井火灾的三要素就是组成三角形的三条边，其条件是相互依存，缺一不可的。

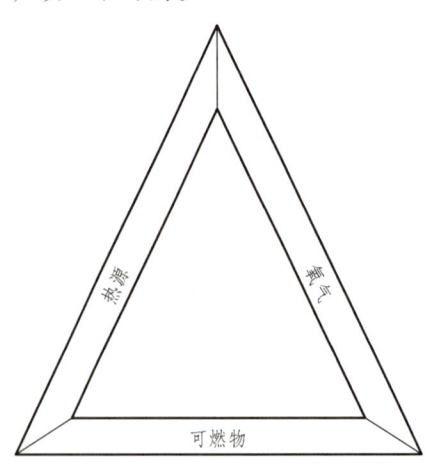

图 4-1-1　矿井火灾三要素示意图

技能点 2　矿井火灾的分类

1. 按火灾发生地点分类

根据火灾发生地点不同，将矿井火灾分为地面火灾和井下火灾。

1）地面火灾

发生在矿井工业广场范围内地面上的火灾称为地面火灾。地面火灾可能发生在行政办公楼、井口楼、坑木场、贮煤场、矸石场等地点。地面火灾外部征兆明显，易于发现，空气供给充分；燃烧完全，有毒气体发生量较少；地面空间宽阔，烟雾易于扩散，与火灾斗争回旋余地大。

2）井下火灾

发生在井下的火灾以及发生在井口附近而威胁到井下安全，影响生产的火灾统称为井下火灾。井下火灾可能发生在井口楼、井筒、井底车场、机电硐室、爆炸材料库、进回风巷、采区变电硐室、掘进和回采工作面以及采空区、煤柱等地点。

2. 按火灾发生的原因分类

根据火灾发生原因不同，将矿井火灾分为内因火灾和外因火灾。

1）内因火灾

内因火灾也叫自燃火灾，是指一些易燃物质（主要指煤炭）在一定条件和环境下（破碎堆积并有空气供给），自身发生物理化学变化聚集热量、温度升高而导致着火所形成的火灾。

内因火灾的主要特点：

（1）一般都有预兆。有烟、有味道，烟雾多呈云丝状，有煤油味、焦油味；作业场所温度升高；一氧化碳或二氧化碳浓度升高，作业人员感觉头痛、恶心、四肢无力等都是内因火灾的预兆。

（2）多发生在隐蔽地点。内因火灾大多数发生在采空区、终采线、遗留的煤柱、破裂的煤壁、煤巷的高冒处、人工顶板下及巷道中任何有浮煤堆积的地方。

（3）持续燃烧的时间较长。

（4）发火率较高。开采一些容易自燃或自燃煤层时会经常发火。尽管内因火灾不具有突发性、猛烈性，但由于发火次数较多，且较隐蔽，因此，更具有危害性。

2）外因火灾

外因火灾也叫外源火灾，是指由于明火、爆破、电气、摩擦等外来热源造成的火灾。

外因火灾的主要特点：

（1）发生突然、来势凶猛。如发现不及时，处理不当，往往会酿成重大事故。

（2）外因火灾往往在燃烧物的表面进行，因此容易发现，早期的外因火灾较易扑灭。要求井下作业人员发现外因火灾时，必须及时采取有效措施进行灭火，不要等到火势较大后，再进行灭火，那样困难就大得多。

（3）外因火灾多数发生在井口房、井筒、机电硐室、爆炸材料库、安装机电设备的巷道或采掘工作面等地点。

3. 按燃烧物分类

根据燃烧物不同，将矿井火灾分为煤炭燃烧火灾、坑木燃烧火灾、炸药燃烧火灾、机电设备（电缆、胶带、变压器、开关、风筒）火灾、油料火灾及瓦斯燃烧火灾等。

4. 按发火性质分类

根据发火性质不同，将矿井火灾分为原生火灾和次生火灾。原生火灾即开始就形成的火灾。次生火灾是由原生火灾引发的火灾，即原生火灾发展过程中，含有可燃物的高温烟雾，由于缺氧而未能完全燃烧，在排烟的过程中，一旦遇到新鲜空气就会发生新的燃烧，形成次生火灾。

子任务 2　矿井火灾的危害及处理

技能点 1　矿井火灾的危害

1. 产生大量的有毒有害气体

矿井火灾发生后，不同的可燃物会产生不同的气体，这些气体大都是有害的，有些气体毒性较大，这是矿井火灾造成人员伤亡的主要原因。

煤炭燃烧会产生二氧化碳、一氧化碳、二氧化硫等。坑木、橡胶、聚氯乙烯等燃烧会产生一氧化碳、醇类、醛类以及其他复杂的有机化合物。

这些有毒有害气体中，一氧化碳对矿工的危害最为严重。其主要原因是一氧化碳同人体中血红素的亲和力比氧同人体中血红素的亲和力高 250～300 倍，因此，当空气中有一氧化碳时，人在呼吸这样的空气后，极有可能因吸收不了氧气而出现伤亡。当空气中一氧化碳按体积百分比计算，浓度达 0.4% 时，人们呼吸这样的空气就可立即死亡。根据国内外的统计资料表明，在矿井火灾中的遇难者有 80%～90% 都是死于以一氧化碳为主的烟雾中毒。同样，煤矿发生瓦斯、煤尘爆炸后，造成人员大量伤亡的主要原因也是以一氧化碳为首的有毒有害气体中毒。

《煤矿安全规程》规定，入井人员必须随身携带自救器，其主要目的是一旦出现矿井火灾、爆炸等事故后，能利用自救器保护自己，降低有毒有害气体对自己的伤害程度。

2. 引发瓦斯、煤尘爆炸

矿井火灾不但为瓦斯、煤尘爆炸提供了热源，而且火的干馏作用可使煤炭、坑木等放出氢气、沼气和其他多种碳氢化合物等爆炸性气体，从而增加了瓦斯、煤尘爆炸的可能性。同时火灾还可使沉降的煤尘重新悬浮，增加了煤尘爆炸的几率。

3. 毁坏设备设施

一旦出现矿井火灾，现场的各种仪器、仪表、设备将会遭到严重破坏。摧毁巷道，破坏支护，有些暂时没被烧毁的设备和器材，由于火区长时间封闭，都可能因长期腐蚀全部或部分报废。

4. 影响开采接续

矿井火灾发生后，特别是大范围的矿井火灾发生后，直接灭火无效，必须对火区进行封闭，而被封闭的火区必须待里边的火完全熄灭后才能打开密闭，重新开采，有些火区因裂隙较多或密闭不严，火区内的火很长时间不能熄火，有时达几个月甚至几年，严重影响生产，影响煤层开采的连续性。不但如此，被封闭的火区永远是煤矿井下的一种安全隐患，使人们不能放心地进行各种采掘活动。

5. 严重污染环境

有些煤田的露天煤由于火源面积较大、内因火较深、火区温度较高，同时煤的燃烧所放出的各种有毒有害气体，严重破坏了周围的环境，甚至形成大范围的酸雨和温室效应，使绿洲变为荒漠，此外，火区燃烧生成的酸碱化合物对火区附近的地表水和浅层地下水也会造成严重污染。

技能点 2　矿井火灾的处理

1. 井下发生火灾的行动原则

（1）首先应识别火灾的性质、范围，立即采取一切可能的方法直接灭火，并迅速报告调度室通知救护队前来灭火。

（2）当井下发生火灾时，必须严守纪律、服从命令，不要惊慌失措、擅自行动。

（3）矿调度室接到井下火灾报告后，值班领导人员立即通知矿山救护队抢险，并迅速通知井下受到火灾威胁人员撤离危险区。

（4）在进行抢救人员、灭火及封闭火区工作时，要指定专人检查各种气体及煤尘和风流变化情况并密切注意顶板变化，防止因燃烧或顶板冒落伤人。

2. 矿井火灾的灭火方法

1）直接灭火法

直接灭火法是指用水、砂子、岩粉、化学灭火器等在火源附近直接灭火或挖除火源。

（1）用水灭火。用水灭火简单易行，经济有效。水有较强的灭火作用。强力水流把燃烧的火焰压灭，使燃烧物充分浸湿而阻止其继续燃烧；水有很强的吸热能力，能使燃烧物冷却降温；水遇火蒸发成大量水蒸气，能冲淡空气中氧的浓度，并使燃烧物表面与空气隔绝。

（2）用砂子（岩粉）灭火。砂子（岩粉）能覆盖火源，将燃烧物和空气隔绝，从而使火熄灭，通常可用来熄灭电气设备火灾和油类火灾。砂子成本低廉，灭火时操作简便。因此，在机电硐室、材料仓库、爆炸材料库等地方应设置防火砂箱。

（3）泡沫灭火。使用泡沫灭火器时将灭火器倒置，使内外瓶中的酸性药液和碱性药液互相混合，发生化学反应，形成大量充满二氧化碳的气泡喷射出去，覆盖在燃烧物体上隔绝空气。

（4）干粉灭火器。目前矿用干粉灭火器是以磷酸铵粉为主药剂。磷酸铵粉末具有多种灭火功能，在高温作用下磷酸铵粉末进行一系列分解吸热反应，将火灾扑灭。

（5）卤代烷灭火剂。卤代烷灭火剂适用于扑灭油类、带电设备和精密仪器等贵重物品的火灾。

（6）高倍数空气机械泡沫灭火。高倍数空气机械泡沫是用高倍数泡沫剂和压力水混合，在强力气流的推动下形成的。高倍数泡沫的灭火作用是：泡沫与火焰接触时，水分迅速蒸发吸热，使火源温度急剧下降；生成大量的水蒸气使火源附近的空气中含氧量相对降低，当氧气含量低于16%、水蒸气含量上升到35%以上时，便能够使火源熄灭；泡沫是一种很好的隔热物质，有很高的稳定性，能阻止火区的热传导、对流和热辐射等；泡沫能覆盖燃烧物，起到封闭火源的作用。

（7）挖除火源。针对刚出现且范围小、人员可以接近的火源，应挖出并运出井外。采用这种方法，应防止瓦斯积聚，并注意洒水降温。

2）隔绝灭火法

隔绝灭火法是利用各种密闭墙，把通向火区的所有巷道封闭，将火区与空气严密隔绝、断绝供氧来源，使火自行熄灭。

3）综合灭火法

综合灭火法是先用密闭墙封闭火区，待火区部分熄灭和温度降低后，采取措施控制火区，再打开密闭墙用直接灭火方法灭火。即先将火区大面积封闭，待火势减弱后，再锁风逐步缩小火区范围，然后直接灭火。

任务 2　煤炭自燃

煤炭自燃是自然界存在的一种客观现象，已经存在了数百万年，它是矿井火灾控制管理中的一个重要方面。煤炭自燃是煤长期与空气中的氧接触，发生物理、化学作用的结果，是一个复杂的物理化学过程。它是一个自加速的氧化放热反应，氧分子首先在煤表面形成物理、化学吸附热，使煤体温度缓慢上升，而温度的升高促使氧分子克服势阻与煤分子表面活性官能团发生深度氧化分解反应，生成小分子气体，并释放大量反应热，这些热量在煤体内部积聚起来，最终导致了煤炭的自燃。

子任务 1　煤炭自燃机理及一般规律

技能点 1　煤炭自燃的机理

对于煤炭自燃的机理，人们提出了一系列的学说，其中主要有细菌作用学说、黄铁矿作用学说、酚基作用学说以及煤氧复合作用学说。

1. 细菌作用学说

细菌作用学说由英国人 M. L. Potter 于 1927 年提出的，其中心内容是：煤在细菌作用下的发酵过程中放出一定的热量，对煤在 70 ℃ 以前的自热起决定性作用。当微生物极度增长时，一般都有生化放热过程，当煤自热温度升到 700 ℃ 以上时，所有的生化过程都将消亡，同时引发煤炭自燃。

2. 黄铁矿作用学说

黄铁矿作用学说是英国人 PIott 与 Berze Lius 在 17 世纪初提出的。其中心内容是：煤的自燃过程，是由于煤层中的黄铁矿（FeS_2）暴露于空气后与水分和氧相互作用，发生放热反应而引起的，19 世纪下半叶，这一学说曾被广为认定。

3. 酚基作用学说

酚基作用学说是由学者特龙诺夫于 1940 年提出的，其中心内容是：导致煤自燃是因为空气中的氧与煤体中所含有的不饱和酚基化合物作用时，放出热量所致。

4. 煤氧复合作用学说

煤氧复合作用学说认为，煤自燃的根本原因在于煤具有吸附氧的能力和与此相联系的放热作用。该学说指出煤自燃正是氧化过程自身加速的最后阶段。但并非任何一种煤的氧化都能导致自燃，只有在稳定的低温和良好的蓄热条件下，氧化过程可自动加速，这样才能导致自燃。

上述几种关于煤自燃机理的学说中，煤氧复合作用学说被大多数人所接受。煤与氧相互作用产生热量并积聚是导致煤自燃的主要因素。需要说明的是，尽管煤氧复合作用学说广泛地被人们所接受，在实践中也逐渐得到科学地证实，但是鉴于煤的物质组成性质的复杂性，这一学说主要是对煤自燃机理的定性解释，许多问题仍有待于深入研究和探讨。

研究煤炭自燃机理，其主要目的在于指导矿井煤炭自燃防治措施的制定和实施。其研究方法主要有三类：一是减少煤炭和空气接触的表面积；二是降低与煤炭表面接触的氧气含量；三是用某种方法钝化自然发火煤炭表面的氧化活性。

技能点 2　煤炭自燃的一般规律及自然发火期

1. 煤炭自燃条件

煤炭自燃是指处于特定环境及条件下的煤吸附氧、自热、热量积聚自燃而形成的一种频发性灾害。煤炭自燃实质上是一种煤氧之间极其复杂的物理化学变化过程。

一般来说，只有同时具备了下列 4 个基本条件煤炭自燃才会发生。

1) 煤具有自燃倾向性

煤炭自燃倾向性是煤的一种自然属性，它取决于煤在常温下的氧化能力，是煤层发生自燃的基本条件。《煤矿安全规程》规定，新建矿井的所有煤层的自燃倾向性由地质勘探部门提供煤样和资料，送国家授权单位作出鉴定，鉴定结果报省级煤矿安全监察机构及省（自治区、直辖市）负责煤炭行业管理的部门备案。生产矿井延深新水平时，必须对所有煤层的自燃倾向性进行鉴定。

2) 有连续的通风供氧条件

氧气的存在是煤发生自燃的必要条件，只有含氧量较高的风流持续稳定的情况下（一般认为氧含量至少 12%），煤自燃过程才能够持续并最终可能造成自燃，煤矿经常采用的注浆防灭火措施主要作用之一就是隔绝氧气。

3）破碎状态堆积热量积聚

煤氧化产生的热量能否积聚主要取决于破碎状态的煤堆积的厚度和是否有利于热量积聚的合适风流速度（一般认为风速为 0.1～0.24 m/min）。

4）持续一定的时间

影响煤自然发火期的因素有很多，比如煤的内部结构和物理化学性质、被开采后的堆积状态参数（分散度）、裂隙或空隙度、通风供氧、蓄热和散热等，因而实现其准确测定难度较大，现场记录该值一般为十几天、几个月甚至长达十几个月。

2. 煤炭自燃过程

煤炭自燃过程大体分为三个阶段：准备期、自热期、燃烧期。

1）准备期

有自燃倾向性的煤炭与空气接触后，吸附氧而形成不稳定的氧化物或称含氧的游离基，初期看不出其温度上升和周围环境温度上升的现象。此过程的氧化比较平缓，煤的总量略有增加，着火温度降低，化学活性增强，故此阶段又称潜伏期。

2）自热期

在准备期之后，煤氧化的速度加快，不稳定的氧化物开始分解成水、二氧化碳和一氧化碳。若此时产生的热量未散发或传导出去，则积聚起来的热量便会使煤体逐渐升温，达到某一临界值（一般认为是 60～80 ℃），此时出现煤的干馏、生成芳香族的碳氢化合物、氢及一氧化碳等可燃气体。这个阶段，煤的热反应比较明显，使用常规的检测仪表就能测量出来，有时人的感官也能感觉到。此阶段通常称为煤的自热期，这个阶段对于内因火灾的防治是极其重要的，可以借助各种仪表检测到自燃产生的各种化学反应物质，也可以通过人的感官感觉有煤炭自燃现象的存在，从而有针对性地采取各种措施使准备期产生的热量能够充分地释放出来，有效地遏制煤由自热期向燃烧期的过渡。

3）燃烧期

当煤温达到着火温度（一般认为无烟煤大于 400 ℃、烟煤 320～380 ℃、褐煤 210～350 ℃）后就会着火燃烧起来。煤进入燃烧期会出现了一般的着火现象：明火，烟雾，生成一氧化碳、二氧化碳以及各种可燃气体，火源中心处的煤温可达 1 000～2 000 ℃。但如果在达到临界温度前，改变了供氧和散热条件，煤的增温过程就会自行放慢，而进入冷却阶段，煤逐渐冷却并继续缓慢氧化至惰性的风化状态。已经风化的煤炭就不能自燃了。

上述煤炭自燃过程可用图 4-2-1 表示。

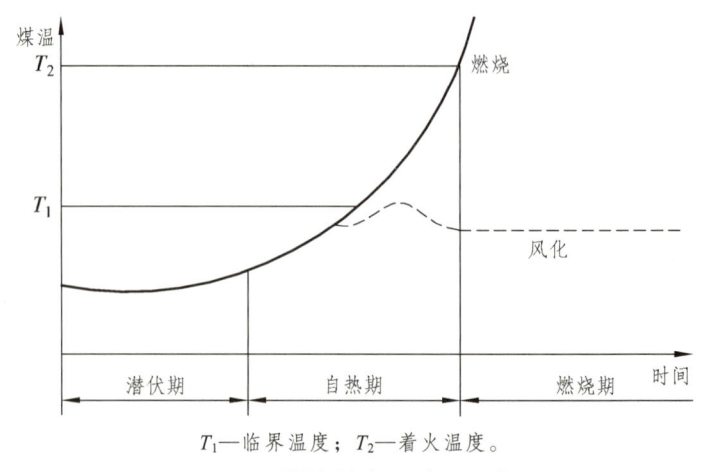

T_1—临界温度；T_2—着火温度。

图 4-2-1 煤自燃发展过程示意图

子任务 2　煤炭自燃的影响因素及自燃倾向性

技能点 1　煤炭自燃的影响因素

影响煤炭自燃的因素很多，既与煤炭本身的性质有关，也与煤炭本身之外的其他条件有关，因此，可把其影响因素分为内部因素和外部因素。

1. 内部因素

1）煤的变质程度

一般来说，煤的变质程度越低越容易自燃；反之，其自燃倾向性越小。

2）煤岩组分

煤岩组成有丝煤、镜煤、亮煤和暗煤。暗煤硬度大，难以自燃；镜煤和亮煤脆性大，易破碎，有利于煤炭自燃；丝煤结构松散，吸氧能力强，着火温度低，是煤炭自热的中心，在自燃中起"引火物"的作用。

3）煤的孔隙率及脆性

煤越脆，越易破碎，破碎后与氧接触的面积越大，越容易氧化自热，因此煤越脆越易自燃。煤的孔隙发育、孔隙率越大，与氧接合面积大，同样越易氧化自热，越易自燃。

4）煤的含硫量

煤中含硫化铁越多，越容易自燃。

5）煤的水分

煤中水分少时有利于煤炭自燃，水分大时会抑制煤炭自燃，当煤中的水分蒸发后其自燃危险性会增大。

2. 外部因素

1）煤层埋藏深度

煤层埋藏较浅时，容易与地表裂隙相通，采空区因漏风而形成浮煤自燃；但当煤层埋藏较深时，煤体的原始温度越高，煤中水分也少，煤炭同样也易自燃。

2）煤层厚度

煤层越厚，开采后煤炭越易自燃。这是因为难以全部采空，遗留大量浮煤与残柱；采区回采时间过长，超过了煤的自然发火期；开采压力大，煤壁（柱）受压易破裂。而且，煤是不良导热体，煤层越厚，越易积聚热量。煤矿的内因火灾有 80% 以上发生在厚煤层开采过程中，因此，对于厚煤层或特厚煤层开采的矿井，就更应该重视内因火灾的防治。

3）煤层倾角

煤层倾角较大时，开采时比较困难，采煤方法不正规，丢煤多，且采空区封闭也较困难，因此，煤炭自燃的危险性越大。

4）地质构造

在地质构造较复杂的矿井，如褶曲、断层和火成岩侵入等地区，煤炭自燃危险性增大。这是因为煤层受张拉、挤压、裂隙大量发生，煤体破碎，吸氧条件好造成的。

5）煤层中的瓦斯含量

当煤层中的瓦斯含量较高时，由于大量的瓦斯占据了煤的孔隙空间和内表面，降低了煤的吸氧量，因此，其自燃危险性较小。

6）漏风条件

煤炭自燃必须连续不断地供氧，因此，采空区漏风是煤炭自燃的必要条件。但是，当漏风量较大时，煤炭氧化而生成的热量被漏风流带走，不会发展成为煤炭自燃。所以，只有当有风流且风速又不太大时才会引起煤炭自燃。有研究表明：漏风量大于 1.2 m³/(min·m²) 或小于 0.06 m³/(min·m²) 时，都不会发生自燃。最危险的漏风量是 0.4~0.8 m³/(min·m²)。在煤矿生产过程中，当以下几个地点具备此条件时，煤炭最易自燃：

① 采空区。

② 碎的煤柱。

③ 煤巷冒顶处。

④ 煤巷垮帮处。

最近几年，在老矿挖潜中，为了适应生产的发展，一些矿井改用了高风压大风量的主要通风机，但是对通风系统的改造不够，矿井风量增长有限，而风压急剧上升，有的高达 3.9~4.9 kPa。其后果是通风管理困难，漏风严重，自然发火的局势恶化。

7）开采技术条件

影响煤炭自燃的技术条件主要表现在工作面回采率的高低和回采时间长短。一般来说，采煤工作面回采率越低，煤炭自燃危险性越大；回采时间越长，煤炭自燃的危险性越大。最合理的开采方法应该是巷道布置最简单，揭露煤层面积越小，留设煤柱越少，煤炭回收率越高，工作面推进速度越快，采空区封闭越严密，漏风量越小。这样就可降低煤炭自燃的可能性。

技能点 2　煤炭自燃倾向性

煤的自燃倾向性是指煤层开拓之前其自燃的可能程度。所有的煤炭都具有自燃倾向性，但不同的煤种在不同的环境中呈现出不同的自燃倾向性。鉴定煤的自燃倾向性对于掌握自燃火灾的发生规律，有针对性地采取防火措施具有重要意义。目前国内外测定煤的自燃倾向性的方法很多，常用的有：吸氧量测定法、着火温度降低值测定法、氧化速度测定法（又称双氧水法）、差热分析法、重量测定法等。我国曾试用过前三种方法。各国都依据本国的具体条件制定了相应的煤炭自燃倾向性鉴定方法，并规定了界定指标。

《煤矿安全规程》中按煤的自燃倾向性大小将煤层分为三种，即容易自燃煤层、自燃煤层和不易自燃煤层。煤矿必须对开采煤层的自燃倾向性作出鉴定。煤炭自燃倾向性的鉴定方法很多，我国从 20 世纪 50 年代至 80 年代，一直沿用着火温度降低值测定法。目前采用的方法是色谱吸氧法，即使用一种专用仪器测定出常压下 30 ℃ 煤的吸氧量，然后根据每克干煤的吸氧量大小，将煤的自燃倾向性分为三级：Ⅰ级——容易自燃；Ⅱ级——自燃；Ⅲ级——不易自燃：自燃倾向性划分标准见表 4-2-1 和表 4-2-2。

表 4-2-1 煤炭自燃倾向性分类（一）
（褐煤、烟煤类）

自燃等级	自燃倾向性	30°常压煤（干煤）的吸氧量/($cm^3 \cdot g^{-1}$)	备注
I	容易自燃	≥0.70	
II	自燃	0.40～0.70	
III	不容易自燃	≤0.40	

表 4-2-2 煤炭自燃倾向性分类（二）
（高硫煤、无烟煤）

自燃等级	自燃倾向性	30°常压煤（干煤）的吸氧量/($cm^3 \cdot g^{-1}$)	备注
I	容易自燃	≥1.00	
II	自燃	≤1.00	
III	不容易自燃	≤0.80	

国外一些煤炭工业发达的国家，采取以实验室鉴定的煤炭自燃倾向性指标为基数，再根据不同的地质赋存条件、开拓、开采、通风条件分类评分，有利于自然发火的列为正分，不利的列为负分。将基数与各项条件的评分加在一起，依其总和判定矿井或煤层的自然发火危险程度。这样把实验室的数据与生产实践相结合，从而获得一个评价煤层自然发火危险程度的指标，这个指标对于指导生产很有实用价值。

任务 3　矿井火灾预防

煤矿火灾类型复杂，既有内因火灾，也有外因火灾，同时在矿井有限空间内防治技术难度大、困难多。我国煤炭资源丰富，成煤时期多，煤田类型多样，开采煤层具有多样化的地质特征，开采容易自燃、自燃煤层的矿区分布较广。一是容易自燃、自燃煤层分布广，自然发火危险性大。二是外因火灾防范难度大，重大事故时有发生。三是煤矿火灾引发的次生灾害事故严重。采空区自燃容易引发瓦斯（煤尘）爆炸，明火动焊管理不慎也极易引发其他重大事故。四是新形势对规范煤矿防灭火工作提出新要求。近年来，反应型高分子材料等新型防灭火材料、液态惰性气体防灭火等新技术的大量应用，部分煤矿井下单轨吊柴油机车辅助运输的推广，对井下防灭火工作提出了新要求。

子任务 1　内因火灾预防

技能点 1　开拓开采技术措施

1. 确定合理的开拓方式

对于矿井来说，一些使用时间较长的巷道，如集中运输巷，集中回风巷，采区上、下山等，一般可用数年甚至数十年。如果将这些巷道布置在煤层里，必须要留下大量的护巷煤柱，同时煤层必然因受到切割而遭到破坏。护巷煤柱中压力一般较大，煤易被压碎而漏风，煤层被切割后增加了煤与氧的接触面积，这会使煤炭自燃的几率大大增加。因此，在矿井开拓方式的选择上应尽量将使用时间较长的巷道布置在岩层中。《煤矿安全规程》规定，对开采容易自燃和自燃的单一厚煤层或煤层群的矿井，集中运输大巷和总回风巷应布置在岩层内或不易自燃的煤层内；如果布置在容易自燃和自燃的煤层内，必须砌碹或锚喷，碹后的空隙和冒落处必须用不燃性材料充填密实。

2. 重叠布置区段巷道

在开采容易自燃和自燃厚煤层时，可采用各分层平巷沿铅垂线重叠布置，这样可以减少煤柱尺寸，甚至不留煤柱，同时巷道避开了支承压力的影响，容易维护。这样，可以避免因上下分层巷道内错或外错布置时形成的阶梯煤柱内侧造成贮热氧化易燃的隔角带的出现，减少或避免煤炭自燃。

3. 分采分掘布置区段巷道

在倾斜煤层单一长壁工作面，一般情况下都是上区段运输巷和下区段回风巷同时掘进，两巷之间往往要开掘一些联络眼，如图 4-3-1 所示。随着工作面的推进，这些联络眼被封闭遗留在采空区内。煤柱经开掘联络眼的切割，再加上采动的影响，受压破碎后，很容易自然发火。同时，联络眼也不容易封闭严密，因此，很容易由于漏风引起上区段老空区自然发火。

采用分采分掘布置区段巷道，即一上区段的运输巷与下区段的回风巷分开掘进，两巷之间不再掘进联络眼，可以克服两巷之间设有联络眼易自然发火的缺点。如图 4-3-2 所示。

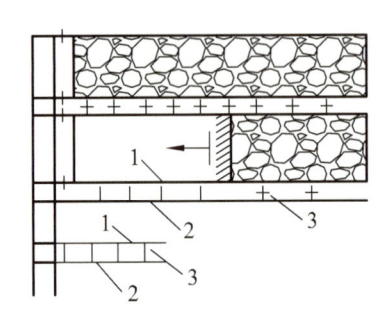

1—上区段工作面运输巷；2—下区段工作面回风巷；
3—联络巷。

图 4-3-1 上、下区段巷及联络眼分布图

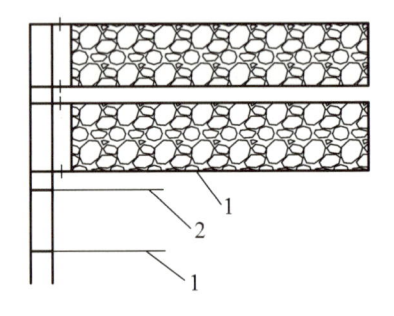

1—上区段工作面运输巷；2—下区段工作面回风巷。

图 4-3-2 上、下区段巷间无联络眼分布图

4. 选择合理的采煤方法

使用非正规采煤法，如落垛式、房柱式采煤，由于回采率低、采空区丢失的碎煤多，巷道多，漏风大，隔绝难，因此，自然发火严重。

水力采煤时，由于水本身能吸收热量，可减少煤炭自燃危险性，但水力采煤丢煤多，对于容易自燃煤层，可根据煤层特性决定是否应用水力采煤。

综合机械化长壁工作面回采速度快，生产集中，单产高，在相同的条件下，煤壁暴露时间短，面积小，对防止自然发火有利。

近年来，越来越多的煤矿使用放顶煤开采，特别是现行的《煤矿安全规程》对使用放顶煤开采条件限制的放宽，相信厚煤层放顶煤开采方法在煤矿会得到越来越多的应用：对于采空区内要形成较大的冒落空间，煤炭自燃的条件具备，很容易自燃，因此，使用放顶煤开采时，必须针对本矿实际采取相应的预防措施。

当然，选择合理的采煤方法也包含着选择合理的顶板控制方法。顶板岩性松软，易冒落，采用全部垮落法控制顶板，对开采容易自燃煤层防火效果好，即便在采空区发生了自燃，由于充填严实，其发展及影响范围也是较小的。如果顶板岩性坚硬，难以垮落，采空区难以充填密实，就容易引起煤炭自燃。

5. 无煤柱开采

无煤柱开采是在开采过程中取消了各种维护巷道、隔离采空区的煤柱。这种开采方法一方面减少了煤炭资源的浪费，取得了良好的经济效益；另一方面由于没有煤柱，消除了煤炭自燃的根源，大大减少了自燃发火的次数，这在许多煤矿开采过程中得到了验证。无煤柱开采起源于20世纪60年代，70年代已经发展成为一项成熟的新技术。在推广无煤柱开采初期，由于取消了区段煤柱、采区中间煤柱，很多人担心当相邻采空区遗留浮煤和终采线上由于漏风而可能发火的问题，以及因没有煤柱自燃难以封闭的问题。但实践证明，只要在开采过程中采取一些有针对性的综合防治自燃措施，无煤柱开采的采空区内煤炭自燃是可以预防和消除的。

6. 采空区及时封闭

开采容易自燃和自燃煤层时，回采结束后，对采空区要及时封闭，减少采空区漏风，减少煤炭与氧接触时间。《煤矿安全规程》规定，采区开采结束后45天内，必须在所有与已采区相连通的巷道中设置防火墙，全部封闭采区。

7. 采煤工作面后退式开采

长壁采煤法如果用前进式开采，采空区漏风严重，随采煤工作面的推进，采空区易出现煤炭自燃，而要用后退式开采，距采煤工作面较近的采空区，虽有漏风，但因风量较大，可使煤炭自燃氧化产生的热量及时被漏风带走而不易积聚，从而使煤炭自燃危险性减少，而距工作面较远处的采空区，随时间推移，压力逐渐增大而被压实，不易漏风，煤炭也不易自燃。因此，《煤矿安全规程》规定，开采容易自燃和自燃的煤层（薄煤层除外）时，采煤工作面必须采用后退式开采，并根据采取防火措施后的煤层自然发火期确定采区开采期限。

若采煤工作面采用前进式开采方法时，可改变通风方式，可用顺向通风，如图4-3-3所示。

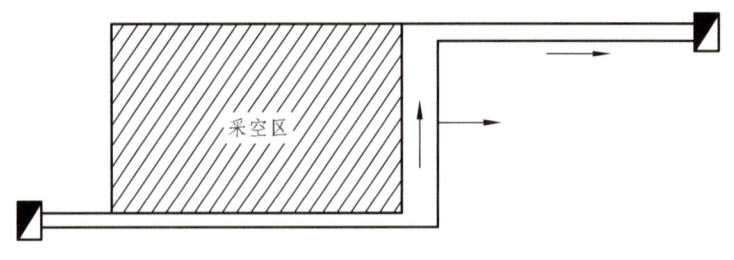

图 4-3-3　前进式回采顺向通风方式示意图

当采煤工作面较长时，可改 U 形通风方式为 W 形通风方式，对预防煤炭自燃和安全生产都是有利的。例如，平庄矿务局古山矿某采区工作面使用 U 形通风时，工作面温度高达 31 ℃，热气大、一氧化碳浓度经常在 0.005% 以上，且上隅角瓦斯经常超限。后来将工作面 U 型通风改为 W 型通风后，工作面上、下巷道入风，工作面中间一条巷道回风，如图 4-3-4 所示，工作面压差下降，风量增大，一氧化碳浓度几乎为零。

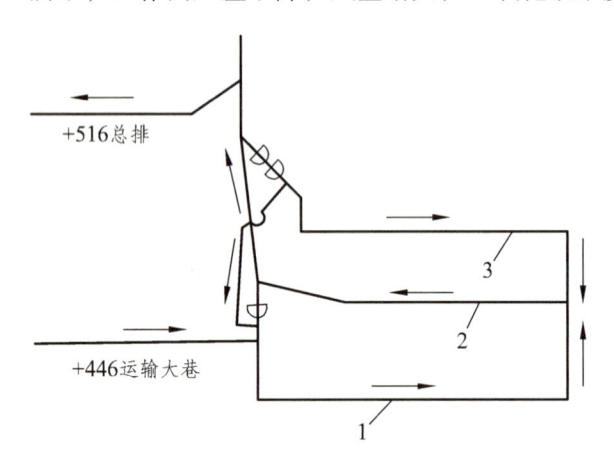

1—运输机巷；2—中间回风巷；3—上进风巷

图 4-3-4　工作面 W 型通风系统

此外，在技术措施上，对于每一生产水平、每一采区都要布置单独的回风巷，实行分区通风，降低矿井通风阻力，扩大矿井通风能力，便于风量调节，减少漏风，对于漏风较大的采空区，要调整风压，减少压差。

技能点 2　灌浆防灭火

《煤矿安全规程》规定，开采容易自燃和自燃的煤层时，必须对采空区、突出和冒落孔洞等空隙采取预防性灌浆等防灭火措施。预防性灌浆就是将水、浆材按适当比例混合，配制成一定浓度的浆液，借助输浆管路输送到可能发生自燃的地区，用以防止煤炭自燃。

预防性灌浆是防止煤炭自燃的使用最为广泛，防止煤炭自燃效果最好的一种技术。在我国从 20 世纪 50 年代开始，煤矿主要的防灭火技术就是进行预防性灌浆，最初普遍采用的是黄泥注浆。进入 20 世纪 70 年代，我国一些矿区又开发出利用页岩制浆技术，有力地解决了部分矿区缺土问题。有些矿区利用电厂的粉煤灰作为注浆材料进行防灭火注浆，经过多年的应用取得了丰富的经验。在开采厚煤层时，有些矿区使用水砂充填技术也取得了非常好的效果。

1. 预防性灌浆的主要作用

（1）浆液把残留的碎煤包裹起来，隔绝碎煤与空气接触，阻止了煤炭氧化。
（2）浆液充填采空区的空隙，增加了采空区的密实性，减少了漏风。
（3）浆液使已经自热的煤炭降温，使之冷却散热。
（4）浆液胶结后，有利于形成再生顶板，减少顶板事故。
（5）浆液能湿润煤炭和岩石，减少粉尘飞扬。
（6）浆液能降低工作面温度，工作面清爽凉快。

综上所述，预防性灌浆不仅是防灭火的有效措施，而且对煤矿的安全生产和文明作业都是有利的。

2. 预防性灌浆对浆材的要求

预防性灌浆效果的好坏主要取决于浆材的好坏，浆液的制备，输送浆液和灌注的方法及工艺等。对浆材有关要求如下：

（1）不含可燃及助燃性材料，尤其是固体材料中不能含有煤等可燃物。
（2）材料粒度直径合理。一般要求材料粒度直径不能大于 2 mm，粒径太大容易堵管，灌浆后防止煤炭自燃效果也不好。粒径小于 1 mm 的要占 75%。
（3）浆材胶体混合物适中。一般要求胶体混合物达 25%~30%。
（4）浆材中含砂量适中，一般要求达 25%~30%。
（5）浆材相对密度为 2.4~2.8。
（6）浆材既容易脱水，又具有一定的稳定性。
（7）具有一定的可溶性，即固体浆才能与较少的水混合成浆液。
（8）浆材输送时顺畅，不易堵管。

选取固体浆材时，无论是选用何种材料，都应满足上述要求，同时还要考虑就地取材，降低成本。

3. 制浆方法

不一样的浆材应采用不同的制浆方法。黄泥灌浆系统中泥浆的制备主要有水力取土自然成浆和人工或机械取土制浆。

电厂粉煤灰灌浆系统中除包括与黄泥灌浆系统基本相同的系统外，还应包括将粉煤由电厂运至使用地点并储存起来的运输系统和充足的供水系统。

黄泥灌浆是我国传统的灌浆技术，一直沿用至今。其中的固体浆材为含砂量小于30%的砂质黏土，也就是地表的黄土。有时也用脱水性好的砂子和渗透性强的黏土混合物，黄泥灌浆浆液的制取的方法有两种：一种是水力取土自然成浆，一般适用于注浆量不大又能就地取材的矿井；另一种是人工或机械取土制浆，一般适用于注浆量较大难以就地取材的矿井。

4. 浆液输送

浆液由地面输送到井下灌浆地点主要靠一系列输送管路。输送的方式大多使用地面灌浆站。浆液流经路线：灌浆站—副井—总回风巷—采区集中回风巷—工作面回风巷—采空区。井筒和大巷内的输浆干管一般用直径为 102 mm 或 127 mm 的无缝钢管，进入采区后的支管采用直径为 102 mm 或 76 mm 的无缝钢管。干管与支管之间设有闸阀控制，而各支管与灌浆钻孔或工作面注浆管之间多用高压胶管直接相连。预防性灌浆一般是靠静压作动力。其静压力大小取决于注浆点至灌浆站的垂高，输送管路长度及管径大小。在现场常用输送倍线这一指标表示阻力与动力间的关系。倍线值就是从地面灌浆站至井下灌浆点的管线长度与垂高之比。倍线值过大时，则相对于管线阻力的压力不足，泥浆输送受阻，容易发生堵管现象；反之，倍线值过小时，则灌浆点压力过大，对浆液在采空区内分布不均。合理的倍线值应控制在 5～6 之间为宜。

5. 灌浆方法

预防性灌浆方法有多种，根据采煤与灌浆先后顺序关系可分为：采前预灌、随采随灌、采后灌浆。

1）采前预灌

采前预灌就是煤未采之前即对煤层进行灌浆。此种方法较适用于特厚煤层，以及老空区过多、自然发火严重的矿井。

在煤矿，由于老空区造成的自然发火次数较多，据统计一般占矿井总发火次数的74.5%；因此，采前预灌是防止煤炭自燃必不可少的措施之一。采前预灌既可以利用原有的老窑灌浆，也可以专门设置消火道灌浆和布置钻孔灌浆。

图 4-3-5 所示是某一采区布置钻孔进行采前灌浆的示意图。当岩石运输巷和回风巷尚未掘出之前，按设计的位置及方向打钻以探明煤厚及老窑分布情况，进行采前灌浆。

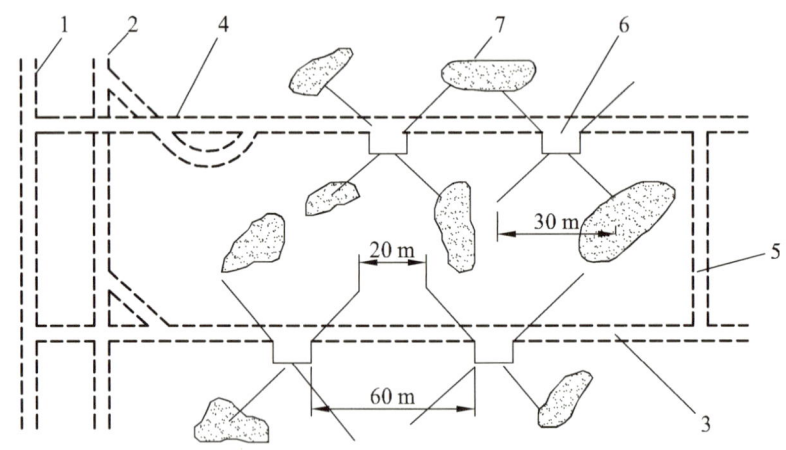

1—运输机上山；2—轨道上山；3—岩石运输巷；4—岩石回风巷；
5—边界上山；6—钻窝；7—小窑采空区。

图 4-3-5 采前预灌钻孔布置图

钻孔应经岩层穿老窑到煤层顶板，工作面斜长较大时，应在运输巷道和回风巷道中都布置钻孔，该两巷内的钻孔应错位布置、呈放射状。钻孔打完后，插入套管封孔，然后再与输浆管连通即可灌浆。先灌清水冲刷使之畅通，然后再灌入泥浆。灌浆之初不要间断，一个孔灌满之后再灌另一个孔，整个回采工作面的老空区基本灌满后，经过一段脱水时间再掘进溜煤眼等其他巷道，最后进行采煤作业。

采前灌浆后可以充填老空区，消灭老空区内蓄火，可以降温、除尘，同时还可粘结虚煤，对采空区复采十分有利。

2）随采随灌

随采随灌就是随着采煤工作面推进的同时向采空区灌浆。其主要方法有：利用钻孔灌浆、巷道钻孔灌浆、埋管灌浆、洒浆。

（1）钻孔灌浆。

在开采煤层附近已有的巷道中或者在专门掘出的巷道中，每隔一定距离（一般每隔10~15 m），往采空区打钻孔灌浆。图 4-3-6 所示是在底板消火道中打钻向采空区灌浆的示意图。

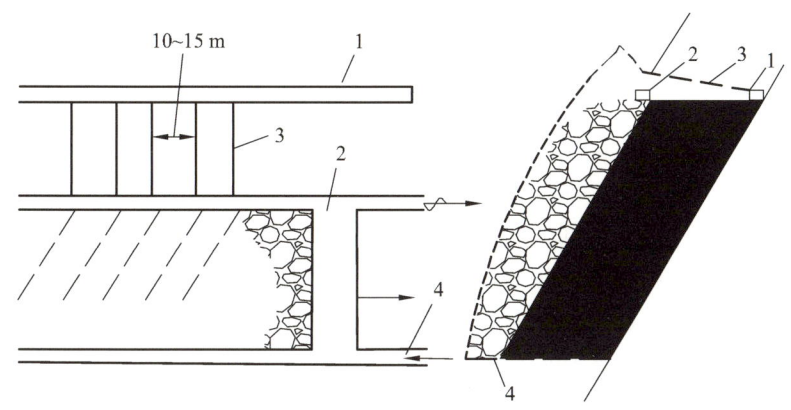

1—底板消火道；2—回风道；3—钻孔；4—工作面进风巷。

图 4-3-6　钻孔灌浆示意图

（2）巷道钻孔灌浆。

为减少钻孔长度，保证钻孔质量，便于操作，沿巷道每隔一定距离打断面较小的巷道，在此巷道内打钻灌浆，如图 4-3-7 所示。

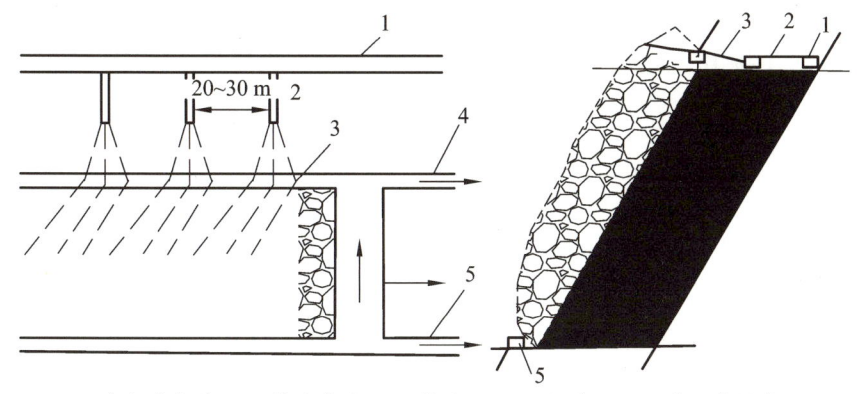

1—底板消火道；2—钻孔巷道；3—钻孔；4—回风道；5—工作面进风巷。

图 4-3-7　小巷道钻孔灌浆示意图

（3）埋管灌浆。

回采工作面在放顶之前，沿着回风巷在采空区预先铺好灌浆管，放顶后立即灌浆，随工作面的推进，安设回柱绞车，逐渐向外牵引灌浆管，牵引一定距离灌一次浆，如图4-3-8所示。

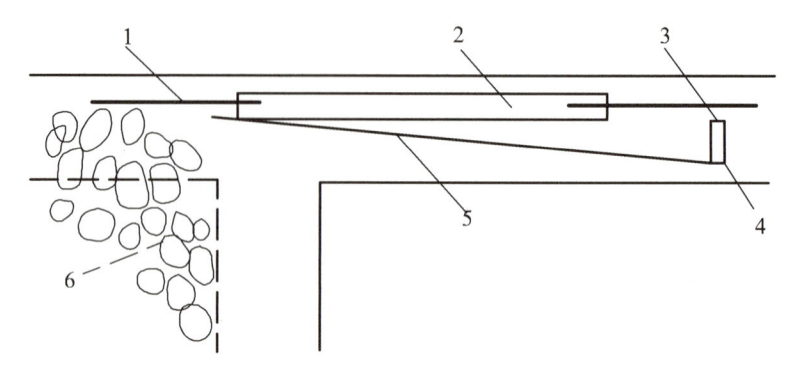

1—预埋铜管；2—高压胶管；3—钢管；4—回柱绞车；5—铜丝绳；6—采空区。

图4-3-8　埋管灌浆示意图

钻孔灌浆操作时，开始时一定要用清水进行冲孔，进水畅通后，方可按上注浆管，然后向注浆站要浆。注浆期间，注浆工要密切注意管路及各处阀门的情况，发现堵孔或管路堵浆时，应首先通知注浆站停止送浆，同时派人关闭上一级阀门，然后进行处理。正在注浆的钻孔，如发现注浆不正常，应暂停注浆，进行注水冲孔处理。班中换孔时，必须先打开改注钻孔的阀门，然后关闭需停注钻孔的阀门，人员应站在孔口两侧，禁止面对孔口。

注浆时，应将高压胶管用铁丝固定在牢靠的支撑物上，并尽量避免在高压胶管附近停留，以防止胶管伤人。拆管子时，应在无浆水的情况下进行。注浆过程中要检查泄水处出水的大小，并做好记录。注浆结束后，必须先通知注浆站停止下浆，然后将管内存浆全部注入钻孔内。钻孔停止时应用水冲孔，然后将各处管路阀门关闭。

（4）工作面洒浆。

从灌浆管中接出一段胶管，沿工作面方向往采空区内均匀地洒浆，如图4-3-9所示。洒浆通常是埋管注浆的一种补充手段，使整个采空区，特别是采空区下半部分也能灌到足够的浆液。

洒浆前，要确认胶管和输浆管连接严密牢固后，打开主管路的阀门，然后再要水要浆；在洒浆过程中，应有专人看守管路和阀门，有异常情况时应立即关闭阀门；洒浆人员应站在顶板完好的安全地带；应沿工作面自上而下均匀地洒浆，保证浮煤被浆液均匀覆盖；应根据采煤工作的推进速度，每隔1～2个循环洒一次浆。

随采随灌注浆的主要优点是能及时将顶板冒落后的采空区进行灌浆处理；主要缺点是管理不当时会使运输巷道积水。此种方法一般较适用于自然发火期较短的煤层。

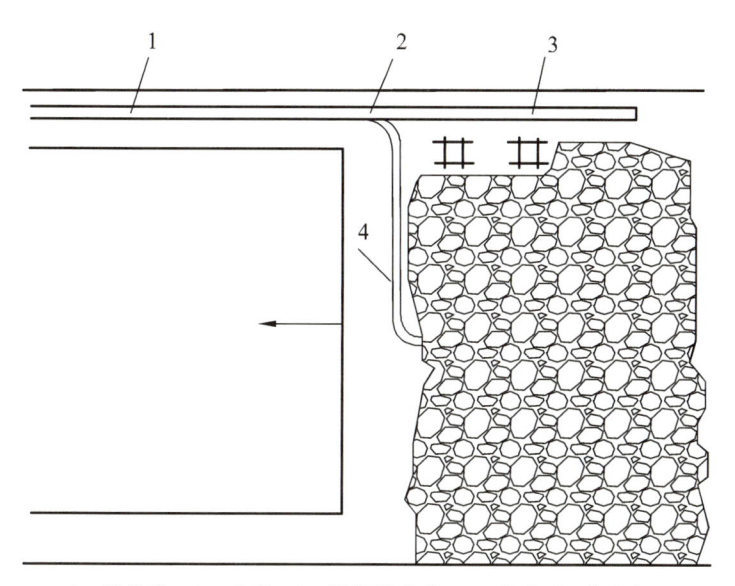

1—灌浆管；2—三通；3—预埋灌浆管；4—胶管（2英寸）。

图 4-3-9　工作面洒浆

3）采后灌浆

采后灌浆是当回采结束后，将整个采空区封闭起来，然后灌浆。其主要方法有：利用邻近层巷道向采空区打钻灌浆；利用巷道密闭墙插管灌浆。采后灌浆的关键是要砌筑密闭墙。为了保证灌浆和施工安全，一般选择巷道周围比较完整的地点砌筑密闭墙，如图4-3-10所示。

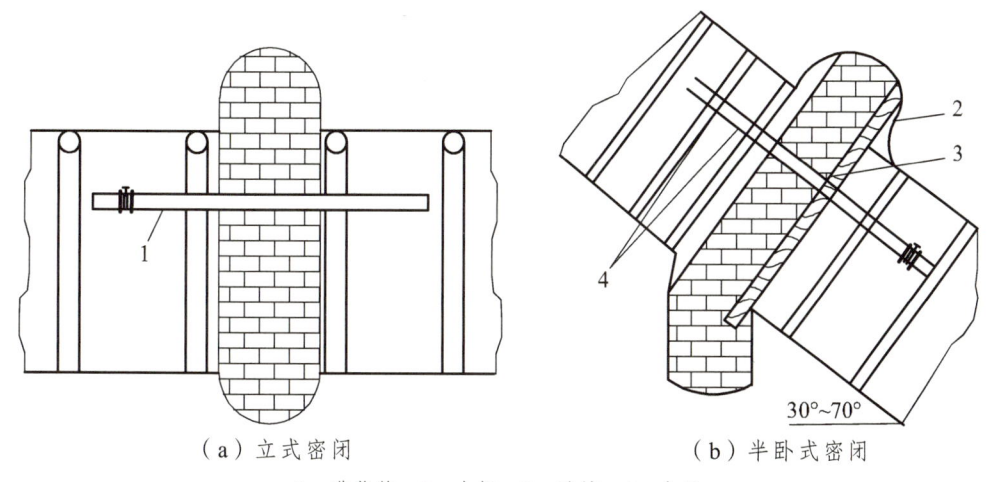

（a）立式密闭　　　　　　　　　（b）半卧式密闭

1—灌浆管；2—木板；3—砖墙；4—木梁

图 4-3-10　密闭墙示意图

技能点 3　阻化剂防火

阻化剂就是阻止氧化的试剂，将其溶液喷洒在煤体上阻止煤炭自燃或延长发火期，这一方法即为阻化剂防火。

国内外对使用阻化剂防火技术进行了大量的研究，在阻化剂的种类、性能及使用方法等方面取得了一定的成果。目前国内外使用的阻化剂种类大致有：

（1）吸水盐类阻化剂。常用的有氯化钙（$CaCl_2$）、氯化镁（$MgCl_2$）、氯化锌（$ZnCl_2$）阻化剂，经使用氯化锌（$ZnCl_2$）阻化剂的效果较好。

（2）石灰水阻化剂。石灰水即石灰乳[$Ca(OH)_2$]，其浓度一般为5%~12%。

（3）水玻璃阻化剂。将一定浓度的硅酸钠（Na_2SiO_3）溶液喷洒在煤体上阻止其氧化自燃。还可与氯化钙混合使用，效果更好。

（4）亚磷酸酯与二氢氧三烷基醚阻化剂：50%~58%的亚磷酸酯与15%~20%的二氢氧三烷基醚的混合液阻化剂，有效地防止煤炭氧化，而阻化剂用量仅为处理煤量的千分之一左右。

（5）四硼酸氢铵阻化剂：即用四硼酸氢铵粉状物与水混合而成水溶液向采空区喷洒。

除此之外，还有碳酸铵饱和悬浮液，造纸厂的氯化锌废液，铝厂的炼镁槽渣，石油副产品的碱乳浊液等都可用作阻化剂。

1. 阻化剂的阻化机理

阻化剂阻化机理有很多假说，我国研究者都比较认可"液膜隔氧降温"学说，该学说认为阻化剂大都是吸水性很强的溶液，当它们附着在易被氧化的煤体表面时，吸收了空气中的水分，在煤体表面形成了隔水液膜，从而阻止了煤与氧的接触，起到了隔气阻化作用；同时水在蒸发时吸收热量，使煤体降温，从而抑制了煤的自热和自燃。

2. 阻化剂阻化效果认定

不同的阻化剂阻化效果有好有坏，同一阻化剂在不同的使用地点其阻化效果也不完全一样，在实际应用中，常用阻化率及阻化衰退期两个指标来描述阻化效果的好坏。

1）阻化率 E

阻化率是指阻化剂对煤炭氧化自燃阻止的程度，即煤样经阻化剂处理前后放出一氧化碳的差值与处理前煤样放出一氧化碳量的百分比，其大小用下列公式计算：

$$E = \frac{A-B}{A} \times 100\%$$

式中　E——阻化率，%；

A——煤样阻化处理前在100 ℃时放出的一氧化碳量；

B——煤样阻化处理后在100 ℃时放出的一氧化碳量。

阻化剂的阻化率值愈大，则说明阻止煤炭氧化的能力愈强。

2）阻化衰退期

煤炭经阻化处理后，阻止氧化的有效日期称为阻化衰退期，也称为阻化剂的阻化寿命。

一般来说，阻化率高，阻化寿命长，是较理想的阻化剂。但有些阻化剂虽阻化率较高，但阻化衰退期短，即抑制煤氧化时间短，这样的阻化剂不能成为好阻化剂。

3. 阻化剂选择及合理浓度

阻化剂及使用参数的选择对阻化效果的好坏至关重要。选择阻化剂总的原则是安全、方便、经济、效果好。从这几个方面出发，比较理想的阻化剂有工业氯化钙、卤片（六水氯化镁）。这些阻化剂货源充足，贮运方便，价格便宜。此外，一些工厂的废渣废液，如铝厂炼镁槽渣，化工厂的氯化镁、硼酸废液，造纸厂的废液，酿酒厂的废液等也有一定的使用效果。

阻化剂浓度的合理性是降低成本，提高阻化效果的重要方面。实践证明，20%浓度的氯化钙和氯化镁溶液阻化率较高，阻化效果好；10%的阻化液也能防火，虽阻化率有所下降，但成本可降低一半，所以阻化剂浓度最好控制在15%～20%，一般不小于10%。

4. 阻化剂的使用方法

阻化剂使用时有两种方法：一是在采煤工作面向采空区浮煤喷洒阻化剂；二是向可能或已经开始氧化发热的煤体打钻压注阻化剂。钻孔的方位、角度要根据火源、高温点等位置确定。

如果使用阻化液喷洒工艺，可在采区内建立一个永久性的储液池，储液池用水泥料石砌筑，用供水管向储液池内供水，再往储液池内加阻化剂，搅拌均匀，通过水泵上药液管经电动泵加压后经输液胶管、喷洒管、喷枪喷洒在采空区内。

打钻压注阻化液时以煤壁见阻化液为准，如果一次达不到防火效果时，还可重复二三次，直到达到满意效果为止。

进入 20 世纪 80 年代，人们发明了一种新型喷洒装置，即雾化喷嘴。随之有了气雾阻化防火工艺，其实质就是将一定压力的阻化剂水溶液通过雾化喷嘴雾化成气雾，然后利用漏风风流作为载体飘移到采空区漏风所到之处，从而达到采空区防火。

阻化剂可以单独使用，也可加入灌浆液中混合使用，以提高预防性灌浆的防火效果。

阻化剂防火工艺简单、安全、投资少、用水量少。但阻化剂在火区达到一定温度和范围后，阻止火区作用时间较短、对金属管道有一定的腐蚀作用。通过实践证明：氯化物水溶液对褐煤、长焰煤和气煤效果较好；水玻璃对高硫煤有较高的阻化率。

技能点 4　凝胶防灭火

凝胶防灭火就是用基料和促凝剂按一定比例混合配成水溶液后，发生化学反应形成凝胶，从而破坏煤炭着火的一个或几个条件，以达防灭火的目的。胶体内部充满水分子和一部分盐，由于基料一般用水玻璃溶液，即硅酸钠水溶液，与促凝剂反应后形成硅胶。硅胶起框架作用，把易流动的水分子都固定在硅胶内部。成胶过程是吸热过程，吸热量与胶体浓度及原材料有关。

1. 凝胶材料的选择及防灭火机理

1）凝胶主料

凝胶主料是由基料和促凝剂组成的，凝胶主料在井下起到防灭火的作用。在煤矿井下开采容易自燃和自燃的煤层时最适宜的主料是硅凝胶。硅是无机材料，硅凝胶是 $SiO_2 \cdot H_2O$ 的胶体，在高温下失水成为 SiO_2 和水蒸气，吸收大量热，无毒无害，不污染环境，对井下设备也没有腐蚀性；又由于胶体材料众多，成本低廉，施工过程简单，因此，硅胶是煤矿普遍采用的主料。

2）基料的选择

基料是成胶过程的主要物质，煤矿一般用水玻璃作为基料。水玻璃俗称泡花碱，化学名称为硅酸钠，化学分子式为 Na_2SiO_3 或 $Na_2O \cdot nSiO_2$，它是由氧化钠和二氧化硅按一定比例在高温下结合而成的。水玻璃由固态和液态两种。煤矿一般用液态水玻璃，它主要是由石英砂和芒硝（Na_2SO_4）在高温炉内熔融形成的。其生产工艺简单，各地都有货源。

3）促凝剂的选择

促凝剂的作用是使基料，即水玻璃水溶液能快速凝胶，一般选用的促凝剂部属酸性物质，常用的有：NH_4HCO_3、NH_4Cl、$(NH_4)_2SO_4$。使用 NH_4HCO_3 时的化学反应方程式如下：

$$Na_2SiO_3 + NH_4HCO_3 = H_2SiO_3 + Na_2CO_3 + NH_3$$

刚开始生成的单分子硅酸可溶于水，所以生成的硅酸并不立即沉淀，随着单分子硅酸生成量的增多，逐渐聚合成多硅酸，形成硅酸溶胶而丧失流动性。

4）凝胶防灭火的主要机理

（1）保水作用。凝胶中含水量可达 90%，凝胶能有效地阻止水分流失。在煤矿井下，由于空气潮湿，凝胶一个月内的体积收缩率一般小于 20%，在一定时期内能有效地阻止煤炭自燃。

（2）堵漏风作用。基料与促凝剂刚接触时，主料具有很好的流动性，可以充分渗透到煤体缝隙中。经过一段时间后，形成凝胶，有一定强度，对于煤体来说，能堵住漏风通道，防止漏风，煤炭因缺氧不能自燃。

（3）吸热降温作用。形成凝胶的化学反应过程是一个吸热反应，成胶后本身水分的蒸发也会吸收热量，这样可使煤体氧化产生的热量带走，煤体温度下降，阻止或延缓了煤炭自燃。

（4）隔氧作用。主料注入或喷洒到煤体后，大大地减少了煤体与空气的接触面积，尤其成胶后覆盖了煤体表面，煤体与氧隔绝而减少了自燃的可能性。

2. 凝胶防灭火效果及影响因素

反映凝胶防灭火效果的主要指标有成胶时间、胶体强度、凝胶稳定性。

成胶时间即是基料与促凝剂相互混合后形成的混合液体自喷出枪头到成胶的时间。不同的使用地点成胶时间应有所不同，用于快速防灭火时，如用于封闭堵漏和扑灭高温火源时，成胶时间应尽量短，一般在 30s 内。而用于浮煤阻化时，成胶时间可延长些，一般以 5~10 min 为宜。用水玻璃作为基料时，影响成胶时间的主要因素有：水玻璃溶液浓度、选用的促凝剂的种类及浓度、基料浓度与促凝剂浓度的比值，液体的温度等。当水玻璃浓度固定后，促凝剂浓度越大，成胶时间越短。但促凝剂浓度有一临界值，当促凝剂浓度超过这一临界值时，促凝剂浓度变化对成胶时间的影响显著减少；当促凝剂浓度固定时，水玻璃浓度对成胶时间的影响也有个临界值，当水玻璃浓度大于或小于该临界值时，成胶时间都会增大。因此，在实际应用中，应根据不同的使用地点，确定合理的基料、促凝剂浓度，以达到理想的成胶时间。

另外，若同时增加水玻璃与促凝剂浓度，成胶时间一般会缩短；加大各溶液的初始温度，成胶越快。

在实际应用中，除了要考虑成胶时间外，还要考虑凝胶保持胶体状态的时间，也就是凝胶的稳定性。试验证明，水玻璃与 NH_4HCO_3 反应形成的胶体在烘箱中进行加热，当加热到 110 ℃ 仍保持胶体状态，只有水分蒸发和凝胶变干现象，一般温度越高，失水速度越快。但总体上看，凝胶的失水速度要比单纯注水或注泥浆的失水速度小得多。

除此之外，衡量凝胶防灭火工艺效果好坏的另一项指标就是胶体强度，即胶体应有一定的耐压性，胶体强度与基料浓度有关，基料浓度越大，强度越大。

随着凝胶防灭火在我国煤矿应用越来越广泛，也随着人们对施工工艺研究的深入及经验的不断积累，一些半自动化的施工工艺也随之产生。该工艺不需人工配料，整个工艺过程流畅。

技能点 5　均压防灭火

煤矿井下煤炭之所以会自燃，是因为有漏风的存在，即有连续不断地供氧。为了减少或防止漏风，就必须降低漏风通道两端的压差，或增加漏风风阻。因此，在实际应用中可利用风窗、风机、调压气室和连通管等进行调节风压值，用以改变通风系统的压能分布，降低漏风压差，从而达到抑制煤炭氧化，惰化火区的目的，这种防灭火技术即为均压防灭火。均压防灭火技术一般有双重功能：一是可以防止煤炭自燃；二是对于已经封闭的火区可以灭火。目前在我国很多矿井已经应用这种技术，效果良好。其主要优点是成本较低，应用方便；主要缺点是技术含量较高，应用时必须详细测定压能分布，掌握各风路的风阻，调压方法正确，否则会适得其反。

要想更好地应用均压防灭火技术，首先必须要了解采空区及火区漏风的状况，然后才能采取有针对性的调压方法。

1. 采空区漏风

采空区内可以划分为三带：冷却带、氧化带、窒息带，如图 4-3-11 所示。

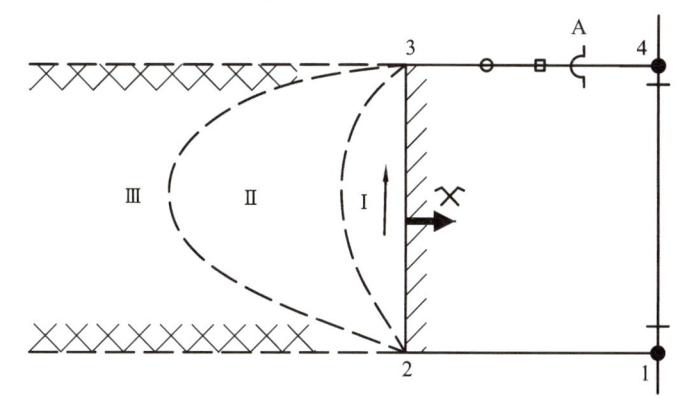

Ⅰ带—冷却带；Ⅱ带—氧化带；Ⅲ带—窒息带

图 4-3-11　采空区"三带"分布图

1）冷却带

最靠近工作面，一般以工作面中心计算 1～5 m。由于最接近工作，冒落岩石的孔隙大，漏风量大，尽管有浮煤堆积，但无蓄热条件，即煤炭氧化产生的热量被较大的漏风及时带走，加之浮煤与空气接触时间较短，因此，冷却带内的煤炭一般不会自燃。

2）氧化带

此带一般由冷却带开始延伸 25～60 m，冒落岩石逐渐压实，漏风强度减弱，漏风风流呈层流状态，浮煤氧化生热，热量易于积聚，温度逐渐上升，有可能发生自燃。氧化带的宽度取决于顶板性质及岩石冒落后的压实程度、漏风量的大小等。

3）窒息带

从氧化带外缘往里即为窒息带。此带内冒落的岩石由于时间较长而逐渐压实，漏风基本消失，氧气浓度下降至煤炭自燃临界氧浓度以下，煤炭难以自燃，即使在氧化带内有部分煤炭已经自燃，但随着工作面的推进逐渐进入窒息带内也会因缺氧而逐渐熄灭。

2. 密闭火区漏风

对于已经封闭的火区，包括已封闭的采空区，影响漏风的因素主要有进回风侧的风压差、防火封密墙的构筑质量、大气压力等。

1）进回风侧压力差

此值取决于密闭火区时防火墙所处的位置。因此，在构筑防火墙时一定要考虑尽量减少进回风侧的压力差值，且必要时可调整通风系统用以减少封闭火区周围的压差。

2）防火墙的构筑质量

防火墙的气密性越好，风阻就越大，漏风量就越小。因此，构筑防火墙的质量一定要符合标准。

3）大气压力

大气压力变化不是人所能控制的，但在煤矿井下防灭火时，一定要根据季节时间变化，随时掌握火区内的动态，以防死灰复燃。

3. 风压调节

风压调节的方法很多，按所使用的设备设施不同可分为风机调节法，风窗调节法，风机、风窗调节法，风机、风筒调节法，风机气室调节法，连通管气室调节法。按所调风压大小变化不同可分为增压法和降压法。按使用条件不同可分开区均压调节法和闭区均压调节法。

1）闭区均压调节

对于封闭的采空区进行风压调节，使封闭区进回风路两端的密闭处风压差趋于零，封闭区内风流停止流动，从而实现预防自燃火灾的发生。同时封闭式调节风压还可以加速封闭火区火源的熄灭：

实现闭区均压调节的具体方法通常有如下几种：

（1）并联风路与调节风门联合调压。

图 4-3-12（a）所示为一封闭区的示意图；由于进出风密闭两端（5、8 两点）压

差较大,故漏风严重,密闭区内的煤炭有自燃的危险。为了控制漏风采取下列措施,如图 4-3-12(b)所示,取消 5—8 上山内的两道密闭,使上山成为封闭区漏风风路并联通道,降低了 5、8 两点间的压差;同时在 8—9 区段内构筑调节门 A,将通过上山 8—9 的风量限制在最小范围之内。这样就消除了封闭区煤炭自燃危险,如果封闭区是个火区,当然也会加速熄灭。

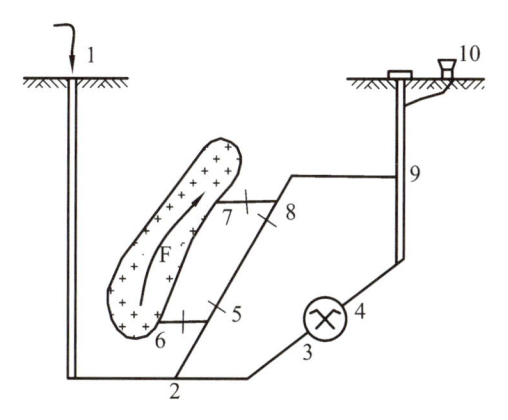

(a)5、8 两点压差大而造成采空区(F)内漏风严重

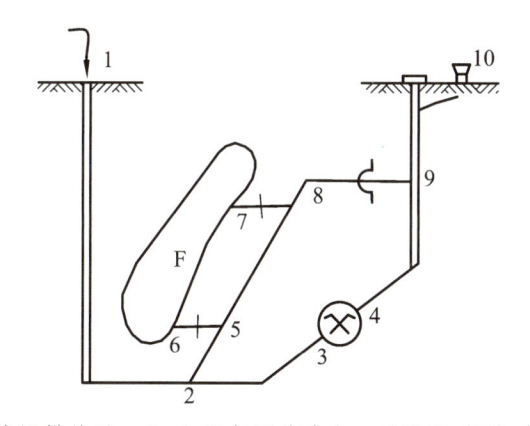

(b)采取均压措施后,5、8 两点压差减小,采空区(F)内漏风消失

图 4-3-12　并联风路与调节风门联合调压示意图

(2)调压风机与调节风窗联合调压。

在图 4-3-12(a)所示的情况下,若不采用上述并联风路与调节风门联合调压时,还可采用调压风机与调节风窗联合的方式进行调压,即在封密区的进、回口两端设置由调压风机与调节风窗联合组成的调压硐室,如图 4-3-13 所示。启动风机后改变调节风窗的调节口的大小,用以消除密闭墙内外的压差,从而阻止通过密闭的漏风。观测密闭内外压力均衡的方法,可由安设下风窗之外的 U 形水柱计显示。需要说明的是,封闭区两端的调压硐室形成的压力是有区别的,进风端是负压硐室,调节风机是抽出式工作,如图 4-3-14 所示。回风端是正压硐室,调压风机压入式工作,如图 4-3-15 所示。

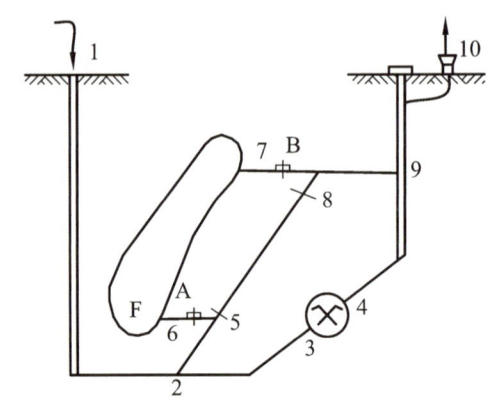

图 4-3-13　封闭区进、回侧建立调压硐室

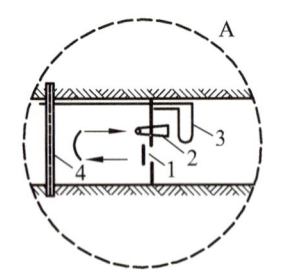

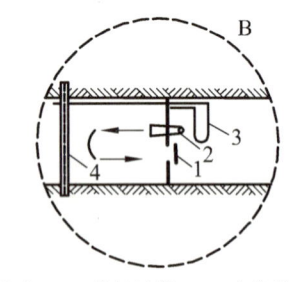

1—调节风窗；2—均压风机；3—水柱计；4—密闭。

图 4-3-14　负压调压硐室

1—调节风窗；2—均压风机；3—水柱计；4—密闭。

图 4-3-15　正压调压硐室

（3）连通管调压。

如图 4-3-16 所示，在可能发生煤炭自燃的封闭区的回风侧密闭墙外面再加一道密闭墙，然后，穿过外密闭墙安设直径为 300～500 mm 的金属管路（1′—2′）直通地面，在管路上安有调节阀门或在外部密闭墙上构筑风量调节孔，以控制通过连通管的风量，使其阻力与进风 1-2 段的阻力相等，则封密区进回风两端（2，2′）的压差为零，从而漏风消失。

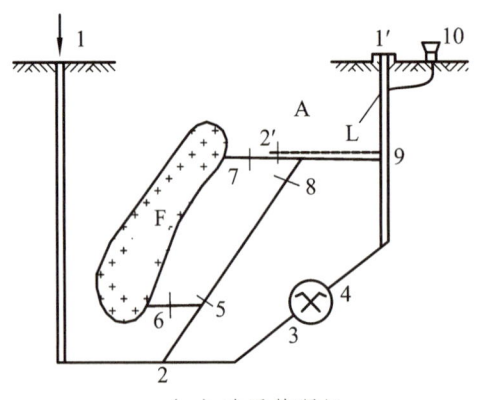

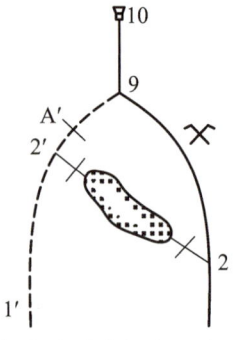

（a）连通管调压　　（b）将连通管视为一条风路

L—连通管；A 和 A′—外部加筑密闭墙。

图 4-3-16　连通管调压

（4）主要通风机与调节风门联合调压。

图 4-3-17 所示为两台主要通风机、两个回风井联合通风的矿井。封闭区位于两台主要通风机的共同作用下。出风侧密闭受主要通风机 f_1 的作用，进风侧密闭受主要通风机的作用。由于主要通风机 f_2 作用在出风密闭上的负压较大，所以密闭区漏风十分严重，封闭区内存在自燃的危险。为此可将主要通风机 f_1 降压运转，主要通风机 f_2 升压运转，为了保证其他采区风量不变，在 2-3 区段安设调节风门 A，既保证了所需风量，又能使进回两端风压平衡，杜绝漏风。

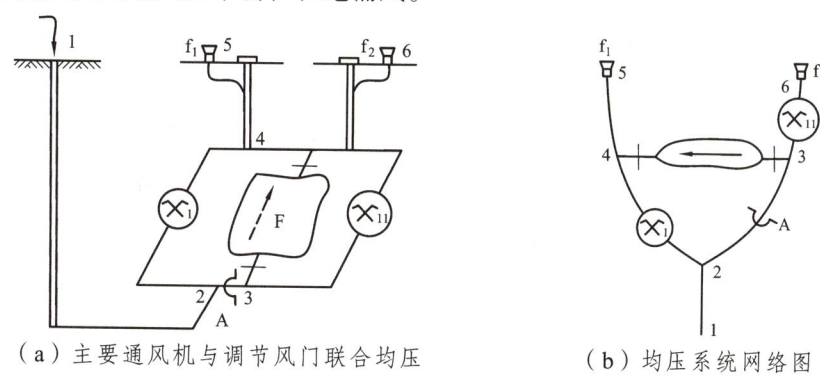

（a）主要通风机与调节风门联合均压　　　（b）均压系统网络图

图 4-3-17　主要通风机与调节风门联合调压

2）开区均压调节

开区均压调节是指对正在生产的工作面建立调压系统，减少采空区漏风，抑制自燃发展，使采空区中的自燃前兆气体不进入工作面，从而可以保证工作面安全生产。开区均压调节系统多种多样，但构成系统的具体措施要根据具体环境条件（如巷道布置及漏风形式等）而定。特别要查清造成有发火征兆的主要漏风通道，然后采取措施降低通道两端的风压差，减少漏风量，抑制煤炭自燃的发生、发展。

回采工作面采用走向长壁 U 形通风后退式开采时，采空区漏风主要以小并联漏风为主。有时也有工作面后方与邻近煤层采空区或同一煤层未隔离的巷道相通，而形成比较复杂的漏风，称为工作面采空区后部漏风，如图 4-3-18 所示。

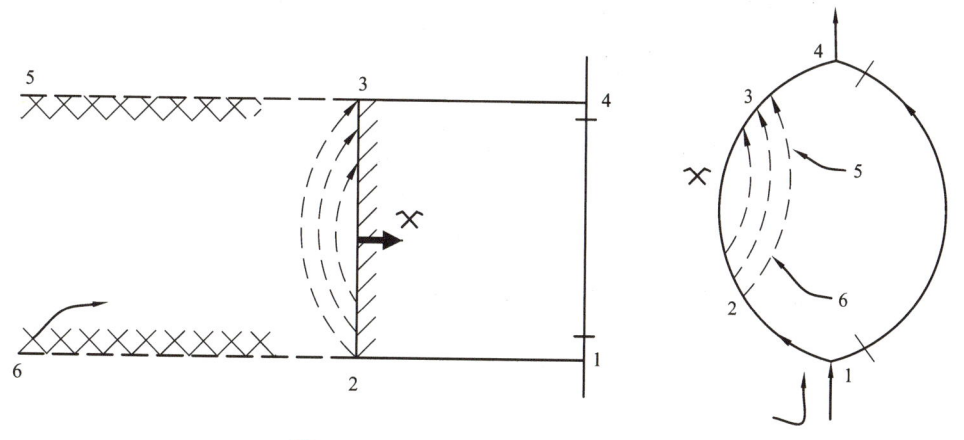

图 4-3-18　工作面采空区后部漏风

回采工作面采用走向长壁 U 型通风前进式回采时，采空区可形成双并联漏风，如图 4-3-19 所示：开区调压法要根据不同的漏风形式采取不同的调压方法，常见的开区调压方法有如下几种：

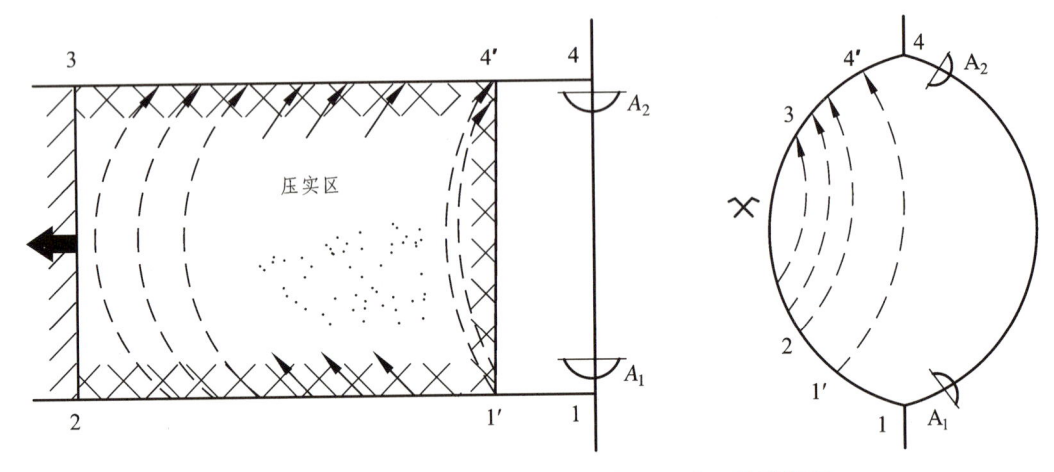

图 4-3-19　前进式回采折返通风采空区形成双并联漏风

（1）调节风门调压。

调节风门调压是针对走向长壁 U 形通风后退式采煤法而采取的一种调压方法。从前述分析中可知，氧化带越宽，工作面推进速度越慢，氧化带存在的时间越长，漏风量越大，氧化带内的浮煤自燃的可能性越大。在这种情况下，可用几种方法处理：一种方法是可采取预防性灌浆，用浆液充填采空区冒落岩石间的空隙，增加风阻、减少漏风；另外一种方法是加快工作面推进速度，使自燃氧化带停留的时间缩短，尽快过渡到窒息带；第三种方法就是利用调压的方法，减少氧化带的漏风量，此时，可在回风巷中安设调节风门，从而降低工作面上下两端的压差，使自燃漏风量减少，从而氧化带的宽度将变窄，对预防采空区煤炭自燃十分有利，如图 4-3-20 所示。

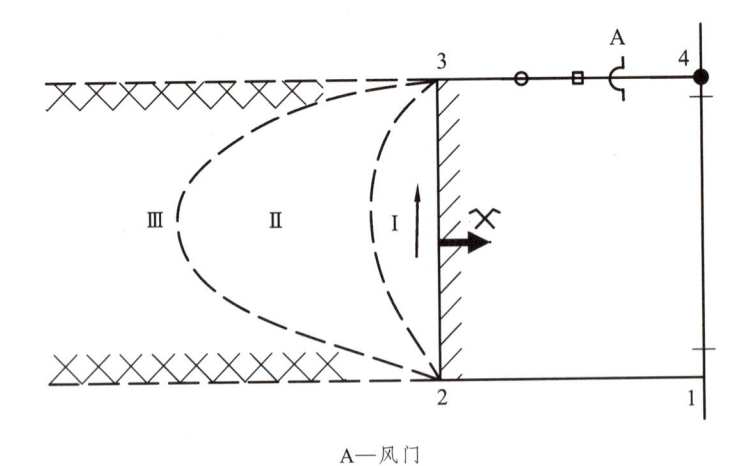

A—风门

图 4-3-20　调节风门调压

需要说明的是,在回风巷内安设调压风门后,氧化带内漏风量减少的同时,通过工作面的风量也将减少,因此,使用此方法时,一定要保证工作面的风量符合有关规定。

(2)并联风路调压。

对于采用走向长壁 U 形通风前进式同采而形成的采空区双并联漏风的情况,不仅是靠近工作面空间附近存在着冷却带与氧化带,而且在开切眼附近由于煤壁的支撑,顶板难以充分冒落严密充填,同样也存在着漏风而形成的冷却带和氧化带。如图 4-3-21 所示,由于靠近开切眼的漏风存在时间长,开切眼煤壁片帮浮煤堆积严重,因此这个区域更易形成自燃火源。此时如在回风巷道中(3-4′)安设调节风门,必然要增大 1 和 4 两点间的压力差,使开切眼漏风严重,无疑会加剧此处的煤炭自燃。因此不能用调节风门的办法调压。但可以采用调整 1-4 巷道中风门 A_1、A_2 的开启程度,使之形成一条与工作面风路相并联的支路,从而降低了开切眼 1′、4′两点的压差,从而减少了漏风量、缩小了氧化带的宽度,控制煤炭自燃。同样,调整 A_1、A_2 的开启程度,也可能使工作面的风量减少,因此使用此方法也应考虑工作面风量是否符合有关规定的问题。

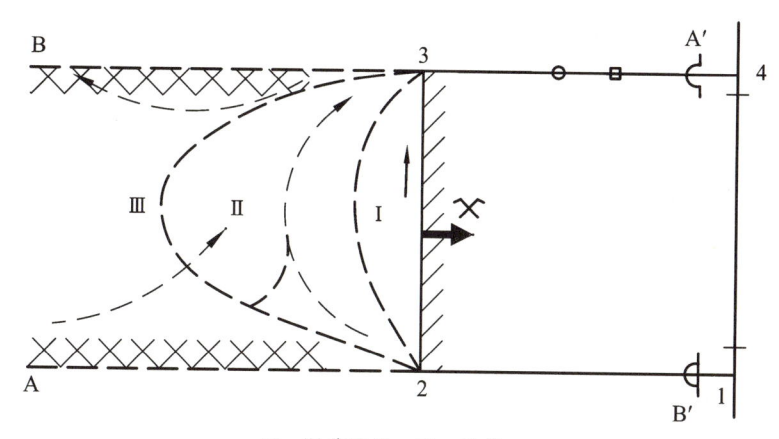

A′—调节风门;B′—风机。

图 4-3-21　调节风门与风机联合调压

(3)调节风门与风机联合调压。

针对采空区后部漏风,可以采用风门与风机联合调压,如图 4-3-21 所示。

采空区后部漏风可以来自上部或下部。如地面裂隙漏风、本层或邻近层采空区漏风、后部联络眼或石门漏风等。这类漏风的特点是无论上部或下部漏入的,最后都要经过工作面上隅角排出;因此采空区的自燃征兆往往是从工作面上隅角表现出来的。通常,消除这类漏风抑制采空区煤炭自燃的做法是在工作面进风巷道中安设调节风机,在回风巷道中安设调节风门,以便提高工作面局部区段 2-3 的绝对压力,并使之等于或稍高于后部漏风源的绝对压力,从而阻止向采空区内漏风,抑制煤炭自燃的发生、发展,使火灾气体不漏入工作面,而实现工作面抢采。

开区调压的主要优点是可实现抢采；主要缺点是恶化了工作环境，对于高瓦斯矿井使用时要特别慎重。

技能点6　氮气防灭火

1. 氮气防灭火机理

从前述可知，煤的自燃是一个复杂的氧化反应过程，其中充足的氧气供给是煤炭自燃发生和持续发展的必要条件。如果氧气浓度下降到一定值，如下降到14%时，燃烧的蜡烛就会熄灭；下降到3%时，任何物质的燃烧都不会持续进行。氮气防灭火的主要思路就是将氮气送入指定的处理区域、使该区域内空气惰化，使氧气浓度小于煤炭自燃的临界氧浓度，从而防止煤炭氧化自燃，或者已经形成的火区因缺氧而逐渐熄灭。

氮气防灭火机理主要表现如下：

（1）降低氧气浓度。当采空区内注入高浓度氮气后，氮气占据了大部分空间，氧气浓度相对减少，氮气部分替代氧气而进入煤体裂隙中，这样抑制了氧气与煤的接触，减缓遗煤的氧化放热速度。

（2）提高采空区内气体静压。将氮气注入采空区后，提高了采空区内气体静压值，减少了流入采空区的漏风量，也就减少了空气中的氧气与煤炭直接接触的机会，同样延缓了煤炭氧化自燃的速度。

（3）氮气吸热。氮气在采空区内流动时，会吸收煤炭氧化产生的热量，减缓煤炭氧化升温的速度，持续的氮气流动会把煤炭氧化产生的热量不断地吸收，对抑制煤炭自燃有利。

（4）缩小瓦斯爆炸界限。采空区注入氮气后，氮气很快与瓦斯等可燃性气体混合，此时，瓦斯爆炸的上限值会减少，瓦斯爆炸的下限值会升高，也即瓦斯爆炸界限被缩小了，就不易出现瓦斯爆炸事故了。

2. 注氮工艺

制取的氮气只有被按时按量地注入指定地点，才能保证起到防灭火作用。在进行注氮系统的设计时应保证管线达到注入点的距离应最短、平直，使滑程阻力和管材消耗量小。

1）注氮方式

注氮方式从空间上分为开放式注氮和封闭式注氮。开放式注氮一般指对正在开采的采空区主要的注氮方式，封闭式注氮是指对已封闭的采空区或火区主要的注氮方式。从时间上分为连续性注氮和间断性注氮。工作面开采初期和停采撤架期间，或遇地质破碎带、机电设备等原因造成工作面推进缓慢，应采用连续注氮，工作面正常回采期间，可采用间断性注氮。

2）注氮方法

注氮方法应根据煤的自燃倾向性大小、采空区冒落物填塞采空区的状态和充满的程度、空区漏风状况、工作面通风方式和通风量大小、采空区"三带"分布状况等具体情况而定，一般有如下几种：

（1）埋管注氮。在工作面的进风侧采空区埋设一条注氮管路，当埋入一定长度后开始注氮，同时再埋入第二条注氮管路，当第二条注氮管路埋入采空区氧化带与冷却带的交界部位时向采空区注氮，同时停止第一条管路的注氮，并又重新埋设注氮管路，如此循环至工作面采完为止。

（2）拖管注氮。在工作面的进风侧采空区埋设一定长度的注氮管，注氮管路随着采煤工作面的推进而移动，使其始终埋入采空区氧化带内。保证注入的氮气始终在"三带"中的氧化带内。拖动注氮管可用工作面的液压支架、工作面进风巷的回柱绞车做牵引。

（3）钻孔注氮。在施注地点附近巷道向火灾隐患区域打钻孔，或在地面直接向井下火区打钻，通过钻孔将氮气注入火区。

（4）插管注氮。工作面起采线、终采线，或巷道高冒顶火灾，可采用向火源点直接插管进行注氮。

（5）墙内注氮。利用防火墙上预留的注氮管向火区或火灾隐患的区域实施注氮。

（6）旁路式注氮。采用双进风的工作面，可利用与工作面平行的巷道，在其内向煤柱打钻孔注氮。

3. 回采工作面采空区注氮

图 4-3-22 所示为走向长壁 U 形通风后退式开采的工作面采空区注氮示意图。将注氮管铺设在进风巷道中，注氮释放口设在采空区中，此时，注氮管的埋设及氮气释放口的设置应符合如下要求：

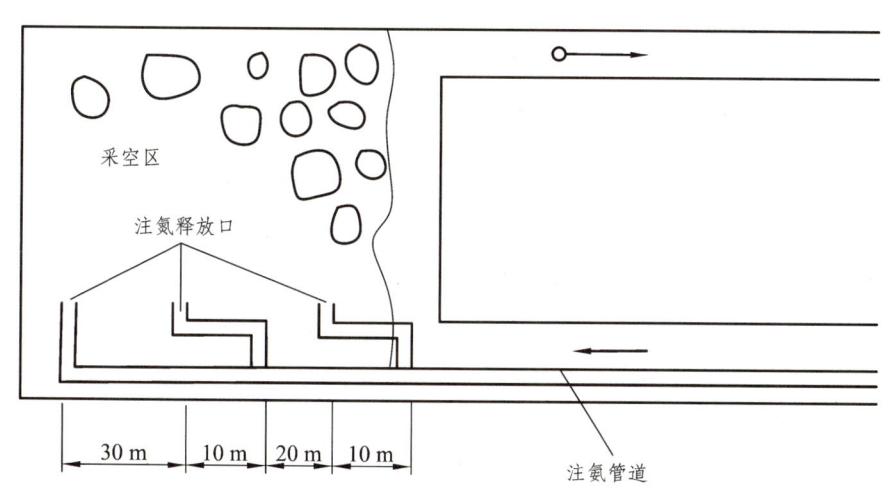

图 4-3-22 注氮管埋设及释放口位置

（1）氮气释放应高于底板，以 90°弯拐向采空区，与工作面保持平行，并用石块或木垛加以保护。

（2）氮气释放口的距离应根据采空区"三带"宽度、注氮方式和注氮强度、氮气有效扩散半径、工作量通风量、自然发火期、工作面推进速度以及采空区冒落情况综合而定。一般第一个释放口设在起采线位置，其他释放口间距以 30 m 为宜。

（3）注氮管一般采用单管，管道中设置三通，从三通中接出短管进行注氮。

工作面同采过程中，当煤炭自燃的危险不是来自本采空区，而是来自相邻回采工作面的采空区时，对其相邻的采空区可采用旁路式注氮防灭火，即在工作面与采空区相邻的巷道中打钻，然后向已封闭的采空区插管注氮，使之在靠近回采工作面的采空区侧形成一条与工作面推进方向平行的惰化带。

子任务 2　矿井外因火灾的预防

外因火灾的特点是：突然发生、来势迅猛，如果不能及时发现和控制，往往酿成重大事故。在矿井火灾的总数中，外因火灾所占比重虽然较小（4%~10%），但不容忽视。据统计，国内有记载的重大恶性火灾事故，90%以上属于外因火灾。做好矿井外因火灾的预防工作是十分必要的，具体措施如下：

（1）禁止一切人员携带烟草及点火工具下井。井下禁止使用电炉、灯泡取暖。井下和井口房内不准进行电焊、气焊和喷灯焊，特殊情况必须制定安全措施，报有关部门批准。井口房和通风机附近 20 m 内，不得有烟火或用火炉取暖。

（2）井下不准存放汽油、煤油和变压器油。井下使用的润滑油、棉纱、布头和纸等必须放在盖严的铁桶内。用过的要定期送到地面处理。

（3）井下必须采用防爆型或本质安全型电器设备，加强维修，保证电力系统和电气设备性能良好，保证机械设备正常运转，防止电火花、电弧及摩擦发热造成事故。

（4）加强放炮管理，使用安全炸药，不准放明炮、糊炮，不准用明火、动力线放炮；炮眼封泥要装满，并使用水炮泥；严格按规程规定装药、连线和放炮。避免放炮火焰产生。

（5）井下按规定使用不易燃电缆、阻燃输送带和阻燃风筒等。

（6）井口房、井架和井口建筑物、进风井筒、回风井筒、平硐、主要巷道的连接处、井下主要硐室和采区变电所等，都应采用不燃性材料支护或开凿在岩巷内。

（7）进风井口和进风平硐口都应设防火门，以防井口火灾和附近地面火灾波及井下。进风井与各生产水平的井底车场的连接处都应设防火门，并定期检查防火门的质量和灵活可靠性。

（8）矿井必须在井口附近 100 m 以内设置消防材料库，井下每个生产水平的主要运输大巷中也应设消防材料库，储备消防器材，并备有消防列车。灭火材料和工具必须满足矿井灭火时的需要，平时不准挪作他用。井下的火药库、充电硐室、绞车房、水泵房和采区变电所，都要配备足够的灭火器材。

（9）每个矿井都要建筑地面消防水池。开采下部水平的矿井，除地面消防水池外，也可用上一水平的水仓作消防水池。井下各主要巷道中应铺设消防水管，每隔一定距离设消防水龙头。

模块 4　矿井火灾防治

作　业

1. 何谓矿井火灾？
2. 矿井火灾的危害是什么？
3. 直接灭火法有几种？
4. 煤炭自燃的条件是什么？
5. 影响煤炭自燃的因素有哪些？
6. 写出至少五个煤矿井下易自燃的地带？
7. 若在井下闻到煤油、汽油等气味，应怎样寻找火源？
8. 预防性灌浆的主要作用有哪些？
9. 凝胶防灭火的原理是什么？
10. 阻化剂防火的作用是什么？

模块 5　矿井水灾防治

本模块主要介绍矿井水害的概念、类型、矿井充水的水源和水害形成的原因，矿井水灾的防治技术。做好矿井防水工作，是保证矿井安全生产的重要内容之一。

知识目标

1. 掌握矿井水灾发生必须具备的基本条件。
2. 掌握矿井水灾的影响因素、造成矿井水灾的主要原因。
3. 掌握矿井透水预兆。

能力目标

1. 能够熟悉地面防治水技术。
2. 能够熟悉井下防治水技术。

素质目标

1. 培养学生牢固树立"安全第一"的思想。
2. 掌握矿井灾害防治技术的基本知识与基本技能，具有解决有关矿井安全方面技术问题的能力。

任务 1　矿井水灾的概念及透水预兆

矿井水灾是煤矿常见的主要灾害之一。一旦发生透水，不但影响矿井正常生产，而且有时还会造成人员伤亡，淹没矿井和采区，危害十分严重。所以做好矿井防水工作，是保证矿井安全生产的重要内容之一。本任务主要认识矿井水灾，知晓矿井水灾事故危害，掌握矿井透水预兆。

子任务 1　矿井水灾的基本概念及基本条件

技能点 1　矿井水灾的基本概念

1. 矿井水灾的概念

凡影响生产、威胁采掘工作面或矿井安全的、增加吨煤成本和使矿井局部或全部被淹没的矿井水，都称为矿井水害。

2. 矿井水灾的基本条件

形成矿井水灾的基本条件：一是必须有充足水源；二是必须有充水通道。两者缺一不可。要避免矿井水灾的发生，只需要切断上述两个条件或其中一个条件即可。

1）生产矿井水灾的水源

煤矿建设和生产中常见的水源有大气降水，地表水，地下水（潜水、承压水、老空积水、断层水等）。

（1）大气降水。

从天空降到地面的雨和雪、冰雹等融化的水，成为大气降水。大气降水，一部分再蒸发上升到天空，另一部分流入地下，即形成地下水。剩下的部分留在地面，即为地表水。大气降水、地表水、地下水互相补充，互为来源，形成自然界中水的循环。

（2）地表水。

地球表面江、湖、河、海、水池、水库等处的水均为地表水，它的主要来源是大气降水，也有的来自地下水。

（3）潜水。

埋藏在地表以下第一个隔水层以上的地下水，称为潜水。潜水一般分布在地下浅部第四纪松散沉积层的孔隙和出露地表的岩石裂缝中。潜水主要由大气降水和地表水补给。潜水不承受压力，只能在重力作用下由高处往低处流动。但潜水进入井下，也可能形成水患。

（4）承压水。

处于两个隔水层中间的地下水，称为承压水（或称自流水），承压水具有压力，能自喷。自流井和喷泉都是承压水形成的。煤矿地层中，石灰岩裂隙及溶洞中的水为承压水，它具有很大的压力和水量，对煤矿生产威胁极大。

（5）老空积水。

已经采掘过的采空区和废弃的旧巷道或溶洞，由于长期停止排水而积存的地下水，称为老空积水。它很像一个"地下的水库"，一旦巷道或采煤工作面接近或沟通了积水的老空区，则会发生水灾。

老空积水往往带有酸臭味。因此，在井下遇到酸臭味涌水时，要警惕老空积水的危害。

（6）断层水。

处于断层带（岩石错动形成）中的水，称为断层水。断层带往往是许多含水层的通道，因此，断层水往往水源充足，对矿井的威胁极大。

2）发生矿井水灾的通道

（1）煤矿的井筒。

地表水直接流入井筒，造成淹井事故。地下水穿透井巷壁进入井下，也能给煤矿建设和生产造成重大灾害。

（2）构造断裂带。

断裂构造是加大岩层导水性能的重要因素，特别是断层密集的地段，岩层支离破碎,失去隔离水性能,成为地下水赋存的场所和运移的通道。当井下采掘工程揭露或接近这些地带时,地下水就会进入井巷,严重的可造成突水淹井事故。

(3)冒落裂隙带。

煤层开采后,其上方的裂隙有时可与含水层或地表水沟通,造成矿井突水。当覆盖层厚度较小时,采空区上方形成裂缝与地面相通,如果不及时处理,雨季洪水就会沿裂缝涌入井下。

(4)含水层的露头区。

含水层在地表的露头区起着沟通地表水和地下水的作用,成为含水层充水的咽喉与通道。含水层出露的面积越大,接受大气降水补给量就越多。

(5)煤层底板岩层突破。

地下水头压力很大的地段,在矿山压力的作用下,承压水可突破煤层底板隔水层而涌入矿井,使矿井涌水量突然增大,有时可导致淹井事故。

(6)封闭不良钻孔。

在煤田勘探和生产建设中,井田内要打许多钻孔,虽然钻孔的深度不同,但有部分钻孔会打穿含水层,于是钻孔就成为沟通含水层及地表水的人为通道。由于对其封闭不良,在开采揭露时,就会将煤层上方或下部含水层以及地表水引入矿井,造成涌水甚至突水事故。

(7)导水陷落柱和地表塌陷。

有些陷落柱胶结程度极差,柱体周围岩石破碎,并伴生有较多的小断裂,这就可能成为沟通地表水或地下水的良好通道,当采掘工作面揭露或接近这些导水陷落柱时,就会造成井下涌水或突水事故。

技能点 2 矿井水害的类型

(1)依据充水水源性质,可划分为天然充水水源和人为充水水源两大类。

天然充水水源型水害。包括大气降水型水害、地表水体型水害和地下水源型水害。其中大气降水型水害包括大气降雨、冰雪型水害,降雨诱发的洪水型水害,暴雨诱发的山洪型水害,暴雨滑坡泥石流型水害。地表水体型水害包括海洋水型水害,江河、湖泊、水库、沟渠型水害,塌陷区积水、塘坝水型水害,地表水诱发的滑坡、尾矿库泥石流型水害,地面生产用水型水害。地下水充水水源型水害依据充水含水层介质特征可划分为松散岩孔隙充水水源水害、基岩裂隙充水水源水害和可溶岩岩溶充水水源水害;依据充水含水层水力特征可划分为上层滞水、潜水和承压含水层充水水源水害。

人为充水水源型水害包括地下水袭夺水源型水害和矿井老空积水型水害。

(2)按可采矿层与充水含水层的彼此位置和接触关系分类。

依据矿层与充水岩层相对位置,可划分为顶板充水水源、底板充水水源和周边充水水源 3 种矿井水害类型;依据矿层与充水岩层接触关系,可进一步划分为顶板直接和间接充水水源、底板直接和间接充水水源、周边直接和间接充水水源 6 种水害类型。

(3)按矿井水害的导水通道分类。

导水通道首先可分为矿井充水天然通道和矿井充水人为通道两大类。其中天然通道型矿井水害可分为点状岩溶陷落柱通道型水害、线状断裂(裂隙)带通道型水害、窄条状隐伏露头通道型水害、面状裂隙网络（局部面状隔水层变薄区）通道型水害和地震通道型水害；人为通道型矿井水害可分为顶板冒落裂隙带通道型水害、顶板切冒裂隙带通道型水害、抽冒带通道型水害、底板矿压破坏带通道型水害、底板地下水导升带通道型水害、地面岩溶塌陷带通道型水害和封孔质量不佳钻孔通道型水害。

（4）按矿井水害的危害形式分类。

矿井水害按危害形式可分为常温水害、中高温水害和腐蚀性水害。

（5）按矿井水害造成的经济损失或人员伤亡分类。

依据矿井水害造成的人员伤亡或直接经济损失，可分为特别重大型水害、重大型水害、较大型水害、一般型水害。

（6）按矿井水害发生的时效特征分类。

按矿井水害发生的时效特性，可分为即时性水害、滞后型水害、跳跃型水害和渐变型水害。

子任务 2　矿井水灾的发生原因及预兆

技能点 1　矿井水灾事故的发生原因

（1）地面防洪、防水措施不当。防洪设施失效，或地面塌陷、裂隙未处理，使地面洪水由井筒、塌陷、裂隙进入井下造成水害。如井口标高低于最高洪水位、地面塌陷裂隙直接与冒落裂隙带沟通而未采取措施等。

（2）水文地质条件不清。因地质、水文地质资料不清，导致采掘施工揭露老窑积水区、充水导水断层、陷落柱、富含水层等造成水灾事故。

（3）设计不合理。如将井巷置于不良地质条件中或富含水层附近，导致顶底板透水事故；防隔水煤柱较小导致透水事故。

（4）施工质量低劣。由于井巷施工质量低劣导致严重塌落冒顶、跑沙、透水，或者钻孔误穿老空区、巷道，造成透水事故。

（5）乱采乱掘。破坏防隔水煤柱，造成透水事故。

（6）测量粗差。由于测量粗差，导致采掘施工揭露老窑积水区、充水导水断层、陷落柱、富含水层等造成水灾事故。

（7）在接近老窑积水区、充水导水断层、陷落柱、富含水层以及打开隔水煤柱时，未执行探放水措施盲目施工，或者虽然进行了探放水，但由于制定的措施不严密、执行不严格而造成的水灾事故。

（8）防排水设施故障。防水闸门失修或未及时关闭，供电、水泵、电机、水管发生故障不能及时排水造成水灾事故。

技能点 2　矿井透水预兆

1. 一般预兆

（1）煤层变潮湿、松软；煤帮出现滴水、淋水现象，且淋水由小变大；有时煤帮出现铁锈色水迹。

（2）工作面气温降低，或出现雾气或硫化氢气味。
（3）有时可听到水的"嘶嘶"声。
（4）矿压增大，发生片帮、冒顶及底鼓。

2. 工作面底板灰岩含水层突水预兆

（1）工作面压力增大，底板鼓起，底鼓量有时可达 500 mm 以上。
（2）工作面底板产生裂隙，并逐渐增大。
（3）沿裂隙或煤帮向外渗水，随着裂隙的增大，水量增加，当底板渗水量增大到一定程度时，煤帮渗水可能停止，此时水色时清时浊，底板活动使水变浑浊，底板稳定使水色变清。
（4）底板破裂，沿裂隙有高压水喷出，并伴有"嘶嘶"声或刺耳水声。
（5）底板发生"底爆"，伴有巨响，地下水大量涌出，水色呈乳白色或黄色。

3. 冲积层水的突水预兆

（1）突水部位发潮、滴水且滴水现象逐渐增大，仔细观察可以发现水中含有少量细砂。
（2）发生局部冒顶，水量突增并出现流砂，流砂常呈间歇性，水色时清时浊，总的趋势是水量、砂量增加，直至流砂大量涌出。
（3）顶板发生溃水、溃砂，这种现象可能影响到地表，致使地表出现塌陷坑。

4. 陷落柱与断层突水征兆

（1）与陷落柱有关的突水，一般先突黄泥水，后突出黄泥和塌陷物；断层沟通奥灰顶部溶洞的突水多是先突黄泥水，后突出大量的溶洞中高黏度黄泥和细砂或水夹泥砂同时突出；而断层沟通奥灰强含水层发生的突水，很少有突出大量黄泥的现象。
（2）与陷落柱有关的突水，来势猛、突水量大，突出物总量很大且岩性复杂；这种冲出大量突出物的现象，对断层突水来说，一般是极其少见的。
（3）与陷落柱有关的突水，塌陷物突出过程一般都是先突煤系中的煤、岩碎屑，后突奥灰碎块。在突水点附近巷道或采场的突出物剖面上，常见下部是煤、岩碎屑，上部或表面是徐灰或奥灰的碎块，突出物常表现出与地下水活动有关的特征。

上述为典型预兆，在具体突水过程中并不一定全部表现出来，应当细心观察，认真分析、判断，做到有备无患。

任务 2　矿井水害防治技术

矿山水灾事故发生的原因主要有矿区水文地质情况不清、井口位置不当、开采技术方案错误、防水措施不力及管理不善等。矿山水灾一旦发生，将使矿山生产中断，设备被淹，甚至造成人员伤亡。本任务主要学习矿井水害的防治技术，分为地面防治水和井下防治水两个部分，以期在未来的工作中能够针对矿井实际情况提出合理的防治水措施。

子任务 1　地面防治水

技能点 1　防止井筒灌水

1. 合理选择井口位置

矿井井口和工业场地内建筑物的地面标高必须高于当地历年最高洪水水位；如低于当地历年最高洪水位，必须修筑堤坝、沟渠或采取其他可靠防御洪水的防排水措施，不能采取可靠措施的，应当封闭填实该井口。

2. 挖沟排洪

地处山麓或山前平原区的矿井，因山洪或潜水流渗入井下构成水害隐患或增大矿井排水量，可在井田上方垂直来水方向布置排洪沟、渠，拦截、引流洪水，使其绕过矿区。

技能点 2　防止地表渗水和地面积水

1. 河流改道

在地形条件允许的情况下将流经煤层露头部位或浅部的河流改道到煤层露头以外或煤层埋藏深度较大（大于 $h_安$）的地段流过，达到不影响或基本不影响煤层开采的目的。但此法只能用于小型河流，对于大型河流则工程过于浩大，不宜采用。河流改道如图 5-2-1 所示。

2. 地面防渗、堵漏

在基岩裸露地区，当河流或山间沟谷局部位于煤层露头或煤层浅部之上，或者与顶板含水层有密切的水力联系时，可先将这些能产生渗漏的河段、沟段的河床、沟底加以清理和平整，然后用水泥砂浆、黏土、石块等材料对河床、沟底进行铺砌或堵塞，以防止渗漏，隔断地面水与地下的联系。这种方法对于防山间沟谷或溪流渗漏效果非常显著，但对于大型河流则难以采用。整铺河床如图 5-2-2 所示。

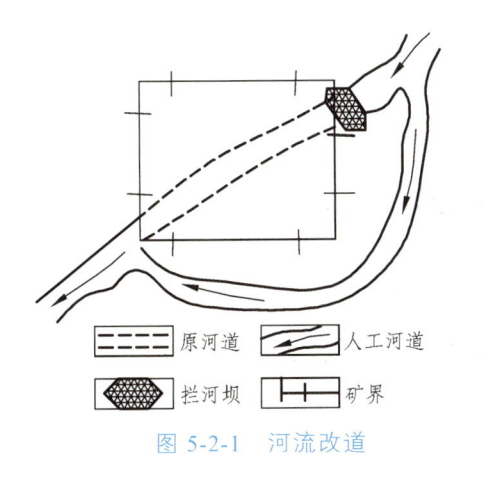

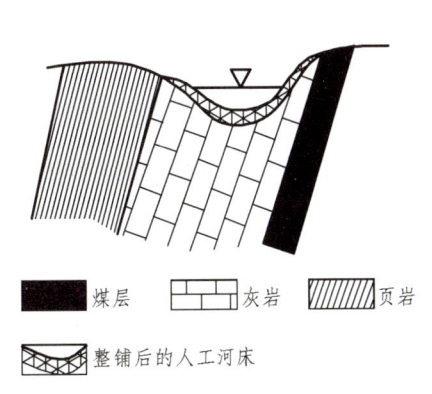

图 5-2-1　河流改道

图 5-2-2　整铺河床

如煤层顶板为岩溶含水层而且裸露于地表时，在地表封堵暗河入口及地形低凹处的开口溶洞、裂隙，以减少地表水及降水的灌入和补给，是减少矿井涌水量有效措施之一。当浅部煤层开采导致地表垮落塌陷坑时，应及时予以填堵，以免成为地表水及降水灌入井下的通道。充填塌陷坑如图 5-2-3 所示。

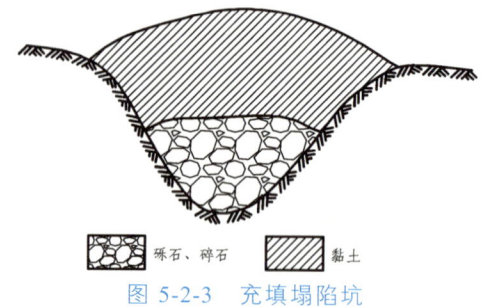

图 5-2-3　充填塌陷坑

3. 排干积水，填平洼地

如在采区导水裂隙带高度范围以内存在地面积水（如池塘、小型水泊、季节性积水洼地等），且地面积水下又无隔水的塑性黏土层时，应予以排干和填平，因为积水能沿导水裂隙带及垮落带直接灌入井下造成灾害。但对于那些位于导水裂隙带高度范围以外或其下有隔水黏土层的地面积水，以及采空区上面所出现的弯沉洼地积水，则不必排干和填平。

4. 修筑排（截）水沟（渠）

位于山麓或山前平原的矿区，雨季常有山洪或潜流等侵袭，可淹没露天矿坑、井口和工业广场，或沿采空区塌陷区、含水层露头等大量渗漏造成矿井涌水。在矿区上方特别是严重渗漏地段的上方，垂直水流方向开挖大致沿地形等高线布置的排（截）洪沟，利用自然坡度将水引出矿区。排（截）洪沟布置如图 5-2-4 所示。也可以采用防洪堤拦洪或修建水库进行蓄洪。此外，在地表容易积水的地点，修筑泄水沟渠，或者建排洪站专门排水，杜绝积水渗入井下。

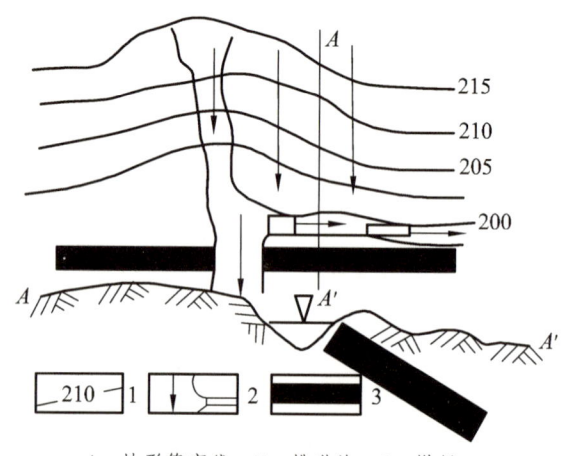

1—地形等高线；2—排洪沟；3—煤层。

图 5-2-4　排（截）洪沟布置

对于煤层顶板薄、埋藏浅的地段，地面防治水除采取上述方法外，还可以采取以下措施：

（1）井下布置防治水工程。利用井下浅部巷道或者采空区截排，增强井下排水能力，使排水能力达到抗洪标准，排出地面的井下水用管引到下游。

（2）提高支护阻力。为避免浅埋煤层薄顶板开采工作面发生溃水灾害，可以从提高支架支护阻力防止基本顶沿煤壁切落、降低采高以阻碍基本顶破断岩块的回转失稳两个方面着手；为避免降低采高造成煤炭的损失量，可以改用充填采空区来阻碍基本顶的回转失稳，而且当采空区充填满时，可以分担支架的载荷，从而不用提高或者少提高支架的支护阻力；为了避免综采工作面回采时顶板切断式垮落，对两巷采取架棚挂网、打锚索及加钢梁等加固措施，并在支架掩护梁前加土工布和铺网，以防水砂溃入。

（3）地面打孔注浆。局部基岩最薄处或者裂隙发育带实施顶板预先注浆加固改造，增强顶板抗变形能力。

（4）降低采高及加快回采速度。过河沟时，工作面回采适当降低采高，留部分顶煤，及时移架，采至河沟边缘时加快回采推进速度。在万不得已时，采取跳采搬家的办法通过河沟薄基岩地段。

任何一种防治水方法，都有一定的适应条件，既有一定的优点，也有一定的局限性，都只能在一定的条件下起到一定的作用。要想做好一个煤田、一个矿区、一个矿井以至小到一个采区的防治水工作，都必须综合研究各方面的情况和条件，做好全面规划，因地制宜地采用多种方法，有机配合。

查清水文地质条件是做好防治水工作的基础。只有对水文地质条件有比较清楚的了解，才能正确地指导防治水规划，合理地选用各种防治水方法与手段，收到事半功倍的效果。例如，要想正确地留设防水煤岩柱，就必须首先对煤层顶板至地表水体或含水层底板之间的岩性、厚度、物理力学性质、剖面结构及构造特征有清楚的了解；要想有效地超前疏干，就必须首先对含水层的岩性结构、水文地质参数、补给、排泄条件以及补给量与贮存量等有准确的资料；要想提高注浆堵水效果，就必须首先查明水文地质构造，需要注浆堵水的准确部位、宽度、深度及其岩性结构与构造特征。总之，必须坚持"先查清后防治"的原则，才能避免盲目性，取得好的效果。

子任务 2　井下防治水

技能点 1　底板灰岩水防治

我国北方和南方煤矿在开采下组煤时，普遍会面临底板中奥陶统灰岩含水层和茅口组灰岩含水层的突水隐患。底板水的防治是一个非常重要、非常复杂、难度很大、涉及面很广而又耗资巨大的问题，因此应遵循容易解决的先解决，暂难解决的往后放，等到条件成熟时再解决的一般步骤，同时要整体研究，逐块分析，因地制宜。通过长期理论研究和工程实践总结出了以下防治水措施。

1. 利用底板隔水层带压开采

我国北方的太原组煤层与中奥陶统灰岩含水层之间，南方的龙潭组煤层与茅口灰岩之间，都存在着不同厚度的隔水层或相对隔水层。对于隔水层（或相对隔水层）厚度普遍大于临界厚度值的矿区、井田或采区，无须进行任何防治底板水的工作就可以安全开采。对于隔水层厚度等于或略小于临界厚度值的矿区、井田或采区，可通过疏水降压，将下伏含水层水头压力降至临界水压值以下，也可安全开采。此项疏水降压工程一般比较简单，只需在采煤准备巷道中打可控式底板放水钻孔，进行超前降压即可安全采煤。利用底板放水孔超前降压如图 5-2-5 所示，利用疏水巷超前降压如图 5-2-6 所示。

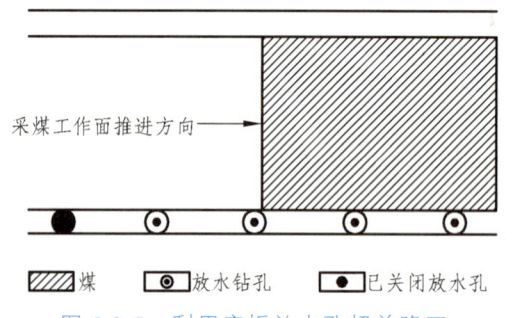

图 5-2-5 利用底板放水孔超前降压

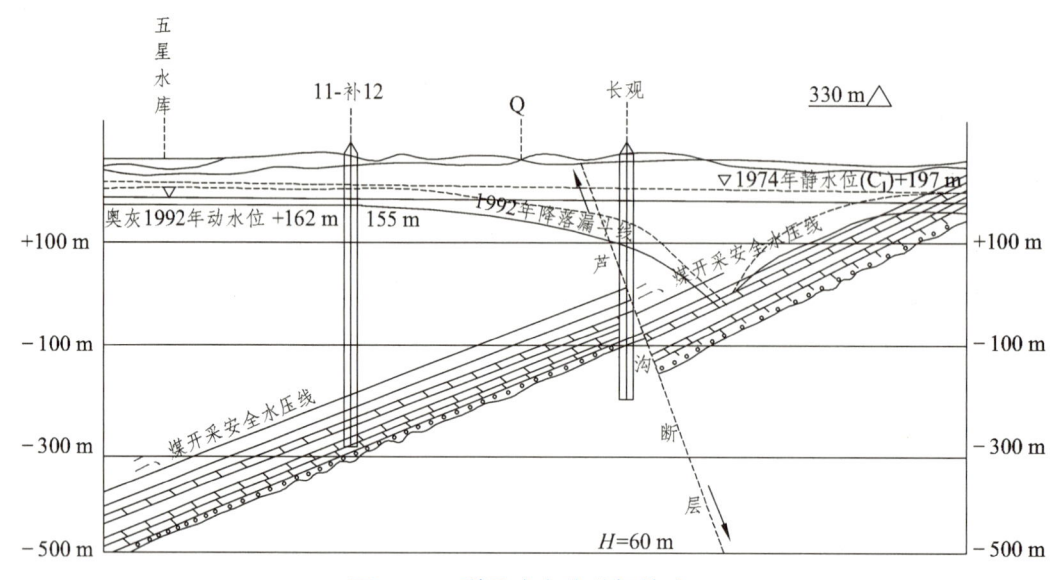

图 5-2-6 利用疏水巷道超前降压

采后（在巷道塌毁以前）将钻孔关闭，以减少排水费用。随着采煤工作面的前进，放水孔排也不断向前推移。当下伏含水层的水头压力过高（大于 4～5 MPa）时，井下放水钻孔施工就很困难，此法不宜采用。

2. 加厚和加固隔水底板

通过条件探查，确定的地质构造薄弱带如煤层底板裂隙网络构造带、滑动构造薄弱带、开拓巷道通过的构造薄弱带等，均可采取预注浆加固的办法解决因构造薄弱而发生突水的隐患。可以在地面建注浆站，将地面的浆液用管子输送到井下进行预注浆。为节约成本，注浆材料可采用黏土水泥浆。

当隔水底板厚度明显小于临界厚度值，就必须大流量大幅度降低水压，井下放水很困难或费用太高时，可用底板注浆的办法将下伏含水层顶部的岩溶、裂隙封闭，使其变为相对隔水层，以加厚隔水底板使其大于临界厚度值，从而达到安全采煤的目的。这一方法的效果，取决于事先对下伏含水层顶部的岩溶、裂隙分布情况是否有比较清楚的了解以及注浆工艺是否恰当。所以，事先宜用物探方法查明下伏含水层顶部的岩溶、裂隙分布情况，并在此基础上制定适当的注浆工艺，注浆才能达到预期的效果。

断层众多、裂隙非常发育的碎裂底板，不仅其岩体抗张强度极低，而且底板本身就是一个与下伏岩溶含水层有密切联系的裂隙含水层。煤层开采时，在水压与矿压的联合作用下，原有的含水层与导水裂隙进一步扩大，导致下伏岩溶含水层中的水大量突入矿井。对这类底板，必须采取超前探水和注浆，既可以封闭导水裂隙，又可以加大底板岩体强度，达到安全采煤的目的。值得注意的是，注浆深度必须超过矿压破坏带的深度，否则随着采煤工作面的推进，已经注浆加固的部分又会被矿压重新破坏，达不到加固的目的。

3. 利用构造切割，分区治理

当底板隔水层的厚度很薄，而下伏含水层的含水性又很强，分布也很广时，疏水降压工程势必非常浩大，甚至在技术不可行或经济上不合理。但如存在断层纵横切割，将本来分布很广的含水层分割为若干四周封闭或基本封闭的块段，情况就大为有利了。即使下伏含水层的岩溶很发育，导水性很强，也会由于补给条件差，每个块段内的水量总是有限的，可以利用这个条件，对某个或某些封闭或基本封闭的块段进行疏水降压，将收到事半功倍的效果。

4. 用注浆帷幕封堵缺口

对于那些四周大部分封闭，尚未完全封闭的块段，可用钻孔注浆，形成地下防水帷幕，以封堵缺口，使其变为全封闭的块段，然后在其中进行疏水降压，水量就会小得多，水压降低也快得多。但事先必须确切查清缺口的具体位置、宽度、深度、厚度、岩溶裂隙的发育情况及水动力条件，选择适当的注浆工艺，才能达到预期的效果。

帷幕注浆截流有很多具体技术问题尚待深入研究。例如，帷幕注浆截流工程规模一般较大，需用的钻孔和消耗的材料多，施工工期长，同时还要研究帷幕注浆截流的应用条件、效果和评价方法以及注浆过程中的有关参数的选择等。所有以上各方面研究的进展，都会把帷幕注浆截流这一矿山治水方法推向一个新的阶段。

5. 留设防水煤柱

正确留设防水煤柱是预防水害的重要措施。对于突水系数严重超限、具有突水危险又不能进行疏降开采和构造复杂地段,灰岩含水层岩溶发育、灰岩富水性强、受水威胁严重的地段也可采取留设防水煤柱的方法进行处理。当断层下降盘一侧的煤层与上升盘一侧的含水层直接接触或相距很近时,可沿断层带留设一定宽度的防水煤柱,使采煤工作面至断层的最短距离乘以强度降低率后仍大于临界厚度,即可安全开采。留设断层防水煤柱如图 5-2-7 所示。

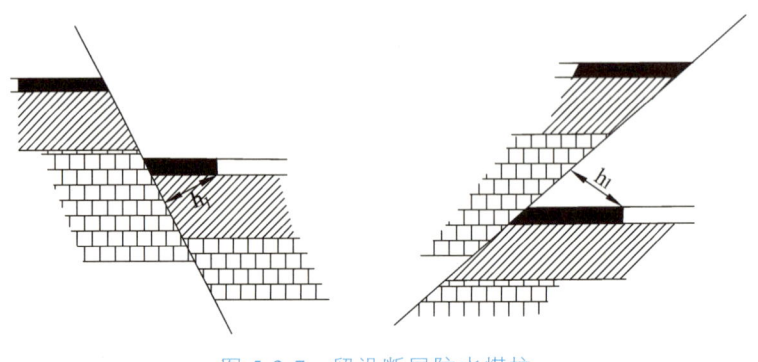

图 5-2-7　留设断层防水煤柱

6. 局部注浆止水

如底板隔水层的厚度已大于临界厚度,在正常情况下可以安全开采。当在掘进或回采中遇到了个别断层或陷落柱突水,此时可在查清断层或陷落柱的基础上,进行局部注浆止水。但必须注意,这一办法不宜用于隔水底板的正常厚度小于临界厚度时的突水。

7. 地面防渗堵漏

在煤层底板下伏岩溶含水层的露头部位,如有地面水流(河流、水渠)通过时,地面水往往大量漏失而灌入矿井。如河流水很大,漏失段不是很长时,进行河床防渗堵漏工作,往往能使矿井涌水量显著减小。此外,在有季节性水流的地段,如果存在岩溶漏斗、岩溶洼地等,在雨季往往导致地表降水大量汇入矿井,使矿井涌水量骤增。进行地面填堵工作,将会有效地减小雨季的矿井涌水量。

8. 改变采煤方法

对于隔水底板厚度较薄,突水威胁严重,而又无其他有效防治办法的矿井或采区,如改用适当的采煤方法,往往能化险为夷。例如,短壁开采、房柱式开采、砌充填带充填法采矿,都能减小矿压和提高隔水底板抵抗水压的能力;快速回采、人工放顶,则能缩短悬顶时间,避免或减少底板岩体因蠕变而降低其力学强度的危险。但短壁开采、房柱式开采会降低采煤效率,损失煤炭资源;充填法采矿会增加采煤成本。

9. 深降强排或多井联合疏降

当底板隔水层的厚度虽很薄,但下伏含水层的规模不大,补给水量有限时,可以考虑加大矿井的排水能力,进行深降强排,将下伏含水层的水头降至临界水压以下。但如果下伏含水层的分布规模较大,补给水量很丰富时,用一个矿井进行强排是无济于事的，而且经济上也不合理。此时，如无别的可供选择的防治水方法，可考虑几个矿井同时联合疏降的办法。深降强排的办法对地下水资源破坏很大，一般不宜采用，尤其缺水地区应予禁用。

在疏排水的过程中，为了预防意外的发生，还可考虑建立强有力的排水设施、设置防水闸门，并及时对险区设备进行维护，做好预警及应急措施。

技能点 2　老空（窑）水防治

积存在煤层采空区和废井巷中的水，尤其是年代久远缺乏足够资料的老窑积水，是煤矿生产建设中非常危险的水患之一。虽然老窑水一般存储量较小，只有几吨或几十吨，但一旦意外接近或溃出，往往造成人身伤亡并摧毁溃水所流经的井巷工程，造成巨大的经济损失。

老空（窑）水害的主要防治对策就是严格执行探放水制度，以根除水患。在特定条件下可先隔后放，如老窑水与地表水体或强充水含水层存在密切的水力联系，探放后可能给矿区带来长期的排水负担和相应的突水危险时，则可先行隔离，留待矿井后期处理，但隔离煤柱留设必须绝对可靠，并要注意沿煤层顶底板岩层的裂隙水绕流问题。防治老窑积水要解决好以下 7 个方面的问题。

1. 克服麻痹侥幸心理，避免疏忽大意

必须采取严肃慎重和一丝不苟的工作态度，坚持"全面分析，逐头逐面排查，多找疑点，有疑必探"的基本原则。老窑水害严重矿区的防治经验如下：

（1）探放水作业必须专人负责。

（2）有疑必探，采掘工程没有把握的情况下必须探水，如探水工作影响了采掘工程，可采取其他补救措施，但决不能放松这一工作。

（3）老窑水也不可大意，应严格按照规章制度施工，把水放出来才可生产。

2. 认真分析老窑积水的调查资料

对老窑积水资料的调查，一定要严肃认真，深入细致，确切地加以记录，并且要反复分析核实，判别可靠程度，指出疑点和问题。最后，必须依据资料的可靠程度，本着"留有余地，以防万一"的原则，在有关图纸上圈出积水线、警戒线和探水线，应用时仍要随时警惕，不能绝对化、盲目自信，而要根据现场的新情况，及时重新分析判断或补充调查。

许多实例说明，老窑积水的调查一定要全面，记录要清楚，有多少线索尽量访问多少，并且要询问清楚被访对象在现场的起止年月，当时的工种和现场情况，以便仔细分析和相互对证。对于老图纸，一定要注意核定成图或填图的截止时间，要充分估计有关误差。即使资料被认为是相当可靠，使用时也要随时警惕，不能绝对化。

3. 制定合理有效的防治对策

老窑和地方矿井多为复杂的矿区，分管安全的领导和技术负责人必须了解掌握本矿井周围的老窑积水分布情况、各片积水与本矿井各采区之间的隔离情况，并组织有

关人员编制有关图件，全盘安排开拓部署和采掘工程。简单地讲，老窑积水的主要防治方法就是探放。但放与不放，何时探放，怎样探放，这些都是值得探讨研究的课题，需要从安全生产的全局出发，根据矿井和老窑积水的具体条件，权衡利弊，作出战略性决策和安排。

4. 严密组织探水掘进

老窑积水有分散、孤立和隐蔽的特点，水体的空间分布几何形态非常复杂，往往很不确切。防治老窑积水的唯一有效手段就是探水掘进。在有足够帮距、超前距和控制密度的钻孔掩护下，掘进巷道逐步接近老窑积水，达到发现老窑积水的目的。然后利用钻孔将老窑积水放出来。但是，如果意外接近它们，老窑积水的突然溃出就会酿成水害事故。

根据积水层的赋存条件和采掘巷道的相互关系，探水钻孔必须在巷道的前方、两帮和顶底都有布置，保证有足够的掩护距离和密度，防止从探水钻孔之间漏过老窑。

5. 特别注意近探近放和贯通积水巷道或积水区

当积水位置很明确或通过探水掘进确已接近积水并进行近距离探放水时，有些问题需要特别注意。情况复杂的积水就在身边，稍有不慎，水害可能立即发生。

许多水害案例表明，近探近放积水和贯通积水巷道极不安全，必须确保积水及煤泥浆确已放尽才可行。发现近距离探到积水，必须迅速加固钻孔周围及巷道顶帮，另选安全地点，在较远处打孔放水或扫孔冲淤。通捣清淤时要制定防钻孔刷大、突然来压顶出钻杆等安全措施。

在老窑边缘，积水形状是变化多端、极不规则的，老巷或宽或窄，或高或低，可能留顶撇底，左右拐弯或多条巷道交错，可能局部冒落阻水或积存淤泥，使积水始终放不尽或重新积水。因此，在掘透老窑区时，必须在放水孔周围补打钻孔，保证在平面和剖面上都不漏掉积水巷道，各钻孔都能保证进出风，证明确无积水和有害气体后，方可沿钻孔标高以上掘透。

6. 重视自采自掘采空区废巷积水的探放

这是一个普遍问题，不能认为资料相对可靠就掉以轻心，必须做到以下几个方面：

（1）对原不积水的区域要分析重新积水的条件和可能，经常圈定积水区。

（2）要分析测绘精度和误差，注意可能少填、漏填的硐子。

（3）不过分自信，盲目进行近探近放。

7. 钻探、物探结合

老窑积水的探放，工作量很大，尤其是探水掘进耗工耗时，应该积极采用物探手段，帮助圈定积水区，减少超前探水的工作量，开展探水孔顶端的孔间透视，以减少钻孔密度。但是钻探、物探结合，必须要以钻探为主，物探资料要有钻孔验证。

技能点 3　孔隙及裂隙水防治

孔隙、裂隙水主要为煤层开采的顶板含水层水，所以，这个问题又可以转化为顶板水害的防治。

若煤层顶板受开采破坏后，"上三带"发育高度决定了对顶板含水层的破坏程度，尤其是导水裂隙带，一旦其发育高度波及范围内存在强含水层（体）时，含水层水会通过裂隙带进入采空区。当煤层顶板有含水层和水体存在时，应当观测"上三带"发育高度，进行专项设计，确定安全合理的防隔水煤、岩柱厚度。当导水裂隙带范围内的含水层水影响安全掘进和采煤时，应当超前进行钻探，待彻底疏放水后，方可进行掘进回采。

当煤层顶板至地表水体或含水层的底板之间的隔水层厚度满足不了要求时，应根据具体的水文地质条件，因地制宜地采取适应的防治水措施，才能安全开采。

1. 留设防水煤、岩柱

当煤层露头部位或浅部被地表水体、新生界含水层或逆掩断层含水推覆体等所切割或覆盖时，则煤层开采时应在煤层露头部位或浅部留设必要的防水煤、岩柱，其总厚度视具体的水文地质条件而定。

（1）在基岩裸露地区，当煤层露头部位或浅部被河流切割，且河床下缺乏或基本缺乏第四系沉积物（厚度小于 5 m），基岩风化裂隙又比较发育时，防水煤、岩柱的总厚度应满足公式 5-2-1 要求。

$$h_{安} \geq h_{裂} + h_{保} + h_{风} \tag{5-2-1}$$

式中　$h_{安}$——安全采煤所需的顶板隔水保护层厚度，m；
　　　$h_{风}$——风化裂隙带的厚度，m；
　　　$h_{裂}$——导水裂隙带的最大高度，m；
　　　$h_{保}$——导水裂隙带以上的隔水保护层厚度，m。

如风化裂隙不发育或风化裂隙带的导水性很小，不会导致河水大量进入矿井时，在防水煤、岩柱的总厚度中也可不考虑风化裂隙带，但必须考虑煤层开采后地表将会出现的张开裂隙深度。此时，防水煤、岩柱的总厚度应满足公式 5-2-2 要求。

$$h_{安} \geq h_{裂} + h_{保} + h_{张} \tag{5-2-2}$$

式中　$h_{张}$——煤层回采后地表所出现的张开裂隙深度，一般为 10 ~ 15 m。

（2）当煤层露头部位或浅部被新生界松散含水砂层、砂砾层覆盖时，不论其上有无地表水体，煤层露头部位或浅部均须留设防水煤、岩柱。如基岩风化裂隙带的导水性较强时，应用式（5-2-1）来计算防水煤、岩柱的总厚度；如基岩风化裂隙带不发育、导水性很弱时，则用 $h_{安} \geq h_{裂} + h_{保}$ 来计算防水煤岩柱的总厚度。

如新生界含水层的底部有较厚的（大于 5 m）黏土或砂质黏土层时，则此黏土或砂质黏土层可作为保护层 $h_{保}$，借以阻止其上的地表水或含水砂层、砂砾层中的水大量下渗。

用 $h_安 \geq h_裂 + h_保$ 计算防水煤、岩柱的总厚度，从而使基岩中的煤、岩柱厚度可减小到等于 $h_裂$。

如黏土层或砂质黏土层的厚度较大（30 m 以上）时，即使位于采动导水裂隙带的高度以内，也不易产生导水裂隙。即使上面有地表水或水量丰富的含水砂砾层，也不会向采区大量充水。因此，基岩中的煤、岩柱厚度可进一步减小到大于垮落带高度，即可安全开采。

（3）在逆掩断层含水推覆体下、老窑积水区下采煤时，均须留设必要的防水煤、岩柱，使采区顶板至含水推覆体的底板或老窑积水区的底部之间的隔水层厚度满足 $h_安 \geq h_裂 + h_保$ 的要求。

2. 改变采煤方法

上述垮落带高度、导水裂隙带高度、防水煤岩柱厚度及其各项计算公式，都是指采用全部垮落采矿法时的情形。如采用充填采矿法或房柱采矿法，可以不产生垮落带，导水裂隙带的高度也随之大为降低。这对防止顶板水的下灌是非常有利的。但充填采矿法的成本高，房柱采矿法的效率低、资源损失大，只有在不得已的情况下才采用。

（1）当顶板含水层距煤层顶板普遍接近，其间的隔水层厚度满足不了 $h_安 \geq h_裂 + h_保$ 的要求，且顶板含水层的水量很大，不易疏干时，改用充填法或房柱法就可以降低导水裂隙带的高度，不触动含水层的底板，从而实现安全开采。

（2）当煤层露头部位及浅部被地表水体或新生界强含水层所覆盖，煤层倾角又比较平缓，按全部垮落法采煤要求须留设的防水煤、岩柱损失煤炭资源过大时，如改用充填法或房柱法就可以大量缩短煤柱，减少资源损失。

（3）在逆掩断层含水推覆体下或老窑积水区下采煤时，为了减少资源损失和确保安全生产，必要时也可采用充填或房柱法开采。

此外，对于厚煤层还可采用分层间歇开采法，以减少垮落带和导水裂隙带的高度；对于急倾斜煤层，则可采用长走向小阶段间歇开采法，必要时还采用人工强制放顶的办法，以防止煤柱抽冒；对于那些采取了各种措施仍然难以完全解除顶板水威胁的煤层，还可以采用先远后近、先深后浅、先简单后复杂、先探后采的试探性开采方法，以及用防水闸门分区隔离的开采方法等。

3. 超前疏干

对于那些距煤层顶板很近而补给量又不太大的含水层，可先进行疏干然后回采。根据含水层的具体条件，可因地制宜地采取以下几种疏干措施。

（1）地面井群疏干。此种方法适用于含水层埋藏较浅时的情形，常用于露天疏干以及矿井局部地段的疏干或截流。其特点是疏干井排列随着采煤工作面的前进而不断向前推移或延伸，疏干效果则取决于疏干范围内含水层水位的有效降深能否达到或接近含水层的底板，残余水头能否给采煤造成危害。这就要求井排的深度不能过大（即含水层底板深度不宜过大），否则工程量过大、费用过高、疏干效果差。

（2）开凿专门疏干平巷。此法适用于某一固定部位（如露天矿的非工作帮）的疏干或断面截流。如疏干对象是松散砂层，则疏干巷道应开在砂层底板基岩中，然后用直通式过滤器或打入式过滤器疏干巷道顶部的含水砂层。如疏干对象是基岩含水层（如石灰岩），则疏干巷道可直接开凿在基岩含水层中。在条件允许时还可以利用运输巷道或通风巷道兼做疏干巷道。这种疏干方法的优点在于水位降低大、疏干效果好、管理费用低，一次建成后长期有效，且不受含水层埋藏深度的限制。缺点是一次性投资较大，且不能随着采煤工作面的推进而移动。

（3）利用采煤准备巷道超前疏干。此法适用于采区工作面的疏干。根据超前疏干时间的需要，提前掘进采煤准备巷道，在工作面前方巷道中打顶板放水钻孔群，先疏干顶板含水层，然后进行采煤。随着工作面的推进，疏干巷道和放水钻孔群也不断超前延伸。这种方法简单易行、效果可靠，费用也较低，故广泛应用于采区顶板含水层及顶板流砂层的疏干。

（4）多井联合疏干。如顶板含水层分布范围较广，补给水量较大，一井疏干难以奏效，且水量过大难以承受时，可同时开拓几个矿井，进行联合疏干，既可以取得满意的疏干效果，每个井的排水量又不至于过大。

4. 注浆堵水

注浆堵水是防治水的重要手段之一，只要选用得当，常取得良好的效果。

（1）当顶板含水层或含水层的某一区段被隔水边界基本包围呈半封闭状态，只有一个或两个宽度不大的缺口与外部联通时，可在这些缺口打密集钻孔排，灌注水泥、水泥砂浆或其他浆液材料，形成一道地下隔水帷幕，封住缺口，隔断或基本隔断区内与区外的水力联系，区内的含水层便成为"一潭死水"，易于疏干。

（2）当含水层与煤层顶板之间的相对隔水岩层的厚度已大于安全厚度 $h_安$，在正常情况下对煤层开采没有影响，但由于存在导水断裂带，使煤层开采时含水层中的水能沿断裂带进入采区。此时可在煤层开采以前从地面打钻孔，对断裂带进行注浆，以防止含水层的水进入采区。但必须注意，断裂带注浆部位必须是在采区导水裂隙带的顶部与含水层底板之间，高了不起止水作用，低了会被煤层开采后所产生的导水裂隙带或垮落带所破坏而失去其止水作用。

（3）注浆堵水的对象是溶洞或大型裂隙时，应首先大量注砂石或其他填料，然后注水泥浆胶结，以免浆液大量流失，达不到止水目的。

（4）注浆堵水工作应力争做在井下突水以前，在地下水流速不太大的情况下，浆液不易流失，易于取得成功；一旦井下突水，不仅造成损失很大，而且注浆堵水工作也将更加复杂。

作 业

1. 造成矿井水灾的水源有哪些？
2. 发生矿井水灾的原因是什么？
3. 矿井主要充水水源有哪些？

4. 矿井水害分类的依据是什么？
5. 矿井水害分为哪些类型？
6. 矿井透水有哪些预兆？
7. 地面防治水有哪些措施？
8. 井下防治水的主要措施是什么？

模块 6　冒顶片帮与冲击地压防治

本模块主要介绍了采煤工作面和掘进工作面在回采、掘进过程中产生冒顶片帮事故的类型、原理以及防范机理，在工作面回采中和巷道掘进中顶板来压的显现规律及防治内容等。

知识目标

1. 掌握矿山冒顶片帮和冲击地压的定义。
2. 掌握矿山冒顶的类型，冲击地压显现现象。

能力目标

1. 能够判断回采工作面冒顶事故类型。
2. 能够分析冒顶事故产生的原因。
3. 能够针对矿山煤层赋存条件提出预防冒顶事故发生的措施。
4. 能够分析冲击矿压产生的原因和制定相应的防治措施。

素质目标

1. 养成良好的矿山安全生产意识。
2. 提升防范重大安全风险责任担当。
3. 遵守安全法律法规的安全素质。

任务 1　认识冒顶片帮与冲击地压事故

安全是涉及人命关天的大事，人的生命是无价的，安全就是无价的。安全恩泽人民大众，安全就是为广大劳动者谋福祉，因为安全关乎生命安全、身体健康、心情愉悦、家庭幸福。安全就是效益，发生安全事故会造成人员伤亡、财产损失，给人造成极大的精神伤害和经济负担，背离了企业为社会创造经济效益和社会效益的责任，所以说，安全就是效益。而事故就是安全的天敌，在企业生产中事故的发生是有迹可循的，分析事故，发现事故发生规律，制定相应有效防范措施，可有效减少人的生命和财产损失。矿山生产主要灾害事故中，冒顶片帮事故常有发生，冲击地压事故时有发生，因此通过认识冒顶片帮和冲击地压是减少事故发生的第一环节，也是重要的一个环节。

冒顶片帮事故是指矿井、隧道、涵洞开挖、衬砌过程中，因开挖或支护不当，顶部或侧壁大面积垮塌造成伤害的事故。冒顶片帮在井巷掘进过程中经常发生，极易造成作业人员伤亡。在采矿作业中，最常见的事故是冒顶片帮，约占采矿作业事故的 40%。

冲击地压是在具有高天然应力的弹脆性岩体中存在，由于矿山生产活动或特殊的地质构造作用引起生产活动场所周围岩体中的应力高度集中，并积聚了较高的弹性应变能。当回采或巷道开掘引起周围岩体中应力超过容许极限状态时，将造成瞬间大量弹性应变能释放，产生突然剧烈破坏的动力现象造成的冒顶、片帮、底鼓、支架折损等。冲击地压多发生在深部坚硬完整的岩体中。

冒顶和冲击地压事故会造成人员压埋、砸伤等直接伤害，或造成窒息等间接伤害。也容易造成巷道堵塞使人员被困灾区。还可能造成有害气体涌出，引发爆炸、燃烧等二次事故。

随着矿山开采的深度增加，顶板、两帮、底板等方向上的矿山压力急剧增加，发生冒顶和冲击地压事故的可能性也大大增加，因此在工作面回采工程中和巷道掘进工程中，加大对顶板、两帮、底板的管理极其重要。

子任务 1　顶板事故危险性分析

技能点 1　认识顶板事故

1. 顶板分类

伪顶：这是紧贴煤层上方的较薄岩层，它们通常在采煤时随落煤面一起垮落。伪顶的厚度一般在 0.3～0.5 m，主要由页岩、炭质页岩等组成。这些岩层易于垮落，且暴露面积小，暴露时间短。

直接顶：位于伪顶或煤层（如果没有伪顶）之上的岩层，具有相对的稳定性。它们可以随支架的移动而垮落，但在回柱后会重新稳定下来。直接顶的厚度一般在 1～2 m，常见的材料包括泥岩、页岩、粉砂岩、薄层状砂岩等。

老顶（也称为基本顶）：位于直接顶之上或直接位于煤层之上的较坚硬岩层。老顶不容易垮落，因为它们的厚度较大，岩石强度较高。常见材料包括厚层状砂岩、石灰岩、砾岩等。老顶可以在采空区上方悬露一段时间，直到达到一定面积后再垮落。

2. 顶板事故分类

（1）按造成冒顶的力源及施力方向分为压垮型冒顶、漏垮型冒顶和推垮型冒顶 3 类。

① 压垮型冒顶。因支护强度不足，顶板来压时压垮支架而造成的冒顶事故。

② 漏垮型冒顶。由于顶板破碎，支护不严而引起的顶板岩石冒落的冒顶事故。

③ 推垮型冒顶。因复合型顶板条件下或大块游离顶板作用使大量支架倾斜而造成的冒顶事故。

（2）按冒顶的范围分为局部冒顶和大型冒顶 2 类。

① 局部冒顶。指顶板冒落范围不大，伤亡人数不多的冒顶。实际生产中局部冒顶的次数远大于大型冒顶，约占采面顶板事故的 70%，危害也较大。

② 大型冒顶。指冒顶范围较大，伤亡人数多，而且来势凶猛，处理起来难度较大的冒顶。

技能点 2　顶板事故发生的原因及危害

1. 冒顶原因

井下采掘工作面发生冒顶的原因很多，也很复杂。但总的来说主要分为客观原因和主观原因两方面。

1）客观原因

① 采煤过程中因围岩应力重新分布、采煤方法选择不当和巷道布置位置不合理，所需支承压力大于支护的支撑力，从而造成顶板垮落冒顶事故。

② 工作面遇到突然出现的地质构造，在按规章制度作业情况下，因设计时资料不全，也可能会发生冒顶现象。如采煤工作面出现小断层，工作中没注意分析与观察，采取通常的支护方法往往发生冒顶事故。

2）主观原因

① 采掘工作规格质量低劣。作业时不坚持敲帮问顶，发现隐患不及时排除；控顶距离掌握不当；空顶作业；违章放炮；冒险回柱作业。

② 管理不善。煤矿生产管理不同于其他行业，井下生产条件随时有所变化，生产管理者不深入现场，不带班作业，不严格按三大规程办事，盲目开采、违章指挥、纪律松弛等，常常会造成事故。

2. 矿井顶板事故危害

矿井顶板事故发生的频次高、发生的危害影响大，不仅造成人的生命伤亡，对企业正常生产也造成较大影响。危害表现为以下 4 个方面：

① 无论是局部冒顶还是大型冒顶，事故发生后，一般都会推倒支架、埋压设备，造成停电、停风，给安全管理带来困难，对安全生产不利。

② 如果是地质构造带附近的冒顶事故，不仅给生产造成麻烦，而且有时会引起透水事故的发生。

③ 在有瓦斯涌出区附近发生冒顶事故将伴有瓦斯的突出，易造成瓦斯事故。

④ 如果是采掘工作面发生冒顶事故，一旦人员被堵或被埋，将造成人员伤亡。

子任务 2　冲击地压事故危险性分析

技能点 1　认识冲击地压

1. 冲击地压分类

冲击地压可根据应力状态、显现强度、震级强度和抛出的煤量和发生的不同地点和位置进行分类。

1）根据原岩（煤）体的应力状态分类

① 重力应力型冲击地压。主要受重力作用，没有或只有极小构造应力影响的条件

下引起的冲击地压。如枣庄、抚顺、开滦等矿区发生的冲击地压。

② 构造应力型冲击地压。主要受构造应力（构造应力远远超过岩层自重应力）的作用引起的冲击地压，如北票矿务局和天池煤矿发生的冲击地压。

③ 重力构造型冲击地压。主要受重力和构造应力的共同作用引起的冲击地压。

2）根据冲击的显现强度分类

① 弹射。一些单个碎块从处于高应力状态下的煤或岩体上射落，并伴有强烈声响，属于微冲击现象。

② 矿震。它是煤、岩内部的冲击地压，即深部的煤或岩体发生破坏，煤、岩并不向已采空间抛出，只有片帮或塌落现象，但煤或岩体产生明显震动，伴有巨大声响，有时产生煤尘。较弱的矿震称为微震，也称为煤炮。

③ 弱冲击。煤或岩石向已采空间抛出，但破坏性不大，对支架、机器和设备基本上没有损坏；围岩产生震动，一般震级在 2.2 级以下，伴有很大声响；产生煤尘，在瓦斯煤层中可能有大量瓦斯涌出。

④ 强冲击。部分煤或岩石急剧破碎，大量煤或岩石向已采空间抛出，出现支架折损、设备移动和围岩震动，震级在 2.3 级以上，伴有巨大声响，形成大量煤尘和产生冲击波。

3）根据震级强度和抛出的煤量分类

① 轻微冲击：抛出煤量在 10 t 以下，震级在 1 级以下的冲击地压。

② 中等冲击：抛出煤量在 10 ~ 50 t 以下，震级在 1 级 ~ 2 级的冲击地压。

③ 强烈冲击：抛出煤量在 50 t 以上，震级在 2 级以上的冲击地压。

4）根据发生的地点和位置分类

① 煤体冲击。发生在煤体内，根据冲击深度和强度又分为表面、浅部和深部冲击。

② 围岩冲击。发生在顶底板岩层内，根据位置有顶板冲击和底板冲击。

2. 我国煤矿冲击地压特征

（1）突发性。发生前一般无明显前兆，冲击过程短暂，持续时间为几秒到几十秒。

（2）一般表现为煤爆（煤壁爆裂、小块抛射）。浅部冲击（发生在煤壁 2 ~ 6 m 范围内，破坏性大）和深部冲击（发生在煤体深处，声如闷雷，破坏程度不同）。最常见的是煤层冲击，也有顶板冲击和底板冲击，少数矿井发生了岩爆。在煤层冲击中，多数表现为煤块抛出，少数为数十平方米煤体整体移动，并伴有巨大声响、岩体震动和冲击波。

（3）具有破坏性。往往造成煤壁片帮、顶板下沉、底鼓、支架折损、巷道堵塞、人员伤亡。

（4）具有复杂性。在自然地质条件上，除褐煤以外的各煤种，采深从 200 ~ 1 000 m，地质构造从简单到复杂，煤层厚度从薄层到特厚层，倾角从水平到急斜，顶板包括砂岩、灰岩、油母页岩等，都发生过冲击地压；在采煤方法和采煤工艺等技术条件方面，不论水采、炮采、普采或是综采，采空区处理采用全部垮落法或是水力充填法，是长壁、短壁、房柱式开采或是柱式开采，都发生过冲击地压。只是无煤柱长壁开采法冲击次数较少。

技能点 2　冲击地压发生的原因及危害

1. 冲击地压发生的原因

很多学者认为冲击地压成因和机理是由于三向高应力的作用，使周围岩体积聚有大量弹性能和部分岩体接近极限平衡状态。当采掘工作接近到这些地方时或由于爆破等外部原因使其力学平衡状态破坏时，煤体或岩体发生脆性破坏，积聚的能量突然释放，其中大部分能量转变为动能，因而产生冲击性的动力现象。

冲击地压发生时的原因是多方面的，但从总的来说可以分为三类，即自然因素、技术因素和组织管理因素。

（1）自然因素。煤层赋存状态中上覆岩层的应力影响、上覆岩层中的厚岩层影响及煤层自身冲击倾向性影响。

（2）技术因素。由于采掘过程造成的局部应力集中、生产过度集中、防治措施不科学、开采过度等因素影响。

（3）组织管理因素。在生产过程中不重视造成无投资或投资不到位、制定的防治措施执行不到位、培训不到位等因素影响。

2. 冲击地压发生的危害

冲击地压产生对回采工作面或巷道危害较大，主要体现在以下 5 个方面。

（1）严重损坏巷道，瞬间使巷道断面收缩变小，损坏支架，严重时使巷道顶底板合拢。

（2）损坏设备，在冲击地压发生瞬间，使设备颠覆移位、损坏变形。

（3）摧毁通风设施，强大的冲击波会摧毁风门和掘进工作面的风筒。

（4）造成人员伤亡，人员大部分受撞击、冲击波和埋没伤害。

（5）可能引发瓦斯突出、爆炸等次生事故。

任务 2　采煤工作面冒顶片帮事故预防

采煤工作面是指煤炭的第一生产现场，具有作业空间狭小、机械设备多、视觉环境差、温度高的特点，其安全事故频发，严重影响了整个煤矿的安全管理工作，是煤矿安全管理工作中的重点区域。随着开采工艺发展，采煤工作面回采空间越来越大，回采上方矿山压力作用在回采支护设备的应力也越来越大，发生冒顶事故的概率也相应增加，因此做好采煤工作面顶板管理，避免在工作面发生冒顶片帮事故尤为重要。

子任务 1　工作面局部冒顶事故防治技术

技能点 1　局部冒顶预兆

大多数情况下，回采工作面由于压力的增大，顶板岩石开始下沉，发生冒顶前都有一些预兆，主要体现为以下 8 个方面。

（1）顶板破裂严重时，出现顶板掉渣。掉渣越多，说明顶板压力越大。

（2）煤体压软，片帮煤增多。

（3）发出响声，岩层下沉断裂。顶板压力急剧增大时，木支柱会发出劈裂声，出现折梁断柱现象；金属支柱的活柱急速下缩，也发出很大响声；铰接预梁的楔子被挤；底板松软时，支柱钻底严重；有时能听到采空区顶板断裂垮落时发出的闷雷声。

（4）裂缝变大，顶板裂隙增多。

（5）有淋水的采煤工作面，顶板淋水有明显增加。

（6）顶板出现离层，用"问顶"方式试探顶板。例如，顶板发出"咚咚"声，说明顶板岩层之间已经离层。

（7）在含瓦斯煤层中，瓦斯涌出量会突然增大。

（8）破碎的伪顶或直接顶有时会因背顶不严或不牢固出现漏顶现象。漏顶后，会造成支架托空而出现松动，引发冒顶。

技能点 2　局部冒顶防治技术

1. 预防普采工作面局部冒顶的措施

（1）采用能及时支护悬露顶板的支架，如正悬臂交错顶梁支架、正倒悬臂错梁直线柱支架等，提高支架的初撑力，在金属网下，可以采用长钢梁对棚迈步支架。

（2）炮采时，炮眼布置及装药量应合理，尽量避免崩到支架。

（3）尽量使工作面与煤层的主要节理方向垂直或斜交，避免煤层片帮。煤层一旦片帮，应掏梁窝超前支护，防止冒顶。

2. 预防综采工作面的局部冒顶的预防措施

（1）支架设计上，采用长侧护板，整体顶梁及内伸缩式前梁，增大支架向煤壁的方向的水平推力，提高支架的初撑力。

（2）工艺操作上，采煤机过后，及时伸出伸缩梁，及时擦顶带压移架，顶梁的俯视角不超过 7°。

（3）当碎顶范围较大时（比如过断层破碎带等），则应对破碎直接顶注入树脂类黏结剂使其固化，以防止冒顶。

3. 预防放顶线附近局部冒顶的措施

（1）加强地质及观察工作，记载大岩块的位置及尺寸。

（2）在大岩块范围内用木垛等加强支护。

（3）当大岩块沿工作面推进方向的长度超过一次放顶步距时，在大岩块的范围内要延长空顶距。

（4）待大岩块全部处在放顶线以外的采空区时，再用绞车回木支柱。

4. 预防采场两端局部冒顶的措施

（1）为预防采区两端发生漏冒，可在机头机尾处各应用四对一梁三柱的钢梁抬棚支护，每对抬棚随机头机尾的推移迈步前移：托住原巷道支架的棚梁。此外，在采场两端还可以采用十字铰接顶梁支护系统以防漏冒。

（2）在超前工作面 10 m 以内巷道支架应加中心柱：超前工作面 10~20 m，巷道支架应加单中心柱，以预防冒顶。

5. 预防地质破坏带附近局部冒顶措施

（1）为预防这类顶板事故，应在断层两侧加设木架，并迎着岩块可能滑下的方向支设戗棚或戗柱。

（2）对于有些综采，高档普采和普采工作面，采煤过程中，煤壁的前方顶板和煤层特别破碎，为保证正常割煤，不漏矸石，可采用全木楔式木锚杆。

（3）当断层的顶板特别破碎，用锚杆锚固的效果不佳时，可采用注入法，将较多的树脂注入大量的煤岩裂隙中，进行预加固。

子任务 2　工作面大型冒顶事故防治技术

技能点 1　大型冒顶事故预兆

1. 顶板的预兆

（1）顶板连续发生断裂声。这是由于直接顶和老顶发生离层，或顶板切断而发生的声响。有时采空区顶板发生像闷雷一样的声音，有人叫"板炮"，这是老顶板和上方岩层产生离层或断裂的声音。

（2）掉渣。顶板岩层破碎下落，一般由少变多，由稀变密，在人工假顶下，掉下的碎矸石和煤渣更多（俗称"煤雨"），这是发生冒顶的危险信号。

（3）顶板裂缝增加或裂隙张开。顶板的裂隙，一种是地质构造产生的自然裂隙，一种是由于顶板下沉产生的采动裂隙。有经验的老工人说："流水的裂缝有危险，因为它深；缝里有煤泥、水锈的不危险，因为它是老缝；茬口新的有危险，因为它是新生的。"人们常常在裂缝中插上木楔子，看它是否松动或掉下来，观察裂缝是否扩大，以便做出预报。

（4）脱层。顶板快要冒落的时候，往往出现脱层现象，检查顶板是否脱层可用"问顶"的方法，如果声音清脆，表明顶板完好；如果顶板发出"空空"的声响声，说明上下岩层之间已经脱离。

2. 煤壁的预兆

由于冒顶前压力增加，煤壁受压后，煤质变软，片帮增多，使用电钻打眼时，钻眼省力，用采煤机割煤时负荷减少。

3. 支架的预兆

使用木支架时，支架折断、压劈并发出声音；使用金属摩擦支柱时，活柱急剧下缩并发出强烈的金属摩擦声，大量柱锁变形、柱体被压坏；使用单体液压支柱时，大量支柱的安全阀自动放液，损坏的支柱比平时大量增加。

工作面使用铰接顶梁时，损坏的顶梁比平时大量增加，大量的扁销子被挤出。

底板松软或底板留有底矸石，丢底煤时，支柱会被大量压入底板。

4. 工作面其他预兆

含有瓦斯的煤层，冒顶前瓦斯涌出量突然增大。有淋水的顶板，淋水量增加。

技能点 2　大型冒顶事故防治技术

1. 预防基本顶支架冒顶事故措施

（1）提高单体液压支柱的初撑力和刚度。如果单体支柱初撑力小、刚度差，易导致煤层复合顶板离层，使采煤工作面支架不稳定，因此，提高单体液压支柱的初撑力和刚度。

（2）提高支架的稳定性。煤层倾角大或在工作面倾斜推进时，为防止顶板沿倾斜方向滑动推倒支架，应采用斜撑、抬棚、木垛等特种支架来增加支架的稳定性。在摩擦支柱和金属铰接顶梁采面时，用拉钩式连接器把每排支柱从上工作面端头至下端头连接起来，形成稳定的整体支架。

（3）严格控制采高。开采厚煤层第一分层要控制采高，使直接顶冒落后破碎膨胀能充满采空区。这种措施的目的在于堵住冒落大块岩石的滑动。

（4）采煤工作面初采时不要反向开采。有的矿为了提高采出率，在初采时向相反方向采几排煤柱，如果是复合顶板，开切眼处顶板暴露日久，易离层断裂，当在反向推进范围内初次放顶时，很容易在原开切眼诱发推垮型冒顶事故。

（5）掘进回风、运输巷时不得破坏复合顶板。挑顶掘进回风、运输巷，就破坏了复合顶板的完整性，易造成推垮型冒顶事故。

（6）高压注水和强制放顶。对于坚硬难冒顶板可以用微振仪、地音仪和超声波地层应力仪等进行监测，做好来压预报，避免造成灾害。具体可以采用顶板高压注水和强制放顶等措施来改变岩体的物理力学性质，以减少顶板悬漏及冒落面积。

（7）加强矿井生产地质工作，加强矿压预测报告。此外，还可以改变工作面推进方向，如采用伪俯斜开采，防止推垮型大冒顶。

2. 预防基本顶来压时的压垮型冒顶事故的措施

（1）开采支架的初撑力，应能保证直接顶与基本顶之间不离层。

（2）采场支架的可缩量，应能满足裂隙带基本顶下沉的要求。

（3）普采工作面遇到平行工作面断层时，在断层范围内要加强工作面支护（最好用木垛），不得采用正常办法回柱。

（4）采场支架的支撑力，应能平衡垮落带直接顶及基本顶岩层的质量。

（5）普采要扩大控顶距，并用木支柱替换金属支柱，待断层进到采空区再回柱。

（6）遇到平行工作面断层时如果工作面支护是单体支柱，当断层刚露出煤壁时，在断层范围内就要及时加强工作面支护（最好用木垛），不得采用正常回柱法，要扩大控顶距，并用木支柱替换金属支柱，待断层进到采空区再回柱；如果工作面支护是液压自移支架，若支架的工作阻力有较大的富余，则应考虑使工作面与断层斜交或在采空区挑顶的措施过断层。

3. 预防厚层难冒顶板大面积冒顶事故的措施

（1）顶板高压注水。从工作面平巷向顶板打深孔，进行高压注水，注水泵最大压力 15 MPa。顶板注水可弱化顶板和扩大岩层中的胶结物和部分矿物，削弱层间黏结力；高压水可以形成水楔，扩大和增加岩石的裂隙与弱面。因此注水后岩石的强度将显著降低。

（2）强制放顶。所谓强制放顶，就是用爆破的方法（主要有三种方法：平行工作面深孔强制放顶、钻孔垂直工作面的强制放顶、超前深孔爆破预松顶板的强制放顶）人为地将顶板切断，使顶板冒落一定厚度形成矸石垫层。切断顶板可以控制冒落面积，减弱顶板冒落时产生的冲击力，形成矸石垫层则可以缓和顶板冒落时产生的冲击波暴风。为了形成垫层，挑顶的高度可按形成垫层的厚度进行计算。据大同矿区的实践经验，采空区中矸石充满程度达到采高和挑顶厚度之和的 2/3，就可以避免过大的冲击载荷，防止形成暴风。

强制放顶方法主要有：在工作面内向顶板放顶线进行钻孔爆破放顶；对于综采工作面，由于在工作面内无法设置钻顶板炮眼的设备，可分别在上下平巷内向顶板打深孔，在工作面未采到以前进行爆破，预先破坏顶板的完整性；对于历史上有大面积冒顶的地区，目前又无法从井下采取措施时，可在采空区上方的地面打垂直钻孔，达到已采区顶板的适当位置，然后进行爆破，将悬漏的大面积顶板崩落。

4. 复合顶板推垮型冒顶的预防措施

（1）应用伪俯斜工作面，并使垂直工作面方向的向下倾角达 4~6°。

（2）掘进上、下顺槽时，不破坏复合顶板。

（3）工作面初采时，不要反推。

（4）控制采高，使软岩层冒落后能超过采高。

（5）尽量避免上、下与工作面斜交。

（6）灵活地应用戗柱、戗棚，使他们迎着岩块六面体可能推移的方向支设。

（7）在开切眼附近的空顶区内，系统地布置树脂锚杆。但是在采用这个措施时，应考虑采场中打锚杆钻孔的可能性，以及顶板硬岩折断垮落时，由于没有以垮落软岩层作垫层，来压是否过于强烈。

在使用摩擦支柱和金属铰接顶梁的采煤工作面中，用拉钩式连接器把每排支柱从工作面上端至下端连接起来。由于在走向上支架已由铰接顶梁连成一体，这就在采场中组成了一个稳定的可以阻止六面体下推的整体支架。必须提高单体支柱的初撑力，使初撑力不仅能支撑住顶板下位软岩层下滑，从而也能保证支架本身的稳定。

5. 金属网上推垮型冒顶的预防措施

（1）回采下分层时，用内错式布置切眼，避免金属网上碎矸之上存在空隙。

（2）提高支柱初撑力，增加支架稳定性，防止发生高度超过 150 mm 的网兜。

（3）用整体支架增加支护的稳定性。例如，金属支柱铰接顶梁加拉钩式连接器的整体支护，以及金属支柱铰接顶梁加倾斜木梁对接棚子的整体支护，以及金属支柱与十字铰接顶梁组成的整体支护。

（4）采用伪俯斜工作面，增加抵抗下推的阻力。

（5）初次放顶时，要把金属网下放到底板。

任务 3　巷道冒顶片帮事故预防

巷道掘进破岩后，顶部存在将与岩体失去联系的岩块，如果支护不及时，该岩块可能与岩体失去联系而冒落；掘进迎头处已支护部分的顶部存在与岩体完全失去联系的岩块，一旦支护失效，就会冒落造成事故。在生产矿井中，巷道发生冒顶事故常有发生，因此加强巷道支护管理，预防发生冒顶事故尤为重要。

子任务 1　掘进工作面顶板事故防治技术

技能点 1　掘进工作面顶板事故预兆

掘进工作面发生顶板冒落前都有一些预兆，主要体现为以下 7 个方面。

（1）发出响声：岩层下沉断裂，顶板压力急剧加大时，会发出劈裂声，金属顶柱会发生变形，如使用木顶柱则因变形弯曲会发出很大声响。

（2）掉渣：顶板严重破裂时，出现顶板掉渣，掉渣越多说明顶板压力越大。

（3）片帮增多：因巷道两帮所受压力增加，片帮现象比平时要多而且会出现帮锚杆绷断，两帮内移量增大现象。

（4）顶板裂缝：顶板有裂缝，并随着顶板压力的加大裂缝增多。

（5）顶板出现离层：检查顶板时，如果声音清脆表明顶板完好；顶板发出"空空"的声音说明顶板上下层之间已经脱离。伴随着顶板离层常出现顶板锚杆折断、托盘破裂、锚索断丝失效，顶板下沉现象发生。

（6）有淋水：顶板的淋水量有明显增加。

（7）瓦斯涌出量加大：富含瓦斯的煤层顶板，冒落前瓦斯涌出量会增加。

技能点 2　预防掘进工作面冒顶事故的措施

（1）掘进工作面严禁空顶作业，严格控制空顶距。当掘进工作面遇到断层、褶曲等地质构造破坏带或层理裂隙发育的岩层时，棚子支护时应紧靠掘进工作面，并缩小棚距，在工作面附近应采用拉条等手段将棚子连成一体，防止棚子被推垮，必要时打中柱。

（2）严格执行敲帮问顶制度，危石必须挑下，无法挑下时应采取临时支撑措施，严禁空顶作业。

（3）掘进工作面冒顶区及破碎带必须背严接实，必要时要挂金属网防止漏空。

（4）掘进工作面炮眼布置及装药量必须与岩石性质、支架与掘进工作面距离相适应，以防止因爆破而崩倒架子。

（5）采用前探掩护式支架，使工人在顶板有防护的条件下出渣、支棚腿，以防止冒顶伤人。

（6）根据顶板条件变化，采取相应的支护形式，并应保证支护质量。架棚支护冒顶区及破碎带必须背严接实，必要时要挂网，防止漏空。

子任务 2　巷道交叉处冒顶事故防治技术

技能点 1　巷道交叉处冒顶原因

巷道交叉点是指巷道相交或分岔的地点，是井下巷道的重要组成部分。交叉点位置巷道的断面尺寸增大，巷道周围外力作用急剧增大，在交叉点位置发生冒顶事故的概率也增加，因此加强对交叉点位置的顶板管理极其重要。

交叉点位置发生冒顶原因主要体现以下 4 个方面：

1. 巷道设计不合理

巷道交叉处是矿井巷道系统中的复杂部分，如果设计不合理，交叉点附近容易形成应力集中区，加重了冒顶事故发生的可能性。

2. 巷道支护不到位

交叉处处于巷道系统的交叉点，是巷道支护工作最复杂的部分之一、如果支护材料的质量不过关，或者是支护措施不完善，都会使得交叉处的巷道冒顶风险增加。

3. 巷道周围岩层不稳定

巷道交叉处往往是地质构造改变较为明显的地方，如果附近岩体地质条件不好或存在断层、脉石等特殊地质环境，则会增加冒顶事故发生的可能性。

4. 采煤工艺不合理

巷道交叉处的冒顶事故与采煤工艺也有一定的关系。如果对于交叉处没有采取相应的采煤工艺措施，比如合理的煤柱留设、合理控制采高等，都会使得交叉处的巷道冒顶风险增加。

技能点 2　预防巷道交叉处冒顶的措施

加强巷道支护，科学管理，积极做好巷道交叉处冒顶防治措施。

1. 合理设计巷道

巷道交叉处的冒顶风险可以通过合理设计来降低。设计时要考虑地质条件、岩体稳定性等因素，避免形成应力集中和弱面等地质构造。

2. 加强巷道支护

巷道支护是防止冒顶事故的重要措施之一，采用符合规范要求的支护材料和技术，如钢架支护、锚杆锚索等，确保巷道支护质量，提高巷道的稳定性。

3. 定期检测巷道稳定性

定期进行巷道稳定性检测，发现问题及时进行维修和加固。检测方法可以采用现场勘探、地质雷达等技术手段，对巷道周围岩体进行精确测量和分析。

4. 采取合理的采煤工艺

采煤工艺对冒顶事故的发生有一定的影响。应根据实际情况采取合理的采煤措施，采取留设煤柱、合理控制采高等措施，减少冒顶风险。

5. 培训与管理

加强职工培训，提高员工对冒顶事故的认识和防范意识，增强其安全意识和自我保护能力。同时，加强巷道交叉处的日常管理工作，定期检查安全隐患，确保各项安全措施的有效实施。

总之，巷道交叉处冒顶事故的发生与巷道设计、巷道支护、岩层稳定性和采煤工艺等因素有关。预防巷道交叉处冒顶事故需要全面考虑各个方面的因素，并采取相应的预防措施。加强巷道支护、合理设计巷道、定期检测巷道稳定性、合理采取采煤工艺以及加强员工培训与管理等，可以有效降低冒顶事故的发生风险，提高矿井安全生产水平。

子任务 3　支架支护巷道冒顶事故防治技术

技能点 1　支架支护巷道冒顶原因

支架支护巷道冒顶事故是指在地下巷道中，由于地质条件、支护结构失效或不当施工等因素，导致巷道顶部岩石或煤层冒落，引发事故。这是地下工程中的一种常见事故类型，对工作人员和安全生产造成极大威胁。冒顶原因主要体现为以下 3 点。

（1）压垮型冒顶是因巷道顶板或围岩施加给支架的压力过大，损坏了支架，从而导致巷道顶部已破碎的岩块冒落。

（2）漏垮型冒顶是因无支护巷道或支护失效（非压坏）巷道顶部存在游离岩块，这些岩块在重力作用下冒落，造成事故的发生。

（3）推垮型冒顶是因巷道顶帮破碎岩石，在其运动过程中存在平行巷道轴线的分力，如果这部分巷道支架的稳定性不够，可能被推倒而发生冒顶。

技能点 2　预防支架支护巷道冒顶事故的措施

（1）巷道应布置在稳定的岩体中，并尽量避免采动的不利影响。

（2）巷道支架应有足够的支护强度以抗衡围岩压力。

（3）巷道支架所能承受的变形量，应与巷道使用期间围岩可能的变形量相适应。

（4）尽可能做到支架与围岩共同承载。支架选型时，尽可能采用有初撑力的支架；支架施工时要严格按工序质量要求进行，并特别注意顶与帮的背严接实问题，杜绝支架与围岩间的空顶与空帮现象。

（5）凡因支护失效而空顶的地点，重新支护时应先护顶，再施工。

（6）巷道替换支架时，必须先支新支架，再拆老支架。

（7）锚喷巷道成巷后要定期检查危岩并及时处理。

（8）在易发生推垮型冒顶的巷道中提高巷道支架的稳定性，可以在巷道的架棚之间严格地用拉承件连接固定，增加架棚的稳定性，以防推倒。

此外，在掘进工作面 10 m 内，断层破碎带附近各 10 m 内，巷道交叉点附近各 10 m 内，冒顶处附近各 10 m 内，都是容易发生顶板事故的地点，巷道支护必须适当加强。

任务 4　冲击地压事故防治

煤矿在开采过程中，在高应力状态下，积聚着大量能量的煤岩体，在特定条件下突然发生破坏，而使能量突然释放。冲击地压现象是一种以急剧、猛烈破坏为特征的矿山压力动力现象。冲击地压常伴有很大的声响，岩体震动和冲击波，在一定的范围内可以感到地震，有时向采空空间抛出大量的碎煤或岩块，形成很多煤尘，有时还释放出大量的瓦斯，常导致巷道遭到破坏，设备移动和空间被堵塞。

子任务 1　冲击地压预测

技能点 1　冲击地压的影响因素

1. 开采深度

据统计，开采深度越大，冲击地压发生的可能性越大，一般在开采深度≤350 m 不发生冲击地压，350～500 m 在一定程度上危险逐步增加，从 500 m 开始，随开采深度增加，冲击危险性急剧增长。全国各大煤矿首次发生冲击地压的深度在 200～600 m，如抚顺胜利矿在 300 m 深时发生冲击地压，老虎台矿在 -225 m 水平时，出现轻度冲击地压，到 -580 m 水平时发生破坏性冲击地压，因此冲击地压是受开采深度直接影响的。

2. 顶板、岩层结构特点

厚度大的坚硬岩层顶板发生冲击地压的可能性很大，并且容易引起较大强度的冲击地压。因为采空区形成的大面积悬顶在垮落时，释放的弹性能较大。

3. 煤的力学性质

（1）在一定的围岩与压力条件下，任何煤层中的巷道或工作面均有可能发生冲击地压。

（2）煤的强度越高，引发冲击地压所要求的力越小。

（3）煤的冲击倾向性、煤的湿度增加后，强性减小，塑性增强。

4. 构造影响

在地质构造带中存有一部分地壳运动时残余应力的构造应力场，煤矿中常有断层、褶曲和局部异常（底板凸起、顶板下陷、煤层分岔、变薄、变厚等现象）等构造带，构造应力场大多都是以弹性能储存在地质构造带，因此冲击地压经常发生在这些构造应力集中的区域。地质构造带的构造应力场，积聚有巨大的弹性变形能，在其附近的巷道及工作面极易发生冲击地压。

5. 开采技术因素影响

冲击地压的影响因素除地质因素外，开采条件和生产技术也是重要的影响因素，主要体现为以下 5 点：

（1）上覆煤层停采线形成的应力集中将影响下分层开采。

（2）采空区，接近采空区前 20～30 m。

（3）接近老巷 15 m 左右范围。

（4）开采区域面积为 3 公顷（30 000 m²）时，危险最大。

（5）孤岛、半岛煤柱。

在护巷煤柱两侧及区间煤柱中掘进，由于应力叠加，形成高应力区，极易发生冲击地压。掘进巷道贯通前 5～10 m 的前方煤柱应力增高，也容易发生冲击地压。

技能点 2　冲击地压的预测方法

1. WET 法

该方法是波兰采矿研究总院提出的，用于测定煤层冲击倾向。WET 为弹性能与永久变形消耗能之比。波兰采矿研究总院规定：WET>5 为强冲击倾向；2<WET<5 为弱冲击倾向；WET<2 为无冲击倾向。该方法虽存在一些不足之处，但基本适于我国情况，可作为煤层冲击倾向鉴定指标之一。

2. 弹性变形法

它是用于测定冲击地压的方法。即在载荷不小于强度极限 80% 的条件下，用反复加载和卸载循环得到的弹性变形量与总变形量之比（K），作为衡量冲击倾向度的指标。当 $K \geq 0.7$ 时，有发生冲击地压的危险。

3. 煤岩强度和弹性系数法

该方法是用煤岩的单向抗压强度或弹性模量的绝对值，作为衡量冲击倾向度的指标。这种方法较为简单，经常用作辅助指标。其指标的界限值必须根据各矿井的试样进行试验确定。我国《煤矿安全规程》中规定："开采冲击地压煤层时，冲击危险程度和采取措施后的实际效率，可采用钻粉率指标法、地音法、微震法等方法确定。"

1）钻粉率指标法

钻粉率指标法又称为钻粉率指数法或钻孔检验法。它是用小直径（42~45 mm）钻孔，根据打钻不同深度时排出的钻屑量及其变化规律来判断岩体内应力集中情况，鉴别发生冲击地压的倾向和位置。在钻进过程中，在规定的防范深度范围内，出现危险煤粉量测值或钻杆被卡死的现象，则认为具有冲击危险，应采取相应的解危措施。

2）地音、微震监测法

岩石在压力作用下发生变形和开裂破坏过程中，必然以脉冲形式释放弹性能，产生应力波或声发射现象。这种声发射亦称为地音。显然，声发射信号的强弱反映了煤岩体破坏时的能量释放过程。由此可知，地音监测法的原理是，用微震仪或拾震器连续或间断地监测岩体的地音现象。根据测得的地音波或微震波的变化规律与正常波的对比，判断煤层或岩体发生冲击倾向度。

4. 工程地震探测法

用人工方法造成地震，探测这种地震波的传播速度，编制出波速与时间的关系图，波速增大段表示有较大的应力作用，结合地质和开采技术条件分析、判断发生冲击地压的倾向度。

5. 综合测定法

为了能够更准确地判断出发生冲击地压的地点和时间，可同时采用上述两种以上的方法，根据多因素的变化，综合加以确定。国内外常使用的是钻屑法、地音监测法、地质及开采技术条件分析的综合方法。

子任务 2　区域与局部防冲安全措施

技能点 1　防范措施

冲击地压矿井必须采取区域与局部相结合的防冲措施。制定针对性强的防冲措施有利于在区域内降低应力水平，整体上减弱冲击危险程度。具体的防范措施体现为以下 8 个方面。

1. 合理的开拓布置和开采方式

合理的开拓布置和开采方式应避免应力集中和叠加，是防治冲击地压的根本性措施；多数冲击地压是由于开采技术不合理而造成的；不正确的开拓开采方式一经形成就难以改变，临到煤层开采时，只能采取局部措施，而且耗费很大，效果有限。

（1）开采煤层群时，开拓布置应有利于解放层开采，首先开采无冲击危险或冲击危险小的煤层作为解放层，且优先开采上解放层。

（2）划分采区时，应保证合理的开采顺序，最大限度地避免形成煤柱等应力集中区。

（3）采区或盘区的采面应朝一个方向推进，避免相向开采，以免应力叠加。

（4）在地质构造等特殊部位，应采取能避免或减缓应力集中和叠加的开采程序，在向斜和背斜构造区，应从轴部开始回采，在构造盆地应从盆底开始回采；在有断层和采空区的条件下应采用从断层或采空区开始回采的开采程序。

（5）有冲击危险煤层的开拓或准备巷道、永久硐室、主要上下山、主要溜煤巷和回风巷应布置在底板岩层或无冲击危险煤层中，以利于维护和减小冲击危险。

（6）开采有冲击危险的煤层，应采用不留煤柱垮落法管理顶板的长壁开采法。

（7）顶板管理采用全部垮落法，工作面支架采用具有整体性和防护能力的可缩性支架。

2. 合理开采解放层

（1）一个煤层（或分层）先采，能使邻近煤层得到一定时间的卸载。

（2）先采的解放层必须根据煤层赋存条件选择无冲击倾向或弱冲击倾向的煤层。

（3）实施时必须保证开采的时间和空间有效性（全垮 3 年，全充 2 年）。

（4）不得在采空区内留煤柱，以使每一个先采煤层的卸载作用能依次地使后采煤层得到最大限度"解放"。

3. 冲击地压个体防护措施

（1）不得在巷道高度不够处、人行道安全间隙不够处、锚杆失锚或其他支护薄弱地点、锚索下方、设备或物料附近、靠近铁质管路处等地点逗留。

（2）严禁摘掉安全帽。

（3）严格执行煤壁或迎头敲帮问顶制度，防止片帮（片迎头）伤人。

（4）严禁多人扎堆休息、逗留。

（5）不得长时间在安全间隙不够处工作。

（6）同一地点尽可能安排少的人员同时工作。

（7）出现迎头或巷道压力明显增大、煤炮明显增强时，立即停止作业，撤出迎头或工作地点。

4. 冲击地压发生时，紧急处置措施

冲击地压发生时，切记不要慌张，尽快就近躲避至相对安全处，并注重摸清周围

支护状况和人员情况，待冲击地压影响减缓后，利用通信设备、机电信号及附近钢制管路，视冲击地压严重程度及时进行汇报、联系及求救。

5. 及时预测预报，撤离人员

冲击地压对井下工作人员的危害，主要是使人员受外伤，以及被抛出和冒落的煤岩石击伤和埋住，另外还有瓦斯等有害气体的威胁；将肉眼可见的冲击地压危险性特征、冲击前兆、减缓或消除事故的方法及自救措施等有关事项，向井下人员进行培训和详细指导；平时应积极组织冲击地压的预测预报工作，出现危险时应积极组织人员撤离。

6. 强力可缩支护

（1）在厚煤层中的巷道要用强力可缩性全封闭型金属支架。

（2）采用综采或综放采煤工艺，选用高强度液压支架，全跨法管理采空区。

（3）两巷超前支护达到 200 m 以上，冲击危险巷道采用强力支护材料加固，如大立柱、移步支架、门式支架等。

7. 特殊措施

（1）在冲击地压危险特别大的情况下，应远距离控制和操纵采掘机械，实现"无人工作面"的回采和掘进方式。

（2）在人员经常作业的地点，对巷道进行软包。

（3）为了防止瓦斯积聚，必须规定有快速恢复正常通风条件和向被冒落矸石隔离的地区供给新鲜空气的专门措施（压风自救系统），以及用于个人自救的工具（自救器等）。

8. 其他防护措施

在未能彻底根治冲击地压之前，为了减少冲击地压造成的损失，消灭死角死面，实现整体防护与个体防护相结合。根据实践经验，采取一系列安全防护措施。

（1）分散作业人员，限制作业人数及作业时间。

（2）及时清理现场闲置设备和杂物，必要设备进行捆绑固定。

（3）延长掘进爆破躲炮时间（不低于 30 min）和躲炮距离（300 m 以上）。

（4）作业人员穿戴抗震背心和抗震帽。

（5）压风自救系统进工作面。

（6）在冲击地压高危点设立 O 形棚加海绵垫构成的抗震硐室。

（7）加强职工对冲击地压知识培训，提高防冲认识和抗灾能力。

（8）出现迎头或巷道压力明显增大、煤炮明显增强时，立即停止作业，撤出迎头或工作地点。

技能点 2　治理措施

由于冲击矿压造成的破坏极大，因此在回采、掘进过程中做好防冲的治理，措施主要体现为以下 3 个方面。

1. 卸压钻孔

采用煤体钻孔可以释放煤体中聚集的弹性能，消除应力升高区。在钻孔周围形成一定的破碎区卸压，通过煤层卸压，释放能量，清除冲击危险。可采用大直径钻孔 $\Phi 95$ mm、$\Phi 145$ mm、$\Phi 200$ mm，深度为煤层厚度 3～4 倍，孔间距 0.5～1 m。

2. 爆破卸压

爆破卸压就是用爆破松动围岩，实现卸压。最常见的是底板卸压，即在巷道掘进工作面后方一定距离，由底板向下打一组钻孔（至少 3 个），装入炸药爆破，在孔底形成爆破松动区，各孔松动区相连在底板中形成松动带。松动带岩石吸收和减缓了外部压力对底板的作用，从而减小了巷道底鼓量。爆破卸压的技术难点是确定爆破参数，如钻孔直径、钻孔深度、钻孔间距、装药量和钻孔的方向等。爆破参数因围岩条件不同而不同。

爆破卸压的另一种形式是在工作面向前方打深钻孔进行爆破卸压，这种卸压与底板卸压机理不同，属超前卸压。超前松动卸压不但能够减小巷道后期变形，更重要的是能够预防瓦斯突出和冲击地压。因此在瓦斯突出和冲击地压严重的情况下使用较多。

3. 煤层注水

大量的研究表明，煤系地层岩层的单向抗压强度随着其含水量的增加而降低。同样，煤的强度与冲击倾向指数也随着煤的湿度的增加而降低。实践也证明：煤层注水后，工作面支承压力带宽度为 12～18 m，压力峰值减小，应力集中系数明显降低，顶板下沉速度增加，煤体的硬度降低，塑性增加。煤层注水可有效防止和减弱冲击地压的危险性。一系列注水措施后，冲击地压强度明显减弱，冲击频率降低、破坏性冲击大大减少。

技能点 3　安全防护措施

安全防护措施是综合防治冲击地压技术措施的最后一道屏障。在不能根除冲击地压危险的情况下，为确保井下安全生产，必须研究落实安全防护措施。

1. 改进支护方法

1）刚性支护改为柔性支护

过去巷道支护采用的梯形木棚、梯形铁棚，都属刚性支护。冲击地压发生后，出现折断、冒顶、堵塞巷道。改为 U 型钢可缩支架，冲击地压发生后支架连接处滑动收缩，使巷道保持一定的断面，不被摧垮，为人员脱险和恢复生产提供了保证。

2）被动支护改为主动支护

无论何种棚子都是等劲，主要是对巷道表层的支护。当棚子受压起作用时，顶板已经离层，一经冲击地压即被摧垮，是一种被动的支护方式。采用锚网支护。在掘出断面后及时铺网打锚杆，通过螺母对托盘的预紧力，对煤壁加压，形成一定厚度的煤岩体加固拱，以提高巷壁自身强度来实现主动支护，防止了松动离层，大大提高了支护强度。通过数次冲击地压验证，它对保护巷道及人身安全，进行长距离大工作面开采起到了不可替代的作用。

3）由帮顶支护改为全断面支护

过去架棚支护无论是梯形还是拱形，都是对巷道帮顶的支护，主要目的是防止冒顶。但进入深部后尤其是冲击地压区，周边都来压，底鼓占巷道收缩率的一半以上。主要就是底板承压力低，并且没有支护。现改用圆形支护，首先把巷道掘成圆形，再打上锚网，给上O形棚，使巷道成为一个加固圆筒，受压均匀，大大提高了支护强度。经过冲击地压后观察，巷道收缩率大大降低。

4）重型化支护

为了抵御日益严重的冲击地压，保证巷道畅通，在高压力部位如四岔口、三岔口处采用重型钢梁，配以液压单体支柱进行"超强支护"，或采用巷道垛式液压支架支护。所有冲击地压的巷道都实行锚网索U型棚复合支护，向重型化发展。再辅以棚间采用铁拉杆和大立柱、门式支架等强化措施，抗冲击能力大大加强。

5）综放式回采工艺

历年来冲击地压对回采工作面的破坏是最严重的，因为采动使多种应力集中作用于工作面。而综放式采煤法则是通过放顶煤，使顶板压力全部释放，瓦斯压力也随之消失，使回采面成为免压区。老虎台矿历经多次破坏性冲击地压，对回采面没有大的影响，因此这种采煤工艺是冲击地压煤层最佳选择。

2. 加大巷道断面

有冲击地压危险的采区、掘进巷道断面净宽不得小于有冲击地压危险的采区、掘进巷道断面净宽不得小于3 m，净高不得小于2.4 m，净断面不得小于7 m²。

3. 加强监测监控

对于有冲击地压危险区域，采煤工作面除按《煤矿安全规程》规定在工作面上出口和回风巷各设一台甲烷传感器外，还应在工作面的进风巷设置甲烷传感器。设置地点距采煤工作面10～15 m，报警断电浓度≥0.5%，断电范围为采煤工作面进风巷、工作面及回风巷一切电源。一旦冲击地压发生冲击、震动造成进风巷瓦斯超限时能及时报警、断电，防止引起瓦斯事故。

作 业

1. 冲击地压的定义是什么？
2. 顶板事故的分类有哪些？
3. 采煤工作面大型冒顶预兆有哪些？
4. 采煤工作面局部冒顶预兆有哪些？
5. 掘进工作面顶板事故预兆有哪些？
6. 采煤工作面大型冒顶防治措施有哪些？
7. 巷道交叉点处冒顶原因是什么？
8. 区域防突措施有哪些？
9. 局部防突措施有哪些？
10. 冲击矿压治理措施有哪些？

模块 7　矿山机电事故与运输提升事故防治

本模块主要介绍了矿山机电设备在运输过程中发生的事故类型，事故发生的原因分析，通过分析原因，提出相应的防护措施及安全措施，做到保证运输设备、运行过程安全、高效，为矿山安全生产提供重要的运输保障。

知识目标

1. 掌握常用矿山机械运输设备类型和设备发生故障原因。
2. 掌握常用矿山用电设备和电气作业中发生危险、隐患的原因。

能力目标

1. 能够判断矿山运输事故的类型。
2. 能够制定运输与提升中发生事故的防护措施。
3. 能够制定矿山机电设备运行过程中触电的防护措施。

素质目标

1. 养成良好的矿山安全生产意识。
2. 提升防范重大安全风险责任担当。
3. 遵守安全法律法规的安全素质。

任务 1　认识矿山机电事故与运输提升事故

煤矿机电事故所具有的发生频率会直接决定煤矿所拥有的安全性，会对工作人员的身心安全产生较为突出的现实影响，此外，煤矿矿尘与诸多危险事故，所具有的发生概率在发展过程中呈现出持续无法降低的现实特征，由此企业在其自身的优化过程当中，需要对各类有效的防范措施进行综合性的应用，相应的煤矿机电管理工作在进行细化的过程当中，需要对其自身所拥有的优化力度进行综合性的强化，确保煤矿企业自身能够所具有的可持续性发展特征得以进一步体现。

在煤炭开采生产时期，相关的机械化设备和现代化技术系统得到了广泛地使用，其中矿山机电运输作为矿井作业的重要组成部分，相应的安全性管理和预防直接影响到了企业的发展和进步。在煤炭企业矿山生产作业时期，矿山机电运输得到了广泛地使用，整体的运输线路较长，包括比较多的内容，对于相关的技术有着较高的要求。

151

不仅如此，随着经济的持续发展，各个行业对于煤炭需求量不断提升，因此煤矿开采以及生产规模持续扩大，机电运输量显著提升，不过矿山机电运输还是存在较多不符合要求的作业。

矿山机电运输企业应当对自身的安全生产问题进行进一步的管理，也要防患于未然，在不断完善相关煤矿安全生产和管理体制的过程当中，进一步保障生产操作符合要求规范，最终能够有效地实现煤矿安全生产和管理的目标，这在煤矿企业安全管理当中具有十分重要的意义。随着矿山规模持续扩大，机电运输量显著提升，不过矿山机电运输还是存在较多不符合要求的作业。

子任务 1　认识矿山机电事故

技能点 1　机电事故分类

1. 机电事故定义

凡因机电设备、设施故障或损坏，致使设备停止运行，影响矿井安全、生产及造成经济损失的，均为机电事故。

2. 机电事故分类

机电事故按影响范围分为三类。

（1）第一类机电事故：矿井主要机电系统事故，包括矿井主要供电系统、监测监控系统、主通风机、主排水、主井胶带运输机、空气压缩机等。

（2）第二类机电事故：矿井环节共用设备事故，包括集中运输设备、盘区排水设备、盘区配电设备等。

（3）第三类机电事故：各工作头面机电事故，包括各工作头面自用所有设备。

3. 机电事故分析规定

为更好处理机电事故，找到事故的本源是关键，分析发生机电事故的原因尤为重要，具体分析规定如下。

（1）为强化管理，吸取教训，防止事故发生，所有机电事故都必须进行分析。

（2）要本着"三不放过"的原则，事故追查内容要有事故发生的地点、详细经过、原因，对事故责任人提出处理意见。

（3）责任单位应从事故的原因中吸取教训，制定切实可行的整改措施，避免同类事故的再发生。

技能点 2　机电事故危害

煤矿机电事故的危害主要包括以下几个方面：

（1）生产和经济效益的影响。机电运输事故会影响煤炭的运输，从而对煤矿的生产效率和质量造成不利影响，并且可能导致经济损失增加。

（2）机电设备的影响。机电事故可能破坏或损坏机电设备，导致设备损坏甚至报废，进一步增加煤矿的经济损失。

（3）开采效率的影响。事故可能会影响后续的开采工作，降低开采效率。

（4）人身安全的影响。严重的机电事故可能会对井下作业人员构成极大危险，甚至导致人员伤亡。

（5）其他潜在问题的影响。例如，如果煤矿中没有实施有效的设备检修和不彻底地维修，可能会导致机械设备损坏，从而引起瓦斯爆炸等其他重大问题。

（6）安全管理不到位的影响。煤矿监督管理部门的缺失或不认真履行职责，以及领导层对机电设备的忽视，都会减少监察作用，增加事故的风险。

（7）专业技术和管理制度的缺乏。对机电工人的技术要求较高，但许多煤矿工人可能未接受过专业的培训，导致检修和维护工作存在缺陷。

（8）设备和作业环境的安全隐患。如皮带运输过程中的多种安全隐患，包括皮带运行时的清理、检修、更换托辊等，都可能导致人员受伤。

综上所述，煤矿机电事故不仅会对煤矿的生产和经济造成直接损害，还会带来一系列连锁反应，严重影响煤矿的安全和效率。

子任务 2　认识矿山运输提升事故

技能点 1　运输提升事故分类

目前煤矿井下主要使用带式输送机、刮板输送机、矿用小绞车、矿用机车（架线式、蓄电池）、固定提升绞车和临时调度绞车进行运输。

在井下庞大的运输系统中，常见的伤人事故体现在以下 3 个方面。

1. 机车运输伤害事故

（1）架线触电事故。

井下电机车架线因受到空间高度的限制，员工在上下车、修理巷道、电机车上处理故障，甚至在巷道内行走时，都有可能触碰到电机车架空线，一旦触碰到电机车架空线，将导致严重触电事故。

（2）巷道狭窄障碍物多，无法躲避与人相碰事故。

巷道狭窄不符合运输巷道要求或堆码材料或行人在巷道行走，发现电机车驶来急忙躲避，但由于巷道太窄，障碍物多，无法躲避造成与电机车相碰事故。

（3）巷道违章蹬车。

不按规定乘车，人员蹬在矿车碰头或两车之间。

（4）违章扒车。

不按规定乘车，扒向行驶的列车。

（5）违章跳车。

乘坐乘人车时身体伸出车外，不按规定下车，列车在运行中或未停稳就上下车。

（6）撞车。

两列车或两机车在同一线路上相向行驶发生碰撞。

（7）追尾。

两列车或两机车在同一线路上同向行驶而发生碰撞。

（8）超速。

机车或列车行驶速度超过规定，在过弯道、道岔、车场、巷道口、前方有行人，视线受到障碍物影响而未按规定减速行驶。

（9）违章带车。

在平巷或车场内，用链条连接牵引另一平行道上的车组或反向顶矿车组，造成机车或矿车跳道，撞倒棚子伤人。

2. 矿井提升伤害事故

（1）断绳。

使用中的钢丝绳因摘挂钩频繁，钢丝绳磨损、断丝、锈蚀、弯曲、松股、挤压、点蚀麻坑或受到猛烈拉力等情况，造成钢丝绳断裂而发生事故。

（2）过卷。

提升机提升到达终点时，由于司机的失误或自动减速装置发生故障，将串车或提升容器，提升到最终提车点以上，就叫"过卷"。一旦发生过卷事故，造成的破坏后果非常严重。

（3）跑车。

在斜坡及倾斜井巷采用串车提升工作中，由于摘挂钩人员工作频繁，钢丝绳和连接装置容易磨损和断裂，矿车之间的连接装置因磨损后受拉力而断裂，当车辆正常运行时，其速度是在一定范围内变化的，不会超过提升机提升的最大速度，当车辆不受牵引钢丝绳限制时，随着速度和重力加速度增加，车辆运行速度愈来愈快，超出允许范围，称之为"跑车"。

（4）行车行人。

在斜坡及倾斜井巷采用串车提升运输工作中，车辆在运行，人员又在巷道中行走，称之为"行车行人"。

（5）放飞车。

放飞车就是提升机或绞车重负荷下放运行时，电动机不带电运行（不给电），松开闸，利用重力下放运行。

（6）蹬钩。

在斜坡及倾斜井巷采用串车提升运输工作中，井下工作人员蹬上运行车辆上下到目的地。称之为"蹬钩"。

（7）窜销脱钩。

矿车插销没有防止脱落装置或在运行中防止脱落装置失效，插销没有放到位，轨道敷设质量差，行车中车辆在轨道连接处跳动或下道引起插销跳动而窜出。

3. 其他运输伤害事故

（1）皮带运输机事故。

平巷和倾斜巷道的皮带运输机保护装置不完善或失效，机头机尾安全防护网不完善、安全间距不够，造成事故。

（2）刮板输送机事故。

由于刮板输送机的安装不规范，缺少机头机尾的稳固装置，操作人员不按规定违章运输材料或违章跨越，刮板输送机因断链、漂链、机头机尾翻跷、溜煤槽拱跷、联轴器无保护罩、信号误动等原因而导致伤人，造成事故。

（3）小绞车事故。

由于临时使用的小绞车在安装时，压、稳固装置不规范，操作人员违章超能力使用，非操作司机违章操作绞车，造成事故。

（4）人力推车事故。

人力推车时，不注意前、后行人和车辆、放飞车，造成碰伤、撞伤、挤伤等伤人事故。

技能点 2　导致运输提升事故安全隐患

导致运输安全隐患大量存在的原因主要表现在矿井运输安全管理混乱，具体如下 6 个方面。

（1）现场管理不到位。如违章超限拉车，没有建立运输设备检查记录，构成安全相互威胁的各邻近作业地点人员互相不沟通，各自为政。

（2）管理制度不健全。比如对班中加挂和使用安全人车、矿井运输设施和特殊部位的设备检查没有明确的制度规定或规定不符合生产实际。

（3）劳动力管理混乱。井下生产活动安排不合理，对平行作业队组工作进展情况失控；作业人员分工不明确；从业人员流动性大，特种作业人员调换频繁，安排未经培训合格的人员从事特种作业或非本工种人员上岗作业。

（4）不认真执行主要负责人和生产经营管理人员下井带班制度。安全生产管理人员责任意识不强。下井带班人员空岗、漏岗或不到作业地点检查、协调和指挥生产；对违章现象熟视无睹，不加制止，有的带头违章登车作业。

（5）对职工安全教育不到位。比如从业人员对作业规程的学习、掌握不认真、不全面，未真正做到应知应会，对操作规程理解程度不一；职工安全意识和自我保护意识差，不能真正在思想和行动上杜绝违章指挥和违章作业；多数企业对新工人上岗前的安全培训教育针对性不强，不实施以师带徒，新工人对作业技术掌握不够，一知半解。

（6）设备日常检查维护不够。特别是一些煤矿设备老化，更新不及时，对运输防跑车装置的安装使用和完好检查不认真、不细致、不到位。

任务 2　电气事故防治措施

随着科学技术的飞速发展和煤矿行业的发展与现代化转型的持续推进，煤矿发展的综合效益提升有了显著的进步。然而，由于矿井工作人员的综合能力、矿井环境以及健全的安全管理制度的缺乏等因素，矿井安全事故也时有发生。电气设备一直是煤矿现代化转型过程中的重要环节，对于实现提高矿井作业效率，整合综合效益以及规避或减少常见安全事故等具有重要意义。本任务分析了开展煤矿井下电气设备安全管理的重要意义，并展示煤矿井下电气设备常见安全事故，通过总结分析探讨预防电气设备安全事故的有效途径，以期为矿井电气设备安全事故的有效预防提供一定的借鉴，也更好地契合国家对煤矿安全生产所提出的要求。

煤矿电气设备安全使用运行与煤矿企业安全生产密切相关，确保煤矿井下电气设备的各项性能完好、安全正常运行，在煤矿安全生产中起着重大现实意义。随着煤矿行业的转型发展、自动化技术的突破应用以及国家层面对煤矿安全生产的要求提高等因素的推进，煤矿企业对安全生产、追求综合效益的重视程度与日俱增，尤其加强了对煤矿井下电气设备的质量与安全性的要求。电气设备中常见的安全事故如电火灾事故、漏电事故等不仅对于煤矿生产效益是一个潜在的危害，而且对于员工生命财产安全和社会形象也是致命的打击，因此，必须通过提高行业整体对电气设备安全性的重视度、建立健全电气设备安全管理与监管制度以及创新电气设备科学技术应用等方式减少煤矿企业安全事故的发生。

子任务 1　触电防护措施

技能点 1　触电类型

直接接触触电是指人体直接接触到带电体或者是人体过分接近带电体而发生的触电现象，也称正常状态下的触电。常见的直接接触触电有单相触电和两相触电。间接接触触电是指人体触及正常情况下不带电的设备外壳或金属构架，而因故障意外带电发生的触电现象，也称非正常状态下的触电现象。

触电是电力生产人身事故的最主要的一个方面。概括其专业门类、发生的途径或违章形式，人身触电事故大致有以下 10 个方面的类型。

1. 低压触电

发生在用户照明设备上的低压触电最为多见。如进户线绝缘破损（未能及时进行检修）使搭衣服的铁丝器具带电、湿手拧灯泡误触金属灯口、家用电器绝缘破损而带电，都容易引起低压触电。

2. 感应触电

在电气设备、电力线路上工作，运行维护人员未按《安全操作规程》要求停电（违反安全操作规程），并验电采取短路接地措施，或部分停电的设备与带电设备之间未装设接地线等，都容易发生感应带电而引起触电。

3. 误登带电设备

电气工作人员习惯性违章，在未经许可、无人监护的情况下，走错间隔或错听、错看，误登带电设备。

4. 误登带电线路杆塔

此种类型的触电是典型的违章作业的后果。多发生在检修作业时或维护人员事故巡视时，发现缺陷，违背《安全操作规程》规定，看错杆位、杆号，登杆毫不警惕，不验电接地，接触设备时发生触电。

5. 误碰带电设备、导线

主要是电气设备上工作的运行、检修、试验人员，作业中安全措施不够完善，如应设临时遮拦或绝缘挡板而未设、应使用绝缘套而未采用、工作时监护不到位或脱离监护人工作时发生触电。

6. 与带电体或带电设备安全距离不够而触电

电气工作人员对与带电设备之间应保持的安全距离不甚清楚，未认真履行工作票制度和安全监护制度，存侥幸心理而造成对检修设备和人身的放电。

7. 带电作业中发生的人身触电

主要是未执行专业技术和安全操作规定，以及其他原因，失误造成触电。

8. 误送电、误带电造成触电

这种触电属于典型的误操作之列。电气人员未执行《安全操作规程》规定，调度员误发令，值班员看错设备、走错间隔、漏停线路开关、误操作向检修设备合闸送电，以及二次设备上的工作该断电而未断，电气运行人员未严格验收，而导致他人触电。

9. 返供电触电

这类型触电主要是由于工作停电不彻底。例如：电压互感器一次回路的工作被二次回路反串电（熔断器未断）；环网线路，可从多端口获得电源，由于停电组织措施上的失误，由某一方仍能向检修设备送电。

10. 设备外壳未接地造成触电

这里主要指动力机械旋转设备，因振动使绝缘损坏外壳带电，或接地不完善，开脱、虚焊等，人体接触设备外壳时即遭受电压伤害，这是低压触电中最典型的一种。

技能点 2 触电原因

1. 发生触电规律

在煤矿的生产过程中，发生触电事故的前提主要是人体触及裸露的带电导体或触及因绝缘损坏而带电的电气设备外壳，由电流对人体造成伤害事故。按照人体触及带电体与漏电设备的方式和电流通过人体的途径不同，触电事故可分为单相触电事故、两相触电事故或两线触电事故、跨步触电事故 3 种类型。但从发生触电事故的情况分析，往往带有以下 5 个规律。

（1）低压设备触电事故率高。在煤矿安全生产过程中，井下使用的机电设备及供电设备多数为低压设备，其分布广、与作业者接触机会多、时间长，作业者往往由于管理不严、思想麻痹，同时又缺乏一定的安全用电知识，触电事故率较高。

（2）移动式设备与手持设备触电事故率高。在井下生产和作业中这些设备数量多、移动性大，且又不是专人使用，故不便管理，安全隐患较多，同时这些设备在使用时是紧握在作业者手中工作，一旦漏电，往往难以摆脱。

（3）违章作业或误操作的触电事故率高。主要是作业人员因未培训上岗或受培训教育程度不够，安全操作意识淡薄，出现误操作或违章作业，或是采取安全预防措施不得力、电工用具缺乏的情况下心存侥幸心理，冒险作业，导致事故发生。

（4）触电事故的季节性明显。每年的二、三季度，煤矿发生的触电事故较多，也最集中，主要是这个季节雨水多、作业场所潮湿，机电设备绝缘性能降低，同时因人体多汗、皮肤电阻降低等更容易导电。

（5）不规范的送电线路和使用达不到安全要求的配（用）电设备触电率高。大部分小煤矿没有使用矿用电缆而使用黑皮线、胶质线、护套线等进行送电，或没有使用矿用防爆开关、防爆灯等配（用）电设备而是用明刀闸开关、普通照明灯头等替代，缆线悬挂不合格或不悬挂、绝缘破坏严重、线路乱拉、乱接以及普遍存在的裸接头等，加上小煤矿为减少投入，巷道断面小，空间狭窄，井巷淋水潮湿，这些不安全设施极易在生产、操作或维护过程中造成触电事故。

2. 发生触电事故的主要原因

煤矿发生机电设备或供电线路触电事故，不是偶然的，有很多主、客观原因。但根据以往部分统计资料和发生触电事故的整个过程分析，造成触电事故的主要原因可归纳为以下几个方面：

（1）缺乏机电设备使用的安全知识。如用手直接触摸带电体或漏电设备外壳；带电操作高压开关或设备；带电拉接线路或安装设备；有人触电后不首先停电而直接去拉触电者等。

（2）违反机电设备的安全运行作业规程、违章作业。如设备外壳不接地；带电检修或搬迁电气设备；不使用绝缘工（用）具或使用没绝缘或绝缘程度不够的工（用）具；线路或设备检修时人员还未全部撤离现场就送电；在带电场所不设警戒或未悬挂标示牌，使人员误入带电场所，误触带电线路或设备，误送电等情况。

（3）对电气设备或供电线路的安装、维护不当。如缆线乱搭、乱接或接线不规范，不悬挂或悬挂间距、高度不够，甚至放置地上；设备无支架、淋水受潮；设备零件缺少或破损未及时补足、更换，敷衍了事，而使设备带病运行等。

（4）设备质量差，安全防护性能不合格。如设备绝缘性能差或不合格；缆线绝缘破损严重；设备缺少足够的安全保护装置；设备摆放的安全间距、安全通道及检修间距不足等。

（5）偶然因素。主要表现在意想不到的情况下发生的触电事故。

在煤矿安全生产中，触电事故的发生多数不是单一因素构成，往往是由 2 个或 2 个以上的因素引发的，触电事故的规律也不是一成不变的，往往会由于种种因素及新技术的推广而发生变化。因此，在煤矿生产过程中，应不断地分析和总结煤矿触电事故的发生规律，寻找预防和安全保护措施，减少机电事故发生率，为煤矿安全生产和减少触电事故提供可靠的科学依据。

3. 触电的危害

人体触及带电导体或因绝缘损坏而带电的设备外壳或电缆、电线即为触电。由于井下的特殊工作环境条件，发生触电的可能性较大。

触电对人体组织的破坏性是很复杂的。一般对人体的伤害大致可分为电击和电伤两种情况。

（1）电击是指触电时电流通过人体，在热化学和电解作用下使呼吸器官、心脏和神经系统受到损伤和破坏。多数情况下电击可以使人致死，故是最危险的。

（2）电伤是指由于电流通过人体某一局部，或电弧烧伤人体，造成对体外表器官的破坏，主要是物理性破坏，如烧伤。当烧伤面积不大时，不至于有生命危险。通常人体触电时同时受到电击和电伤的伤害。

触电对人身的危险是由许多因素决定的，但流经人体的电流大小是起决定作用的主要因素。人体能自我摆脱的最大电流为 16 mA（称为摆脱电流）。通常通过人体的触电电流交流在 15~20 mA 以下，直流在 50 mA 以下时，不会有生命危险。但当人体触电电流长时超过摆脱电流而没有得到救助时，生命就有危险。当人体触电电流达到 100 mA（大致相当 25 W 灯泡通上 220 V 电压时流过的电流）以上时，生命就有绝对危险。

流经人体电流的大小与人体电阻有关。人体电阻越大，通过人体的电流就越小，反之亦然。人体电阻是一个变动幅度很大的数值，人体有伤口、流汗潮湿时其值较正常时大为减小，并随触电时间加长而减小，因此，这种情况下的触电也就更危险。

流经人体的触电电流与作用于人体的电压有关，触电电压越大，触电电流就越大，也就越危险。

触电电流流经人体的时间越长，触电对人的伤害程度就越大，故即使是安全电流，若长时间流经人体，也会造成伤亡事故。我国规定 30 mA 的电流，流经人体 1 秒钟是安全的。因此，当人体触电发生时，如何在最短的时间内使触电人员脱离电源，对抢救触电人员的生命就显得非常重要。

4. 预防触电事故的措施

为防止煤矿生产中发生触电事故，降低事故率，一方面要加强设备的技术管理和作业者的组织管理，另一方面要抓好预防措施的落实，预防为主，切实防止触电事故的发生。主要措施有以下 7 个方面：

（1）井下不得带电检修、搬迁电气设备（包括电缆和电线）：

检修或搬迁前，必须切断电源，并用同电源电压相适应的验电笔检验，检验无电后方可进行。所有开关把手在切断电源时都应闭锁，并悬挂"有人工作，不准送电"警示牌，只有执行这项工作的人员，才有权取下此牌送电。严格执行"谁停电，谁送电"的制度，严禁"约时送电"。

（2）操作井下电气设备，必须遵守下列规定：

① 非专职或值班电气人员，不得擅自操作电气设备。

② 操作高压电气设备主回路时，操作人员必须穿戴绝缘手套和电工绝缘靴或站在绝缘台上。

③ 127伏手持式电气设备的操作手柄和工作中必须接触的部分，应有良好的绝缘。

④ 普通型携带式电气测量仪表，只准在瓦斯浓度1%以下的地点使用。井下防爆电气设备，在入井前必须经检查合格后方准入井。

⑤ 严禁"私拉乱接"供电线路。

⑥ 井下供电坚持使用检漏保护装置和电煤钻综合保护装置。

（3）防止人身触电或接近带电导体：

① 将电气设备的裸露带电部分安装在一定高度，或围栏内。

② 井下各种电气设备的导电部分和电缆接头都必须封闭在坚固的外壳中，并在操作手柄和盒盖之间设置机械闭锁装置。

③ 各变（配）电所的入口或门口都悬挂"非工作人员，禁止入内"警示牌；无人值班的变（配）电所，必须关门加锁；井下硐室内有高压电气设备时，入口处和硐室内都应在明显地点加挂"高压危险"警示牌。

（4）对人员经常接触的电气设备，采用电压等级低的电压。如井下照明、手持式电气设备、电话、信号等装置的额定电压都不应超过127伏。

（5）煤矿井下防止触电注意事项：

① 非专职电气人员不得擅自摆弄、检修、操作电气设备。

② 不准自行停、送电。

③ 谨防触架空线伤人。携带较长的金属工具用具、金属管材在架空线下行走，严禁将其扛在肩上。

④ 下山行走，严禁手扶电缆，否则，一旦遇到电缆漏电，其后果极其严重。

⑤ 严禁在电气设备与电缆上躺坐，不得随意触摸电气设备和电缆。

4．触电急救基本知识

遇有触电事故发生，应按"二快、一坚持、一慎重"的原则，开展救援。

（1）"二快"指的是：快速切断电源，快速进行抢救。

① 快速切断电源，使触电者迅速脱离电源。

当出事地点附近设有电源开关或插头时，应立即断开开关或拔掉插头，切断电源。

当电源开关或插头离出事地点太远时,如电源电压低于 380 V,则可用干燥的木棒、竹竿等将电缆等带电体移开,也可用带绝缘的钢丝钳或带干燥木柄的斧头切断电源,但必须注意电源的供电方向,同时应在有支持物的地方切断电源。

切不可在没有绝缘措施的情况下直接用手去拉触电者,以免扩大事故。当电源电压高于 380 V 时,应穿戴好相应绝缘等级的防护用品用相应等级的绝缘用具切断电源,如事故现场无绝缘用具,应用通信工具通知有关供电部门切断事故线路。

在切断电源或使触电者脱离电源时应注意不要误伤他人,特别是触电者脱离电源后,肌肉不再受电流刺激,会立即放松而摔倒造成外伤,在高空时更是危险,故应采取相应的安全措施。

当触电者为跨步电压触电时("地板带电"如一相火线搭在地上,造成火线周边 20 米内带电,且离火线搭地点越近电位越高,但一般离火线搭地点 8 米外的电压差不会造成人员伤亡),抢救者应注意防止自身跨步电压触电。触电者可自己脱离电源时,应单脚或双脚并拢跳出事故地点,切不可大步走出事故点。

② 快速进行抢救。

根据统计在触电事故中被抢救活的人员中,有约 95%是在切断电源后 3 分钟内迅速进行抢救的,因此,切断电源后,立即进行抢救也是关键的环节。

首先,将脱离电源的触者迅速移至通风干燥的地方,使其仰卧,解开其衣扣及裤带,气温较低时,还应同时注意保暖。

其次,根据不同诊断结果采取相应急救措施:

① 对"神志清楚"的触电者,应注意休息观察,如认为触电时间较长有必要送医院检查,并明确告知医生患者是触电;

② 对"有心跳而呼吸停止"的触电者,应采用"口对口人工呼吸法"进行抢救;

③ 对"有呼吸而心跳停止"的触电者,应采用"胸外心脏挤压法"进行抢救;

④ 对"呼吸和心跳均停止"的触电者,应同时采用"口对口人工呼吸法"和"胸外心脏挤压法"进行抢救。

对后三种情况的触电者应一方面积极抢救,另一方面应向医院告急求救。

(2)"一坚持",即坚持人工呼吸。

抢救者在对触电者进行人工呼吸抢救时,一定要有耐心,哪怕有一线希望也要继续进行,同时,在将触电者送往医院的途中也不能停。

对触电者来说,人工呼吸是最有效的抢救方法,有些触电者需要进行数小时甚至数十小时的抢救,方能苏醒,我国记录在案的抢救纪录是连续三个半小时人工呼吸后把触电者救活。

(3)"一慎重":即慎重使用兴奋类药物。

如慎重使用肾上腺素等,随意使用可能会加速触电者死亡,只有医院经仪器诊断后,才能决定是否使用。

另外,千万不可对触电者泼水或用其他如"用沙子埋、压"等"道听途说"中的不正确方法抢救。

子任务 2　电气作业安全措施

电气作业安全措施是指人们在各类电气作业时保证安全的技术措施。主要有电气值班安全措施、电气设备及线路巡视安全措施、倒闭操作安全措施、停电作业安全措施、带电作业安全措施、电气检修安全措施、电气设备及线路安装安全措施等。

技能点 1　电气安全装置

矿用电气设备分为防爆型和非防爆型两类，矿用防爆型电气设备属于第Ⅰ类防爆电气设备。煤矿主要使用电气设备装置如下 4 个方面。

1. 供配电设备

煤矿生产所用电能需要在现场进行变配电处理，将高压输至井下变为低压电能供各类设备使用。因此，煤矿生产中必备的电气设备之一是供配电设备。供配电设备包括变电站、开关柜、开关分合器、电缆等设备。变电站是煤矿生产电能从高压输电线路换接到井下低压电网的重要设备。开关柜、开关分合器作为现场变配电系统的组成部分，既可以进行投切操作，也可进行定位维护或停电。电缆则作为煤矿生产电能传输的重要工具，承担着煤矿生产井下电力输送的任务。

2. 照明设备

煤矿中大部分地区都处于黑暗状态，而照明设备的存在足以显著提高作业安全性和作业质量。在煤矿生产中，照明设备是保证工人安全和作业效率的重要保障设备。煤矿生产中用到的照明设备主要有照明灯具、高强度 LED 灯等。照明灯具一般是井下车、壁炉、氧气站等设备的装置，使其能够较好地实现照明。高强度 LED 灯包括条形灯、手持式灯和紫外光灯等，它们的出现使得煤矿生产中对照明设备的需求得到更好的满足，提高了作业质量和效率。

3. 通信设备

井下煤矿是一个相对隔绝的环境，为了确保工作人员的安全性和表现力，通信设备是煤矿生产中不可或缺的一部分。通信设备如无线电话、地面控制台、综合布线系统等对于煤矿生产中安全人员、工程师以及员工之间的信息沟通和交流起着关键的作用。其中，无线电话这类通信设备可以帮助煤矿生产部门进行实时调配工作人员，确保在特殊情况下能够及时响应，在井下施工现场进行工作安排和指挥。地面控制台和综合布线系统则有助于提高煤矿生产信息化水平，避免人工信息流失和数据错误，同时也可以实现井下各类设备的自动化运行。

4. 监测与控制设备

煤矿生产中，监测与控制设备主要用于实时监测煤矿工作环境以及煤矿设备运行情况、煤尘浓度、气体浓度、地质运动情况等。监测与控制设备包含的设备有监测仪器、报警器、废气转化系统、矿压支护装置等，这些设备对保障煤矿生产的安全和稳定性起着至关重要的作用。监测仪器的作用是对矿井中的尘埃、温度、湿度等因素进行实时监测。报警器则能在发现问题时及时发出警报，提醒煤矿生产部门进行快速应对措施。废气转化系统和矿压支护装置则在保护煤矿生产环境和设备方面具有不可替代的作用。

总之，在煤矿生产过程中，电气设备的作用无法忽视。供配电设备、照明设备、通信设备和监测与控制设备是煤矿生产中不可或缺的基本工具，也是保障煤矿工人安全、提高工作效率的关键因素。

技能点 2　电气安全技术操作要求

电气设备开启、运行、维护贯穿整个矿山生产过程，规范的操作才能做到安全地生产。操作要求具体有以下 12 个方面。

（1）高压停电必须按规定办理停电申请手续，持有批准的操作票以后，方可作业。停电后按规程要求进行验电、放电、无误后挂好三相短路接地线。装设接地线必须先接接地端、后接导体端、拆地线时顺序相反。严禁湿手操作电气开关，操作低压开关时必须站在开关的侧面，操作高压设备应戴绝缘手套，穿绝缘靴，并站在操作台上操作。

（2）停电时先停低压后停高压，送电时顺序相反。停电操作顺序，先切断油开关，后拉开隔离开关，送电操作顺序相反。严禁带电作业，带电搬运和约时送电。必须随身携带合格的试电笔和常用工具，材料，停电警示牌，并保持电工工具绝缘可靠。

（3）工作负责人在停电前应查明电源，检查有无其他电源返回工作内的可能性。

（4）在电容器停运或开关跳闸时，必须经 3 分钟放电，待放电指示灯熄灭后，方可再投入运行。

（5）设备合闸无电时，应立即将所操作的开关断开，查明原因进行处理。

（6）停电后应有明显的断电点，将其操作机构锁住。

（7）为防止断路器误动作，应取下断路器控制回路的熔断器熔管。

（8）机电设备停电检修时，必须挂"有人工作、禁止合闸"的警示牌，或设专人看管，警示牌必须谁挂谁取，非操作人员禁止合闸，合闸前要详细检查，确认无人检修，设备正常后，才准合闸。

（9）在停电设备上进行多工种作业时，必须有总的负责人和有经验的电气监护人，监护人确认已经停电，并悬挂"有人工作，禁止合闸"警示牌，方可作业。

（10）作业前，负责人应向作业人员说明停电的范围，允许活动范围，及邻近带电体的距离。

（11）除规定的停电时间内其余时间均视为有电，禁止接触。同一停电系统的所有工作全部结束后，拆除所有的接地线，临时遮拦，收回所设的警示牌，确认无误召集作业人员，宣布作业结束。

（12）一旦发生触电，应立即将触电者脱离开电源。脱离电源方法有：① 切断电源；② 用干燥的木、竹竿挑开电线；③ 站在干燥的木板拉住触电者的干衣服，使其脱离、不准赤手拉触电者的身体，如触电人员所处的位置较高有掉下的可能，切断电源同时，要采取防摔措施。

技能点 3　安全事故的预防措施

1. 预防电流故障的主要措施

使用过流保护装置；用配电网络的最大三相短路电流校验开关设备的分断能力和动热稳定性以及电缆的热稳定性；用最小两相短路电流校验保护装置的可靠动作系数；对所使用的过流保护装置严格按规定定期进行校验和调整；当负荷发生变化时，及时调整过流保护装置的整定值，以确保其可靠性；加强日常检修和巡回检查。

2. 预防电火灾的主要措施

正确选择和安装使用电气设备及供电线路，并在运行中加强维护检修，防止短路故障和过负荷情况发生；装设继电保护装置；对各类短路保护装置进行合理的整定，确保其灵敏可靠；在可能发生电火灾的地点，采取相应的防火措施。

3. 预防电气设备失爆的主要措施

对于开关电器和电机等动力设备，可采取隔爆外壳防爆，外壳具有足够的强度，即使在壳内发生瓦斯爆炸，也不致变形，并且从间隙逸出壳外的火焰应受到足够的冷却，不足以点燃壳外的瓦斯、煤尘；采用本质安全电路和设备；采用超前切断电源，使电气设备在正常和故障状态下产生的热源或电火花在尚未引起瓦期爆炸之前，即自行切断电源达到防爆目的；严格按照防爆电气设备标准，进行日常检查和巡回检查。

4. 预防触电的主要措施

使人体不能接触或接近带电体；井下电气设备必须设置保护接地；在井下高低压供电系统中，装设漏电保护装置；采用较低的电压等级；井下电缆的敷设符合规定，并加强管理；操作高压电气设备，必须遵守安全操作规程，使用保安工具；手持式电气设备的把手应有良好绝缘，电压不得不超过 127 V，电气设备控制回路电压不得超过 36 V。

5. 预防漏电的主要措施

井下电网正确选用电气设备的型号；采用中性点绝缘的供电系统；采取保护接地措施；装设作用于开关跳闸的漏电保护装置；高压馈电线上装设选择性的检漏保护装置；井下低压馈电线上装设带有漏电闭锁的检漏保护装置或有选择性的检漏保护装置，如果没有这两种装置必须装设自动切断漏电馈电线的检漏装置；选择性检漏保护装置必须配套使用，不准单独使用带延时的总检漏保护装置；避免电缆、电气设备浸泡于水，防止挤、刺而使电缆损坏；导线连接要牢固、无毛刺；不增加额外部件；对于电网的对地电容进行补偿。

除以上采取的措施外，还应加强井下电气设备的管理和维修，定期对电气设备进行检查和试验，对性能指标达不到要求的及时更换，在资金许可的条件下，改造或更新带病运行或超期服役的电气设备以及不能可靠动作的各类安全保护装置；合理配备必要的检测仪器、仪表、检修、维修工具和备件，以确保电气设备的正常运行，同时，加强基础管理，建立健全各类电气设备的安装、调试、使用、维修、检修以及责任追究等各项规章制度，并严格执行与实施；完善井下电气设备的各类安全保护装置，并严格按照规程、制度加大日常检查和巡回检查力度，防止误动作或不动作。

技能点 4　电气设备安全管理措施

（1）施工机械、机具和电气设备，在安装前按照安全技术标准进行检测，经检测合格后安装，经验收确认状况良好后运行。

（2）隧道施工照明线路电压在施工区域内不大于 36 V。所有电力设备设专人检查维护，并设警示标志。

（3）在操作洞内电气设备时，要符合以下规定：

① 非专职电气操作人员，不安排操作电气设备。

② 操作高压电气设备主回路时，将戴绝缘手套，穿电工绝缘胶鞋并站在绝缘板上。

③ 手持式电气设备的操作手柄和工作中必须接触的部位，保证有良好的绝缘，使用前先进行绝缘检查。

④ 低压电气设备将加装触电检查。

（4）电气设备有良好的接地保护，每班均由专职电工检查。

（5）电气设备的检查、维修和调整工作，由专职的电气维修工进行。

（6）洞内照明的灯光保证亮度充足、均匀及不闪烁，凡易燃、易爆等危险品的库房或洞室，均采用防爆型灯具或间接式照明。

技能点 5　供电与电气设备安全措施

（1）施工用电的线路设备按批准的施工组织设施装设，同时符合当地供电部门规定。使用期限不超过六个月，保证达到正式电力工程的技术要求。

（2）配电系统分级配电，用漏电保护，配电箱，开关箱外观完整、牢固、防雨防尘、外涂安全色并统一编号。其安装形式均符合有关规定，箱内电器可靠、完好、造型、定值符合规定，并标明用途。

（3）动力电源和照明电源分开布设。

（4）所有电器设备及其金属外壳或构架均按规定设置可靠的接零及接地保护。

（5）现场所有用电设备的安装、保管和维修由专人负责，非专职电器值班人员，不操作电器设备，检修、搬迁电器设备（包括电缆和设备）时，先切断电源，并悬挂有人工作，不准送电的警告牌。

（6）手持式电气设备的操作手柄和工作中必须接触的部分，有良好的绝缘。使用前将进行绝缘检查。

（7）施工现场所有的用电设备，按规定设置电保护装置，并定期检查，发现问题及时处理解决。

（8）电器设备外露的转动和传动部分（如靠背轮、链轮、皮带和齿轮等），均加装遮栏或防护罩。

（9）直接向现场供电的电线手动合闸时，先与洞内值班员联系。

（10）工作现场照明使用安全电源。在特别潮湿的场所、金属容器内或钢模、支架密集处作业，行灯电压不大于 24 V，同时采用双线圈的行灯变压器。

任务 3　矿井运输与提升事故防治

矿井运输与提升是煤炭生产过程中必不可少的重要环节。煤炭从回采工作面采出之后，就开始了它的运输过程。通过各种相互衔接的运输方式将煤炭从工作面运至井底车场，再经提升设备或其他运输设备提升或运至地面。另外，人员和设备等也需要运送。

运输和提升方式的选择，主要取决于煤层的埋藏特征、井田的开拓方式，采煤方法及运输工作量的大小。井下常用的运输方式有输送机运输和轨道运输。对于倾角较大（一般在17°以上），运输距离较短的倾斜巷道和回采工作面，也可采用溜槽或溜井运输。矿井的主、副提升通常采用绞车提升，而在倾角小于 17°，且运输量大的斜井也常采用输送机运输。

运输与提升在整个生产系统中设备庞大复杂，因此为保证生产安全，保障生产正常，防止事故发生尤为关键。

子任务 1　平巷轨道运输预防措施

矿井下平巷轨道运输，采用架线式电机车、蓄电池式电机车或柴油机车。行车行人伤亡事故主要有列车行驶中与在道中行走的人员相碰等事故。

技能点 1　事故原因

（1）行人违章。行人不走人行道，在轨道中间行走，蹬、扒、跳车，或者在不准行人的巷道内行走等，从而造成伤亡事故。

（2）司机违章。有的人开车睡觉；有的人未经调度擅自开车；有的人车开着，下车扳道岔；有的人把头探出车外瞭望；有的人违章顶车等。

（3）管理人员素质低。如调度员违章调度，危险作业。

（4）管理水平差。如巷道中杂物多，翻倒在道边损坏的矿车不及时清理，巷道中间用支柱支撑，巷道变形未及时处理等，都减小了行车空间，极易碰及司机或车辆。如果缺少必要的阻车器、信号灯，致使列车误入禁区，也会造成危害。

技能点 2　防范措施

许多事故都是因违反有关规定，设施和设备不符合安全要求，以及管理混乱造成的。因此，必须采取以下防范措施。

1. 巷道、轨道质量必须合乎标准

（1）巷道断面。运输巷道断面，必须符合有关规定的要求，并留有各项安全间隙，在老矿井中，要适当检测巷道的变形，以便在安全距离不满足要求时，采取相应的安全措施，如适当设置躲避硐室等。

（2）轨道、架线。轨道和架线的敷设标准必须符合相关规定的有关尺寸要求，必须进行定期检查和调整。

2. 保证机车的安全性能

机车本身的安全性能必须符合规定。关于机车安全装置的要求：闸、灯、警铃（喇叭）、连接器和撒砂装置等，都必须经常保持状态完好；电机车的防爆部分，要经常保持其防爆性能良好。

3. 机车司机谨慎操作

机车司机必须遵守《矿山安全规程》的规定，在任何情况下，都不可麻痹大意，图一时方便，心存侥幸。

4. 保证矿山列车制动距离

矿山列车的制动距离，每年至少测定 1 次。运送物料时不得超过 40 m；运送人员时不得超过 20 m。

5. 保证人员的安全运送

必须遵守《矿山安全规程》中采用专用人车运送人员，运送人员列车的行驶速度不超过 3 m/s，严禁在运送人员的车辆上同时运送爆炸性的、易燃性的、腐蚀性的物品等。

6. 加强系统的安全监控

运输系统内的安全监控应达到以下要求：
（1）信号装置必须有效。
（2）重要地段应能发出信号。
（3）信号与列车运行闭锁。

7. 教育广大职工严格遵守《矿山安全规程》有关规定

矿山列车行驶中和尚未停稳时，严禁上、下车和在车内站立；严禁在机车上或任何两车厢之间搭乘人员；严禁扒车、跳车和坐重车等。

子任务 2　斜巷（井）轨道运输预防措施

技能点 1　斜巷运输要求

（1）新安装绞车，绞车安装在巷道一侧，其最突出部位应距轨道外侧不小于 400 mm。迎头一台绞车可以用四根金属摩擦支柱做压车柱加固，前两根站柱要深入顶板 200 mm 以上，后两根站柱要垂直打设，顶部打在特制的固定横梁上。

（2）严格执行上、下山"行车不行人，行人不行车，严禁蹬钩头"的安全制度。

（3）绞车司机要经过专门培训，且要持证上岗，精心操作，要做到以下 6 点。

① 开车前，要认真检查各操作系统是否灵活，声光信号是否清晰：安全制动装置、钢丝绳、地锚、压车柱子及生根绳是否牢固可靠。

② 严禁断电、超速、不带电、无信号或信号不明开车。
③ 开车时要集中精力,接到明确的声光信号,确认无误后方可开车,如信号不明,必须重新联系。
④ 绞车运行不允许急开急停,忽快忽慢,要求平稳匀速。
⑤ 绞车运行中发现绳松或其他异常情况,应立即停车检查和处理。
⑥ 处理矿车掉道时,严禁司机离开绞车,手严禁离开闸把。

(4) 把钩工在工作中应做到以下 6 点:
① 每次开车前,应详细检查挡车器、钢丝绳、保险绳及连接装置,如发现问题及时处理,处理不完,不得挂车起钩。
② 发出开车信号前,要再检查遍,钢丝绳、保险绳是否挂好,运输路线上是否有障碍物,道岔是否严密等。确认无误,方可发出开车信号。
③ 钩头、销子必须符合要求,不得使用带有明显裂纹或其他东西代替。
④ 提升设备或材料前,要认真检查车辆装得是否牢固可靠、是否超宽、超高等,妨碍运输时,要重新装封。
⑤ 矿车运行中,如果发现异常,应立即发送紧急停车信号,矿车掉道后,要用预先规定的信号与司机联系,处理掉道事故,要发送慢速升降信号。
⑥ 所挂车数不得超过规定,其中对挡车器等保险设施要经常关闭,放车时才打开,严禁车未松或车刚松就打开下山口挡车器;在斜巷中,超重车提升或串车提升必须制定专门措施。

(5) 一部绞车必须有两人,实行绞车司机和把钩工固定岗位责任制,严禁窜岗或混岗。点铃信号要声光兼备、清晰可靠,操作按钮要灵敏可靠,闸把、闸皮安全可靠,限位螺丝调整适当,施闸后,闸把位置在水平线以上 0~40° 即应闸死,闸把位置严禁低于水平线。

(6) 斜巷运输要做到"一坡三挡",上口必须设联动挡和地挡,下口安装保险挡或保险网;保险挡一律使用 18 kg/m 钢轨,托架使用 11#工字钢,联动挡横梁插入巷壁不小于 300 mm。

(7) 上山施工行车时,下山迎头及下山人员必须全部进入躲避硐或其他安全地点。

(8) 对于斜巷运输,有下列情况之一者,不准开车。
① 矿车没挂保险绳。
② 钢丝绳磨损断丝超过规定。
③ 制动闸制力不够。
④ 信号不通。
⑤ 没有护绳板。
⑥ 绞车生根绳,压车柱子不齐全、不可靠。
⑦ 上下山无保险装置及防跑车装置。

(9) 斜巷上下口必须悬挂"行车不行人、行人不行车"的醒目标志。

(10) 斜巷设施的管理本着"谁使用谁负责"的原则,所有设备和设施必须挂牌留名,责任到人。

技能点 2　轨道运输预防措施

（1）绞车司机必须了解斜巷长度、坡度、变化地段轨道状况、安全设施齐全牢固可靠；按规定挂车，严禁超挂车。

（2）开车前司机必须对各处进行详细检查，绞车各连接件和各种保护应灵敏可靠；声光信号要准确齐全，绞车压车柱应牢固可靠。

（3）绞车司机操作必须看清听清信号，信号不准或没有听清，不准开车，应集中精力，不准急剧开车、停车，严禁两个刹车装置同时刹车，严禁放飞车。

（4）绞车司机和信号把钩工每班工作前要仔细检查钢丝绳、钩头、三环链、插销、车场、轨道、道岔等，正常使用保险绳。

（5）对拉绞车要固定专人开车，严禁新工人操作，其他人员不得擅自开车。

（6）两对拉绞车司机配合要默契协调一致，应保持绞车在边坡行驶时匀速平稳。

子任务 3　立井提升运输预防措施

技能点 1　立井提升系统的构成及原理

1. 立井提升系统定义

立井提升系统就是通过地面井口、井筒和井底的设备、装置，进行矿石、人员等上下提升运输工作的系统。

2. 立井提升系统构成

（1）提升塔。是立井提升系统的重要组成部分，其主要功能是提供垂直升降的支撑，通常采用钢结构制作而成。

（2）提升锤。也称提升重物，是立井提升系统的核心设备之一。通常由钢制材料制成，用于提升井下挂件、工作设备、配件等重物。

（3）提升绳。是连接提升锤和提升鼓的核心部件，通常采用钢丝绳制作。

（4）提升鼓。是提升绳卷绕的设备，通过驱动电机将提升绳缠绕在提升鼓上，实现对提升锤的升降控制。

3. 立井提升系统工作原理

立井提升系统的工作原理主要是通过提升锤、提升绳和提升鼓等设备，进行井下重物的运输和升降。具体步骤如下。

（1）将提升锤挂上需要提升的重物。

（2）通过驱动电机控制提升鼓将提升绳缠绕在提升鼓上，实现对提升锤的升降。

（3）当需要完成升降过程时，通过控制驱动电机改变提升鼓的转速或方向，从而控制提升锤的升降速度和方向。

（4）当重物到达指定位置时，通过控制器将提升鼓制动，使其停止升降工作。

技能点 2　立井提升运输预防措施

随着煤矿行业向深部开采的发展，矿井立井作业已变得越来越重要。但是，立井作业也带来了很多安全隐患。尽管此类事故在最近几年中有所减少，但是必须始终关注和改善安全措施，以确保矿工们的生命安全。本任务将介绍几种可行的立井安全技术措施。

1. 安装监测系统

立井作业中，矿工一般会在有限的空间内工作，这使得矿工在突发事故中的逃生办法变得十分有限。为了减少事故发生的几率和保证逃生的轻松性，矿工需要一种可靠的检测系统。智能监测系统能够在实时监测环境中发现有害气体、甲烷等异常气体的蓄积和泄漏。如果检测到气体泄漏，系统将迅速地发出警报，提醒矿工必须尽快撤离。有很多监测系统可以选择，根据不同的矿井环境选择适合自己的系统才是最好的。

2. 加强通风系统

通风系统是矿井立井作业中最重要的控制措施之一。以输送气体为目标的立井通风系统，将新鲜空气输送到井下及矿井工作区域并将污风流排出井口。通风系统起到的作用是可以证明是防止矿井爆炸或突出的最关键和有效的控制措施之一。特别是对于煤炭、卫生以及爆破工程，通风系统要格外注意。因此，通风系统必须得到有效的维护和升级，以达到最高的工作效率和安全性。

3. 采用机械化作业

传统的手工开采的方式，矿工挖掘时会和地面有大量的岩石碰撞，这不仅使得短期内开采的效率变慢，而且容易偏离既定的开采路线。这种方法也会带来地质灾害风险的增加，如瓦斯、煤矸石滑移等。因此，采用机械化开采方法是最佳的选择之一。机械化开采可以减轻矿工的体力劳动，提高工作效率，而且可以更加规范地按照开采路线进行作业，更大程度地降低非必要风险。在机械化作业中，矿工还需要注意作业安全，同时，设备的保养和维护也是非常重要的。

4. 及时进行检修维护

任何机器都会出现故障或损坏的情况。这也适用于立井作业的机械化设备。因此，保持设备的维护工作是非常关键的。机械设备需要经常检查、维护和修理，以确保它们的安全性和完整性。这也包括检查通风系统、电气设备和其他相关配件。定期检查设备并进行必要的修理或更换，将可以提高设备的使用寿命，从而降低事故发生的可能性，提高安全性。

5. 集中管理

矿工作为行业劳动人员的代表，在个体的基础上集体意识的萌发和安全意识的进一步提高是非常必要的。而集中管理就是针对立井作业管理方面的措施，通过集中管理，可以提高立井作业的安全性、规范化程度，减少矿工的个体行为规范漏洞。集中管理也可以针对本行业特有的安全需求进行特别的管理，确保立井作业的特定安全要求得到满足。

总之，随着矿井行业的不断发展，立井作业的重要性也不断提升。要确保这些过程的安全，关键是必须对立井作业流程进行监控和调整。通过智能监测系统、强化通风设施、机械化作业和定期检修维护等措施，可以提高立井作业的安全性和效率。同时，对矿工进行教育和培训，加强集中管理也是一项重要的任务，可以在大规模生产的背景下提高管理的可行性，最终达到保障矿工安全的目标。

作 业

1. 矿山机电事故的分类有哪些？
2. 导致运输提升事故安全隐患有哪些方面？
3. 预防电火花的主要措施有哪些？
4. 预防电气设备失爆的主要措施有哪些？
5. 预防触电的主要措施有哪些？
6. 预防漏电的主要措施有哪些？
7. 煤矿的生产过程中触电原因有哪些？
8. 平巷轨道运输预防措施有哪些？
9. 斜井轨道运输预防措施有哪些？
10. 立井提升运输预防措施有哪些？

模块 8　矿山爆破事故防治

矿山爆破的安全问题存在于爆破材料的存储、爆破施工的过程、爆破产生的有害效应等爆破工作的整个过程中，无论哪个环节出现事故，均会造成人员伤亡和财产损失。

矿山爆破事故防治的目的是预防矿山爆破事故的发生，保障矿山建设和人民生命财产的安全。防治措施包括对炸药和起爆器材爆炸所造成的破坏作用进行限制以及对爆破所产生的危害采取防护措施。

知识目标

1. 掌握矿山爆破的特点。
2. 认识矿山爆破的有害效应。
3. 了解爆破材料的安全管理。
4. 掌握常见爆破故障防治的措施。

能力目标

1. 能够使用合适的防治手段预防和控制矿山爆破的有害效应。
2. 能够进行常见爆破故障的处理。

素质目标

1. 养成安全第一的工作习惯。
2. 严格遵守工作纪律。

任务 1　认识矿山爆破事故

爆破作业是整个矿山开采安全管理工作的重要环节，也是安全生产中容易产生危害因素的薄弱环节。通过本任务的学习，使学生了解矿山爆破的特点，熟悉矿山爆破的有害效应，掌握常见爆破故障防治的措施。

子任务 1　矿山爆破特点

矿山爆破是指利用炸药爆炸的能量将矿石从岩体中破碎、分离并运出的过程。矿山爆破是石方开采的重要手段之一，广泛应用于露天矿山的开采和地下矿山的开拓、开采。

模块 8　矿山爆破事故防治

矿山爆破所用的雷管、炸药等属于易燃易爆物品，在特定条件下，其性能是稳定的，贮存、运输、使用都是安全的，但如果贮存、运输和使用不当或者意外爆炸，则将会带来爆破事故。

因此，工程爆破的最基本的特点是对安全的高度重视。我国有关部门制定了《中华人民共和国民用爆炸物品安全管理条例》《爆破安全规程》（GB 6722—2014）《爆破作业人员安全技术考核标准》《煤矿安全规程》等，这些条例、法规和技术标准是每一位爆破工作者必须掌握、遵守和执行的。

在爆破事故统计分析中发现，造成爆破事故的主要原因是人为因素，而人为因素造成的爆破事故的主要原因是爆破作业人员素质差、安全意识差和违章作业。因此，矿山爆破对作业人员的素质要求较高，所有爆破从业人员都应参加培训和考核，持证上岗，每个爆破人员都应明确自己的职责和权限。

矿山工程爆破有很强的实践性，矿山工程爆破中爆破的对象是岩体和煤体，岩体有各种各样的性质，即使同一个矿山，不同地点的岩石性质也不一样，其爆破参数的选取应认真计算和考量。矿山工程爆破中，不同的采掘工程其爆破要求和控制目的不一，在爆破设计、施工中需要考虑的重点也不一样。在矿山爆破设计、施工过程中涉及的因素很多，各因素之间又相互联系并构成错综复杂的关系，因此，需将爆破理论知识、爆破实践经验结合具体情况进行综合分析，精心设计、施工才能达到理想的爆破效果。

目前对现代矿山爆破技术的研究和使用正在快速推进，逐渐实现了数字化、智能化和环保化。采用先进的爆破设计和监测技术，提高爆破效果和安全性，也降低了对环境的影响。

子任务 2　矿山爆破的有害效应

在各类爆破中，炸药爆炸后其释放的能量只有 60%～70% 用于期望的作用，如破岩；30%～40% 是做无用功，继而转化为有害效应。爆破有害效应主要有爆破地震、空气冲击波、爆炸飞散物、爆破粉尘、噪声和有害气体等。这些爆破的有害效应伴随爆破工程一起发生，因此，在完成爆破任务的同时，也要兼顾着控制和解决这些问题。它们造成的破坏范围因爆破规模、爆破方式、起爆方法和顺序以及爆破环境不同而不同。

技能点 1　爆破地震

炸药在岩体中爆炸，其部分能量以弹性波的形式在地壳中传播而引起爆区附近的地层震动，称爆破地震。它同天然地震一样，地震强度随着距离的增大而衰减。但与天然地震相比，爆破地震又具有能量衰减快、振动频率高和持续时间短的特点。因此，爆破地震对附近建筑物安全的影响要比天然地震小得多。另外，爆破地震的传播有如下特点：爆破方向（最小抵抗线方向）的振动强度最小，反向最大，两侧居中；在相同条件下高处的振动强度大于低处的振动强度。

爆破地震强度计算：

$$v = K\left(\frac{Q^{\frac{1}{3}}}{R}\right)^{\alpha} \quad (8\text{-}1)$$

式中　R——爆破振动安全允许距离，m；
　　　Q——炸药量 kg，齐发爆破为总药量，延时爆破为最大一段药量；
　　　v——保护对象所在地质点振动安全允许速度，cm/s；
　　　K、α——与爆破点至计算保护对象间的地形、地质条件有关的系数和衰减指数（表 8-1-1）。

表 8-1-1　K 和 α 的取值

岩性	K	α
坚硬岩石	50～150	1.3～1.5
中硬岩石	150～250	1.5～1.8
软岩石	250～350	1.8～2.0

影响爆破振动强度的因素：

1. 微差间隔时间

通过实测波形分析表明，在毫秒延迟微差爆破中，随着爆破规模的增大，延迟间隔也需要增长，毫秒延迟爆破引起的振动相对齐发爆破具有幅值小、频率高、持续时间短等特点。如果两个波形互相叠加，其中一个波形的波峰与另一个波形的波谷叠加，叠加后的幅值最小，如果两个波形的波峰叠加，叠加后的幅值就最大。

加大间隔时间，避免不同段起爆产生振动叠加增强效应，可以控制和降低爆破地震效应、降低振动强度。

2. 孔网参数

在孔网参数的布置中，利用大孔距、小排距、缩小抵抗线、适当控制孔深和超深时，爆破振动强度会减弱。

3. 最大安全药量

通过控制一次爆药量是降低爆破振动效应的最重要手段之一。

4. 预裂爆破

预裂爆破同样对爆破振动强度产生影响。预裂爆破可以人为地制造预裂缝（隔振缝），预裂缝是隔绝振动非常有效的一种方式，如果预裂效果很好，减震效果就会非常好。

预裂爆破可以在爆破体和被保护体之间布置不装药的单排或双排孔进行隔震。但是采用预裂爆破要比打减震孔取得的降震效果要好很多。如果爆破介质为土层时,可以开挖减震沟来进行隔绝振动,减震沟宽以施工方便为前提,并应尽可能地深一些。

5. 起爆顺序

在布置好炮孔后,炮孔的起爆顺序不同,得到的爆破振动也是不同的。根据工程实际,设计合理的起爆顺序,尽量使用 V 形掏槽或对角交叉起爆。可使震波在爆区内叠加。从爆破安全的整体状况来衡量,改变爆破方向将保护物置于侧向位置,更有利于爆破安全。

6. 起爆网络

起爆网络不合格很有可能会导致整个爆破工程的失败。如果间隔时间过小,就达不到减震和创造自由面的目的,会引起过大的振动。但如果将间隔时间设置过大也不合适,间隔时间过大有可能会导致前排炮孔飞石砸坏后排起爆线路并破坏后排孔,或产生大量飞石等。

7. 振动频率

在爆点附近,地震波振动频率随距离增加而增加,达到极大值后又下降。另外,爆破地震波的振动频率也与装药量有关。通过有关分析表明,建筑物在振动作用下的破坏不但取决于地震波的幅值,而且与地震波的频率和持续时间有关。

在应用多段毫秒或秒差爆破时,减少最大一段起爆的药量,无论药室、深孔或浅孔爆破,采用这一方法均可取得良好的降振效果,与齐发爆破相比降振率可达 30%~50%。

技能点 2　空气冲击波

冲击波是炸药爆炸时的又一种外部作用效应。在靠近爆源处,由于爆炸冲击波的作用,可引起爆炸材料的爆轰和燃烧。在离爆源一定范围内,爆炸冲击波对人员具有杀伤力,对建(构)筑物、设备也可造成破坏。不同类型、不同条件、不同规模的爆破作业所产生的爆破冲击波有很大的差别。

炸药在空气中爆炸时,爆炸产物的膨胀,压缩周围空气并在空气中形成的冲击波,称为爆破空气冲击波,简称空气冲击波。空气冲击波对目标的破坏作用常用超压(Δp)表示。

地表大药量爆破时,应核算不同保护对象所承受的空气冲击波超压值并确定相应的安全允许距离。在平坦地形条件下爆破时,可按下式计算空气冲击波超压值:

$$\Delta p = 14\frac{Q}{R^3} + 4.3\frac{Q^{\frac{2}{3}}}{R^2} + 1.1\frac{Q^{\frac{2}{3}}}{R} \tag{8-2}$$

式中　Δp——冲击波峰值超压,MPa。

露天地表爆破当一次爆破炸药量不超过 25 kg 时,按式 8-3 确定空气冲击波对在掩体内避炮作业人员的安全允许距离。

$$R_k = 25\sqrt[3]{Q} \tag{8-3}$$

式中　R_k——空气冲击波对掩体内人员的最小允许距离，单位为米（m）；

　　　Q——一次爆破梯恩梯炸药当量，秒延时爆破为最大一段药量，毫秒延时爆破为总药量，单位为千克（kg）。

有效防止强烈爆炸冲击波的主要措施：

（1）采用毫秒微差爆破技术削弱空气冲击波的强度，实践表明，排间微差时间 15～100 ms 时效果最佳。

（2）严格确定爆破设计参数，控制抵抗线的方向，保证合理的堵塞长度和堵塞质量。

（3）尽可能不采用裸露爆破，对于裸露地面的导爆索、炸药用砂土覆盖，在建筑物拆除爆破、城镇浅孔爆破，不允许采用裸露爆破，也不允许采用孔外导爆索网络。

（4）对于地质弱面和薄弱墙体给予补强以遏制冲击波的产生，必要时在附近预设挡波墙（砖墙、袋墙、石墙、夹水墙等）削弱爆炸冲击波。

（5）对于井巷掘进爆破，也可以采取"导"的措施，增加通道，扩大巷道断面。

技能点 3　个别飞散物

在爆破工程中，由于设计不当、施工失误、管理不严造成爆破个别飞散物对人身、机械、建筑物的安全事故占有相当大的比例。

岩石面在爆破作用下，在最小抵抗线方向上产生破裂以及鼓包，岩石沿着最小抵抗线方向产生移动。通过应力分析得知，炸药爆炸产生的压应力到达自由面后会反射形成拉伸应力。岩石爆破时，邻近自由面的岩块在爆破拉应力的作用下呈放射形飞散。

爆破施工时如果出现堵塞不良，或者出现了岩石裂缝。那么在炸药爆炸后产生的爆炸气体会首先在这些地方喷出，此时在高压气体喷出的路径中的岩块会被加速，可达每秒数百米。因此，加强堵塞以及装药时避开原生裂隙等构造，是防止爆破飞散物的重要措施。

露天岩土爆破个别飞散物对人员的安全距离不应小于表 8-1-2 的规定，对设备或建（构）允许距离应由设计确定。

抛掷爆破时，个别飞散物对人员、设备和建筑物的安全允许距离应由设计确定。

表 8-1-2　露天岩土爆破的最小安全允许距离

爆破类型和方法		最小安全允许距离/m
露天岩土爆破	浅孔爆破法破大块	300
	浅孔台阶爆破	200（复杂地质条件下或未形成台阶工作面不小于 300）
	深孔台阶爆破	按设计，但不小于 200
	硐室爆破	按设计，但不小于 300

硐室爆破个别飞散物安全距离，可按式 8-4 计算：

$$R_f = 20K_f n^2 W \tag{8-4}$$

式中　R_f——爆破飞石安全距离，单位为米（m）；
　　　K_f——安全系数，一般 K_f 取 1.0～1.5；
　　　n——爆破作用指数；
　　　W——最小抵抗线，单位为米（m）。

应逐个药包进行计算，选取最大值为个别飞散物安全距离。

有效防止强烈爆炸冲击波的主要措施：

（1）可以选择合理的最小抵抗线和爆破作用指数，避免单耗失控，以及严格的测量验收是控制飞石危害的基础工作。

（2）慎重对待断层、软弱带、张开裂隙、成组发育的节理、溶洞、采空区上覆岩层等地质构造，采取间隔堵塞，调整药量以避免过量装药。

（3）保证堵塞质量，不但要保证堵塞长度，而且要保证堵塞密实，避免夹杂碎石。

（4）采用低爆速炸药，不耦合装药，挤压爆破和选择合理的延迟时间，防止因前排带炮或后冲，造成后排抵抗线大小与方向失控。

（5）通过调整最小抵抗线方向，控制飞石的方向，避免对人身的危害。

（6）对重要保护对象必要时要设立屏障和对炮孔加强覆盖。

技能点 4　爆破粉尘

影响爆破后产生粉尘的强度及粉尘分散度的因素包括：岩石的物理性质、炸药用药量、炮孔深度、微差间隔、先前形成的粉尘量、工作面及环境湿度。岩石越硬，炸药量越多，炮孔越浅，微差间隔时间越长，形成的粉尘量越大，空气湿度越小，形成的粉尘量越大。可以采用湿式凿岩、喷雾洒水等措施降低爆破粉尘。

（1）湿式凿岩是指用凿岩机打眼时，将压力水通过凿岩机送入孔底，在钻眼过程中，水与石粉混合成泥浆流出，从而避免了粉尘外扬。据测定，这种方法可降低粉尘量的 80%。湿式凿岩应做到先开水后开风，先关风后关水，或水、风同时开启或关闭，尽可能做到使粉尘不飞扬。

（2）爆破工程中还可以采用在工作面喷雾洒水等方法来降低爆破粉尘。所谓喷雾洒水，是在工作面附近安装除尘喷雾器，在爆破前打开喷水装置，爆破后关闭。

技能点 5　爆破噪声

当爆破产生的空气冲击波的超压降到相当低的水平（0.2 kgf/cm² ≈ 0.2 × 0.098 MPa）以后，冲击波就衰减为声波（爆破噪声），以波的形式继续向外传播，其传播范围很广。虽然爆破噪声的持续时间很短，但若分贝、频率过高，将刺激人的神经，损伤人体器官，危害人体健康。当噪声达到 150 dB 时，会产生双耳失聪、眩晕、恶心、神志不清、休克等症状。当噪声峰值达到 170～190 dB 时，如果不注意就可能使耳膜破裂，甚至伤害更为严重。当爆破噪声达到 168 dB 以上时，还会对建筑物的窗玻璃和窗框等产生某种程度的损坏。

技能点 6　有害气体

爆破产生的有害气体包括一氧化碳、氮氧化物、二氧化硫、硫化氢、氨气等。地下爆破作业点有害气体的浓度不应超过表 8-1-3 的标准。

表 8-1-3　地下爆破作业点有害气体允许浓度

有害气体名称		CO	N_nO_m	SO_2	H_2S	NH_3	R_n
允许浓度	按体积/%	0.002 40	0.000 25	0.000 50	0.000 66	0.004 00	3 700 Bq/m³
	按质量/(mg·m⁻³)	30	5	15	10	30	—

（1）影响爆炸有害气体产生的因素包括：氧平衡、起爆药包的类型和威力、炸药加工质量和使用条件（比如装药密度、炮孔直径、炮孔内的水和岩粉等，一般来说，起爆能量越大，生成的有害气体越少）、微差间隔、先前形成的粉尘量、工作面及环境湿度。

（2）有害气体监测应遵守下列规定：

① 应按 GB 18098 规定的方法监测爆破后作业面和重点区域有害气体的浓度，且不应超过表 8-1-3 的规定值。

② 露天硐室爆破后 24 h 内，应多次检查与爆区相邻的井、巷、涵洞内的有毒、有害气体浓度，防止人员误入中毒。

③ 地下爆破作业面有害气体浓度应每月测定一次；爆破炸药量增加或更换炸药品种时，应在爆破前后各测定一次爆破有害气体浓度。

（3）预防有害气体中毒应采取下列措施：

① 使用合格炸药，炸药组分的配比应当合理，尽可能做到零氧平衡。加强炸药的保管和检验，禁止使用过期、变质的炸药。

② 做好爆破器材防水处理，确保装药和填塞质量，避免半爆和爆燃。

③ 应保证足够的起爆能量，使炸药迅速达到稳定爆轰和完全反应。

④ 井下爆破前后加强通风，应加强对死角和盲区的通风。

⑤ 加强有毒气体监测，不盲目进入可能聚藏有害气体的死角。

⑥ 对封闭矿井应作监管，防止盗采和人员误入造成中毒事故。

任务 2　爆破事故防治

爆破是指利用爆炸物或炸药进行破坏或爆炸作业的过程。爆破事故的发生可能会导致人员伤亡、财产损失以及环境污染等严重后果。因此，做好爆破事故的防治工作至关重要。本任务主要讲述爆破物品的贮存、运输等安全管理工作，对常见的爆破事故原因进行分析并提出治理措施。

子任务 1　爆破材料安全管理

技能点 1　爆炸物品贮存

（1）建有爆炸物品制造厂的矿区总库，所有库房贮存各种炸药的总容量不得超过该厂一个月生产量，雷管的总容量不得超过 3 个月生产量。没有爆炸物品制造厂的矿区总库，所有库房贮存各种炸药的总容量不得超过由该库所供应的矿井 2 个月的计划需要量，雷管的总容量不得超过 6 个月的计划需要量。单个库房的最大容量：炸药不得超过 200 t，雷管不得超过 500 万发。

地面分库所有库房贮存爆炸物品的总容量：炸药不得超过 75 t，雷管不得超过 25 万发。单个库房的炸药最大容量不得超过 25 t。地面分库贮存各种爆炸物品的数量，不得超过由该库所供应矿井 3 个月的计划需要量。

（2）地面爆炸物品库必须有发放爆炸物品的专用套间或者单独房间。分库的炸药发放套间内，可临时保存爆破工的空爆炸物品箱与发爆器。在分库的雷管发放套间内发放雷管时，必须在铺有导电的软质垫层并有边缘凸起的桌子上进行。

（3）井下爆炸物品库应当采用硐室式、壁槽式或者含壁槽的硐室式。

爆炸物品必须贮存在硐室或者壁槽内，硐室之间或者壁槽之间的距离必须符合爆炸物品安全距离的规定。

井下爆炸物品库应当包括库房、辅助硐室和通向库房的巷道。辅助硐室中，应当有检查电雷管全电阻、发放炸药以及保存爆破工空爆炸物品箱等的专用硐室。

（4）井下爆炸物品库的布置必须符合下列要求：

① 库房距井筒、井底车场、主要运输巷道、主要硐室以及影响全矿井或者一翼通风的风门的法线距离：硐室式不得小于 100 m，壁槽式不得小于 60 m。

② 库房距行人巷道的法线距离：硐室式不得小于 35 m，壁槽式不得小于 20 m。

③ 库房距地面或者上下巷道的法线距离：硐室式不得小于 30 m，壁槽式不得小于 15 m。

④ 库房与外部巷道之间，必须用 3 条相互垂直的连通巷道相连。连通巷道的相交处必须延长 2 m，断面积不得小于 4 m²，在连通巷道尽头还必须设置缓冲砂箱隔墙，不得将连通巷道的延长段兼作辅助硐室使用。库房两端的通道与库房连接处必须设置齿形阻波墙。

⑤ 每个爆炸物品库房必须有 2 个出口，一个出口供发放爆炸物品及行人，出口的一端必须装有能自动关闭的抗冲击波活门，另一出口布置在爆炸物品库回风侧，可以铺设轨道运送爆炸物品，该出口与库房连接处必须装有 1 道常闭的抗冲击波密闭门。

⑥ 库房地面必须高于外部巷道的地面，库房和通道应当设置水沟。

⑦ 贮存爆炸物品的各硐室、壁槽的间距应当大于殉爆安全距离。

（5）井下爆炸物品库必须采用砌碹或者用非金属不燃性材料支护，不得渗漏水，并采取防潮措施。爆炸物品库出口两侧的巷道，必须采用砌碹或者用不燃性材料支护，支护长度不得小于 5 m。库房必须备有足够数量的消防器材。

（6）井下爆炸物品库的最大贮存量，不得超过矿井 3 天的炸药需要量和 10 天的电雷管需要量。

井下爆炸物品库的炸药和电雷管必须分开贮存。

每个硐室贮存的炸药量不得超过 2 t，电雷管不得超过 10 天的需要量；每个壁槽贮存的炸药量不得超过 400 kg，电雷管不得超过 2 天的需要量。

库房的发放爆炸物品硐室允许存放当班待发的炸药，最大存放量不得超过 3 箱。

（7）爆炸物品领退、丢失和销毁：

① 煤矿企业必须建立爆炸物品领退制度和爆炸物品丢失处理办法。

② 电雷管（包括清退入库的电雷管）在发给爆破工前，必须用电雷管检测仪逐个测试电阻值，并将脚线扭结成短路。

③ 发放的爆炸物品必须是有效期内的合格产品，并且雷管应当严格按同一厂家和同一品种进行发放。

④ 爆炸物品的销毁，必须遵守《民用爆炸物品安全管理条例》。

技能点 2　爆炸物品运输

（1）在地面运输爆炸物品时，必须遵守《民用爆炸物品安全管理条例》以及有关标准规定。

（2）井下用电机车运送爆炸物品时，应当遵守下列规定：

① 炸药和电雷管在同一列车内运输时，装有炸药与装有电雷管的车辆之间以及装有炸药或者电雷管的车辆与机车之间，必须用空车分别隔开，隔开长度不得小于 3 m。

② 电雷管必须装在专用的、带盖的、有木质隔板的车厢内，车厢内部应当铺有胶皮或者麻袋等软质垫层，并只准放置 1 层爆炸物品箱。炸药箱可以装在矿车内，但堆放高度不得超过矿车上缘。运输炸药、电雷管的矿车或者车厢必须有专门的警示标识。

③ 爆炸物品必须由井下爆炸物品库负责人或者经过专门培训的人员护送。跟车工、护送人员和装卸人员应该坐在尾车内，严禁其他人员乘车。

④ 列车的行驶速度不得超过 2 m/s。

⑤ 装有爆炸物品的列车不得同时运送其他物品。

井下采用无轨胶轮车运送爆炸物品时，应当按照民用爆炸物品运输管理有关规定执行。

（3）由爆炸物品库直接向工作地点用人力运送爆炸物品时，应当遵守下列规定：

① 电雷管必须由爆破工亲自运送，炸药应当由爆破工或者在爆破工监护下运送。

② 爆炸物品必须装在耐压和抗撞冲、防震、防静电的非金属容器内，不得将电雷管和炸药混装。严禁将爆炸物品装在衣袋内。领到爆炸物品后，应当直接送到工作地点，严禁中途逗留。

③ 携带爆炸物品上、下井时,在每层罐笼内搭乘的携带爆炸物品的人员不得超过 4 人,其他人员不得同罐上下。

④ 在交接班、人员上下井的时间内,严禁携带爆炸物品人员沿井筒上下。

子任务 2　常见爆破故障及其防治

技能点 1　早　爆

炸药比预定时间提前爆炸称为早爆。冲击、摩擦、挤压等机械能、热能、杂散电流、静电、雷电等均能意外引起早爆。早爆可对现场施工人员造成严重伤害。在现场爆破施工中,必须按安全操作规程进行操作,采取有效措施,避免早爆事故发生。

1. 早爆的原因

1) 电流原因

(1) 杂散电流。如电机车牵引网络的漏电电流,当机车启动时其杂散电流可高达数十安培,运行时达十几到数十安培,当其通过管路、潮湿的煤、岩壁导入爆破网络或雷管脚线时,就有可能发生早爆事故。此外,动力或照明交流电路漏电都可以产生杂散电流。

(2) 雷管脚线或爆破母线与动力或照明交流电源一相接地,又相互与另一接地电源相接触时,使爆破网络与外部电流相通,当其电能超过电雷管的引火冲量时,电雷管就可能发生爆炸。

(3) 雷管脚线或爆破母线与漏电电缆相接触。有时,爆破工在敷设爆破母线时,不按照规程规定的距离悬挂,或接头、破损处未包扎好,都有可能出现这方面的现象。

(4) 静电。接触爆炸材料的人员穿化纤衣服;爆破电线、雷管脚线碰到具有较高静电电压的塑料制品。

(5) 雷电。雷电直接落在雷管、起爆索、导爆索等爆炸材料上导致早爆。

2) 受到机械撞击、挤压和摩擦

(1) 顶板落下的矸石砸到电雷管,或用矸石、硬质器械猛砸炸药、起爆药卷,而引起炸药、雷管爆炸;或装药时炮棍捣动用力过大,把雷管捣响。

(2) 各种起爆材料和炸药都具有一定的爆轰敏感度。当一个地点进行爆破作业时,可能会引起附近另一处炮眼内的雷管爆炸。

3) 爆破器具保管不当

(1) 爆破器具没有按规定进行保管。发爆器及其把手、钥匙乱扔乱放,或他人用发爆器通电起爆。

(2) 发爆器受淋、受潮,致使内部线路发生混乱,开关失灵。

4）爆轰敏感度的影响

各种起爆材料和炸药都具有一定的爆轰敏感度。当一个地点进行爆破作业时，可能会引起附近另一处炮眼内的雷管爆炸。

2. 早爆的预防措施

（1）采用电雷管起爆时，杂散电流不得超过 30 mA。大于 30 mA 时，必须采取必要的安全措施。

（2）电雷管脚线、爆破母线在连线以前扭结成短路，连线后电雷管脚线和连接线、脚线与脚线之间的接头都必须悬空，并用绝缘胶布包好，不得同任何导电体或潮湿的煤、岩壁相接触。

（3）加强井下设备和电缆的检查和维修，发现问题及时处理。

（4）采用电力起爆时，在装入雷管前，爆区附近的用电设备应暂停运行，清除爆区内的金属物件和洒落在积水内的炸药，以减少杂散电流源。

（5）存放炸药、电雷管和装配起爆药卷的地点安全可靠，严防煤、岩块或硬质器件撞击电雷管和炸药。

（6）采用电爆网络时，应对高压电、射频电等进行调查，对杂散电进行测试，发现存在危险，应立即采取预防或排除措施。

（7）预防静电早爆的措施：爆破作业人员禁止穿戴化纤、羊毛等可产生静电的衣物；机械化装药时，所有设备必须有可靠接地，防止静电积累；采用抗静电雷管；或在压气装药系统（当压气输送炸药固体颗粒时，可能产生静电）中采用半导体输药管；使用压气装填粉状硝铵类炸药时，特别在干燥地区，采用导爆索网络或孔口起爆法，或采用抗静电的电雷管；采用导爆管起爆系统。

（8）雷雨天气采用非电起爆。遇雷雨时立即停止爆破作业，迅速撤离危险区，并在危险区边界设置岗哨，防止他人误入。

技能点 2　迟　爆

炸药比预定时间滞后爆炸称为迟爆。迟爆具有不可预见性，所以迟爆极易发生爆破事故。迟爆事故分析表明，产生迟爆主要是起爆材料或者炸药的原因。主要有以下两方面：

① 起爆材料或炸药已过质保期，起爆能力或爆轰性能降低，起爆后炸药不能立即爆轰，存在一段由爆燃转为爆轰的时间，致使爆炸时间滞后。

② 起爆材料质量不好，如延期雷管激发时间延长等。

为防止迟爆及由此发生的安全事故，应抓好以下几个环节：

① 不使用变质失效的爆炸材料。

② 使用前检测爆炸材料性能。

③ 发现炮未响时，不要急于作为盲炮处理，应留有足够的等待时间，以防迟爆造成爆破事故。

技能点 3　盲炮（拒爆）

因各种原因未能按设计起爆，造成药包拒爆的全部装药或部分装药。个别及少数药包拒爆通常会影响爆破效果；而大面积药包的拒爆则往往导致整个爆破作业失败。爆后检查人员发现盲炮或怀疑盲炮，应向爆破负责人报告后组织进一步检查和处理；发现其他不安全因素应及时排查处理；在上述情况下，不得发出解除警戒信号，经现场指挥同意，可缩小警戒范围。

（1）拒爆的原因。

实践经验表明，产生拒爆的原因可归纳为以下几方面：

① 炸药、起爆器材质量不合格或者变质失效。

② 电力起爆时，起爆电源（含起爆器和交直流电源）容量不够，起爆网络中雷管不准爆。

③ 爆破施工不当，损坏了起爆线路，或使导爆管网络中少数导爆管拒爆。

④ 在导爆索和导爆管起爆网络中，因爆破参数选取不当，导致先起爆药包爆炸后破坏了后起爆网络，造成拒爆。

⑤ 电爆网络接头接地或短路（在含有裂隙水的炮孔中极易发生），或在同一网络中使用不同厂或同厂不同批的电雷管，或网络中的雷管电阻值相差过大，这些均能造成局部或大部分药包拒爆。

⑥ 电爆网络设计错误，并联电路电阻不平衡，致使电阻大的一组网络拒爆。

⑦ 错误地将同一爆区的药包组分成两个起爆网络先后起爆，后起爆网络的药包拒爆。

（2）盲炮处理的一般规定。

① 处理盲炮前应由爆破技术负责人定出警戒范围，并在该区域边界设置警戒，处理盲炮时无关人员不许进入警戒区。

② 应派有经验的爆破员处理盲炮,硐室爆破的盲炮处理应由爆破工程技术人员提出方案并经单位技术负责人批准。

③ 电力起爆网络发生盲炮时，应立即切断电源，及时将盲炮电路短路。

④ 导爆索和导爆管起爆网络发生盲炮时，应首先检查导爆索和导爆管是否有破损或断裂，发现有破损或断裂的可修复后重新起爆。

⑤ 严禁强行拉出炮孔中的起爆药包和雷管。

⑥ 盲炮处理后，应再次仔细检查爆堆，将残余的爆破器材收集起来统一销毁；在不能确认爆堆无残留的爆破器材之前，应采取预防措施并派专人监督爆堆挖运作业。

⑦ 盲炮处理后应由处理者填写登记卡片或提交报告，说明产生盲炮的原因、处理的方法、效果和预防措施。

子任务 3　矿山爆破事故案例及分析

1. 炮烟中毒事故

（1）2005 年 1 月 14 日，陕西铅洞山铅锌矿发生炮烟中毒事故致 2 人死亡，数人受伤。事故发生时，工人从放炮工作面经过时与放炮时间仅间隔 20 分钟，由于炮烟浓度高，致使工人出现中毒症状，随后 2 人死亡。

（2）2005 年 5 月 25 日，新疆鄯善县南部矿区彩霞山铅锌矿发生一起炮烟中毒事故，导致 8 人死亡。当日凌晨 6 时放完炮后，通风至 8 时。作业人员随即进入掘进工作面出渣。

2. 早爆事故

（1）2007 年 1 月 10 日，位于伊宁县境内的阿希金矿发生爆破事故，造成一死一伤。在进行掘进爆破点火过程中，已点燃的炮孔突然提前爆炸，导致正在点火的 1 名爆破工当场死亡，同在工作面负责监视的另 1 名矿工被爆炸冲击波冲击致伤。

（2）2007 年 5 月 22 日，黄石大冶有色铜绿山矿井下 425 m 掘进巷发生爆炸事故，3 名负责爆破的民工被炸伤，其中一人在被送往医院抢救过程中死亡。当时填放好炸药，准备连续爆破 30 炮。负责点炮的人刚燃着一个炮引，原先要等 2 分钟才爆炸的炮，由于雷管不合格，不到 5 s 就响了一炮。

3. 原因分析及防范措施

（1）炮烟中毒事故。炸药在爆炸或燃烧后产生 NO、NO_2、H_2S、SO_2、CO、CO_2 等有害气体，当这些有害气体含量超过限定值时，会对人体造成危害。因此，在爆破中，特别是在坑道掘进爆破中，应对爆破有害气体予以重视。为了避免由于炮烟造成人员伤亡，应尽量采用零氧平衡或接近零氧平衡炸药，减少爆破有害气体产生量；爆破时，要加强通风和爆破有害气体的检测，以避免炮烟中毒；在施工组织设计上，要优先安排主通道和排风排烟通道的掘进，以充分发挥自然通风的有利条件。

（2）爆破器材质量和违章操作引发的事故。《爆破安全规程》规定："同一工作面由 1 人以上同时点火时，应指定 1 人负责协调点火工作，掌握信号管或计时导火索的燃烧情况，及时发出撤至安全地点的命令；连续点燃多根导火索时，露天爆破必须先点燃信号管，井下爆破必须先点燃计时导火索。信号管响后或计时导火索燃烧完毕，无论导火索点完与否，人员必须立即撤离；1 人点火时，连续点火的根数（或分组一次点火的组数）：地下爆破不得超过 5 根（组），露天爆破不得超过 10 根（组）。"所以，导火索起爆的过程中操作人员要严格遵循安全规定，加强监督机制，将人为违章导致的事故降到最低。

作　业

1. 什么是矿山爆破？
2. 矿山爆破有哪些有害效应？

3. 矿山爆破产生的有害气体有哪些？
4. 矿山爆破故障有哪些？
5. 早爆的原因有哪些？
6. 迟爆的原因有哪些？
7. 拒爆的原因有哪些？
8. 早爆的预防措施有哪些？
9. 如何处理盲炮？

模块 9　矿井热害防治

知识目标

1. 掌握矿井热害产生的基本概念。
2. 掌握矿井热害分析的意义及特点。
3. 掌握矿井热害安全操作规范的要求及特点。

能力目标

1. 能够对矿井热害的热源进行分析。
2. 能够对矿井热害进行处置。

素质目标

1. 正确处置矿井热害。
2. 通过分析矿井热害热源选用设施设备。

任务 1　认识矿井热害

随着采矿工业的发展，矿井开采深度逐渐增加。综合机械化程度不断提高，地热和井下设备向井下空气散发的热量显著增加，而且矿井瓦斯、地压等问题也日趋严重，从而使井下工作环境越来越恶化，矿井通风工作面临越来越大的困难。此外，一些地处温泉地带的矿井，虽然开采深度不大，但由于从岩石裂隙中涌出的热水以及受热水环绕与浸透的高温围岩也都能使矿内气温升高，湿度增大。矿内高温、高湿的环境严重地影响着井下作业人员的身体健康和劳动生产效率的提高，已造成灾害。热害逐渐成为与瓦斯、煤尘、顶板、火、水同样严重的煤矿井下自然灾害。

目前我国已有许多的煤矿受着热害的困扰，并日趋严峻。普遍认为，矿井热害最终将成为确定有用矿物开采深度的主要决定性因素。为在井下创造一个可承受的工作气候环境，往往需要昂贵的通风系统以及空调系统，为了合理设计与正确运用这两个系统，就应了解矿内各热源对井下热害所起的作用，以便采取适当的措施予以控制或缓解，保护矿工的身体健康和提高劳动生产率。通过本任务的学习使学生掌握矿井热害的定义，能够对矿井热害进行分析，知晓矿井热害对人体的危害。

子任务 1　矿井热害伤害分析

我国煤矿生产发展趋势机械化程度日益进步开采深度也不断增加，但也不断伴随着机械散热和高温地热等热害问题。矿井热害会降低作业人员工作效率，严重制约矿井经济效率，更为严重的是热害会导致作业人员身体出现脱水、失钠，血容量减少，血压增加，血液黏度增加，导致疲劳、中暑，甚至会出现热痉挛、虚脱甚至死亡，也会造成身体和精神上的慢性疾病。现阶段热害治理通常是通过经验进行摸索，或者单纯直接引进一些降温设备和技术。通过研究井下热害产生原因和不良影响，通过事故树分析法对矿井热害进行系统分析，提出了一些常用到的降温手段，并对未来的发展提出了初步的设想。对煤矿热害的防治提供一定的帮助。

技能点 1　矿井热害产生的原因

1. 矿井高温产生的原因

矿井内部系统中能够造成环境内温度上升的热源和因素有很多，但按照属性分为绝对热源和相对热源 2 类。绝对热源主要指井下各类设备、电气装置、空气压缩以及矿物氧化等直接产热方式；而相对热源指热量高于环境温度，如岩层温度过高，井下热水散热，并且岩层高温是井下高温的主要原因，也是控制难点，它包含岩壁、堆积和运输中矿岩，部分矿井也由高温热水涌出。

井下机电设备散热、围岩热、矿物矸石热、风流压缩热这 4 类情况，普遍存在于各井工矿井。围岩热又被称为地热，主要由于矿井开采深度过大，达到了地热区域，该类问题大部分存在我国中北部高温矿井中。而矿岩氧化热和地下热水涌出现象较少，但是地下热水也会导致矿井高温，这类情况载体流动性大，热容量也较大，同时易散热与风流进行交换。

2. 矿井高湿产生的原因

人体舒适度环境下相对湿度要求为 50%～60%，而井下作业环境整体较为潮湿，通常井下作业空间内相对湿度为 80%～90%，回风段的总回风道及回风井相对湿度多数情况下趋近饱和状态。井下空间内空气中水分来源主要是矿井水的直接蒸发，井巷壁冷凝水的再次散湿，由于降尘、钻孔冷却、水力致裂等操作的大量生产用水蒸发，各类因素下导致矿井内部湿度过大超出人体正常工作需要的相对湿度要求。

技能点 2　矿井热害对人体的危害

1. 矿井高温的危害

人体正常进行体力劳动适宜环境为 20～30 ℃ 范围内，当井下温度超出 30 ℃ 时构成高温环境，长期处于该环境下会导致工人的身体和精神都出现一定问题。

内分泌系统紊乱，盐分电解质出现功能性紊乱，身体机能下降；体温升高，体温调节障碍；身体大量脱水，体力劳动情况下工人排汗量能够达到 1～1.2 L/h，每小时的排汗量达到夏季成人全天的正常排汗量，消化、泌尿、体循环、神经系统都会由于脱水、脱钠而出现紊乱，出现中暑、痉挛，长期会造成部分慢性疾病。

高温环境下，人体中枢系统会处于疲劳状态，易出现系统失调，身体疲劳、无力、烦躁、精神恍惚、精神不集中，会导致人员不当操作和生产效率下降。

2. 矿井高湿的危害

矿井内部环境中长期超出80%的空气相对湿度远远超出作业人员正常下舒适度要求的湿度，构成高湿环境。井下作业人员长期处在高湿环境下，人体部分正常生理功能会被打乱，对身体状态造成极大伤害。人员长期处于高湿环境下会引发大量的慢性疾病如：皮肤病、风湿、类风湿、皮肤病、消化及泌尿系统紊乱、心脏病，同时长期高湿环境会诱发人员的心理问题，长期不舒适感会导致烦躁、压抑、精神不集中、思想紊乱，严重时会导致心理疾病。

子任务 2　矿井主要热源分析

1. 地表大气

井下的风流是从地表流入的，因而地表大气温度、湿度与气压的日变化和季节性变化势必影响到井下。

地表大气温度在一昼夜内的波动称为气温的日变化，它是由地球每天接受太阳辐射热和散发的热量变化造成的。虽然地表大气温度的日变化幅度很大，但当它流入井下时，井巷围岩将产生吸热或散热作用，使风温和巷壁温度达到平衡，井下空气温度变化的幅度就逐渐地衰减。因此，在采掘工作面上，基本上觉察不到风温的日变化情况。当地表大气温度突然发生了持续多天甚至数星期的变化时，这种变化还是能在采掘工作面上觉察到的。

地表大气的温度与湿度的季节性变化对井下气候的影响要比日变化深远得多。研究表明，在给定风量的条件下，气候各参量的日与季节性变化的衰减率均和其流经的井巷距离成正比，和井巷的横断面成反比。

地面空气温度直接影响矿内空气温度。尤其对浅井，影响就更为显著。地面空气温度发生着年变化、季节变化和昼夜变化。地面空气温度的变化对于每一天都是随机的，但遵守一定的统计规律，这种规律可以近似地以正弦曲线表示，如下式所示：

$$t = t_0 + A_0 \sin\left(\frac{2\pi\tau}{365} + \varphi_0\right) \ °C \quad (9\text{-}1)$$

式中：t_0 为地面年平均气温，°C；φ_0 为周期变化函数的初相位，rad；A_0 为地面气温年波动振幅（°C），它可以按照下式计算：

$$A_0 = \frac{t_{\max} - t_{\min}}{2} \quad (9\text{-}2)$$

其中：$t_{\max}$ 为最高月平均温度，$t_{\min}$ 为最低月平均温度。地面气温周期性变化，使矿井进风路线上的气温也相应地周期性变化。但是这种随着距离进风口的距离增加而衰减，并且在时间上，井下气温的变化要稍微滞后于地面气温的变化。

2. 流体的压缩与膨胀

严格说来，流体的自压缩并不是一个热源，它是在地球重力场中制止物质下落的一个普遍现象，即将其位能经摩擦转换为焓，所以其温升并不是由外界输入热能的结果。由于在矿井的通风与空调中，流体的自压缩温升对井下风流的参量具有重大的影响，故一般将它并入热源中予以讨论。

1) 空气的自压缩升温的理论分析

矿井深度的变化，使空气受到的压力状态也随之而改变。当风流沿井巷向下（或向上）流动时，空气的压力值增大（或减小）。空气的压缩（或膨胀）会出现放热（或吸热），从而使矿井温度升高（或降低）。由矿内空气的压缩或膨胀引起的温升变化值可按下式计算：

$$\Delta t = \frac{(n-1)}{n}\frac{g}{R}(Z_1 - Z_2) \tag{9-3}$$

式中：n 为多变指数，对于等温过程，$n = 1$，对于绝热过程，$n = 1.4$；g 为重力加速度，9.81 m/s；R 为普氏气体常数，对于干空气，$R = 287$ J/（kg·K）。在绝热情况下，$n = 1.4$，则式（9-3）可简化为

$$\Delta t = \frac{\Delta Z}{102} \tag{9-4}$$

上式表明，井巷垂深每增加 102 m，空气由于绝热压缩释放的热量使其温度升高 1 ℃；相反，当风流向上流动的时候，则又因绝热膨胀，使其温度降低。实际上，由于矿内空气是湿空气，空气的含湿量也随着压力的变化而变化，因此热湿交换的热量有时掩盖了压缩（或膨胀）放出（或吸收）的热量，所以实际的温升值与计算值是略有差别的。

2) 自压缩对风流的升温效应

如果在没有同周围介质发生热、湿交换时，每 1 kg 流体在向下流动的高差为 1 000 m 时，其焓增为 9.81 kJ。

对于干空气来说，比热 $c = 1.005$ kJ/kg·℃，则风流的干球温升：

$$\Delta t = \frac{\Delta i}{c} = \frac{9.81}{1.005} = 9.76 \text{ ℃}/1\,000 \text{ m} \tag{9-5}$$

对于湿空气来说，比热 $c = 1.032$ kJ/kg·℃，则风流的干球温升：

$$\Delta t = \frac{\Delta i}{c} = \frac{9.81}{1.032} = 9.51 \text{ ℃}/1\,000 \text{ m} \tag{9-6}$$

可见，风流如果没有和其周围介质进行热、湿交换时，每垂直向下流动 100 m，其温升约为 1 ℃，则千米井筒里流动的风流的自压缩温升可达 10 ℃。好在煤矿的井巷并不是完全干燥的，存在换湿过程，水分的蒸发是要消耗相当数量的热量，从而抵消部分的风流干球温升，使风流实际的干球温升值没有像上面计算的那么大。但是水分的蒸发会使风流含湿量增大，对井下的气候条件也是不利的。

在进风井筒里,风流的自压缩是最主要的热源,且往往是唯一有意义的热源,在其他的倾斜井巷里,特别是在回采工作面上,风流的自压缩仅是诸多热源之一,且一般是个不太重要的热源。

风流的自压缩是无法消除的,对于像南非那样的近 4 000 m 的特深金矿来说,其危害更为突出,在无热、湿交换的井筒里,其井底车场里风流的干球温升可达 40 ℃,焓增达 40 kJ/kg。如进风量为 200 m³/s,则意味着其热量可达 10 MW,这是一个相当巨大的热源,而且进风量越大,其热量的总增量也越高。在这种情况下,增大风量已不是一个降低井下风温的有效措施,反而成为负担。

由于流动于井下的风、水及压缩空气是带走井内热量的唯一手段,而到达采掘工作面的风、水温度受限于法定的矿内卫生标准,因而自压缩引起的焓增势必缩小了风、水带走井下热量的能力。风流在沿着倾斜或垂直井巷向上流动时,因膨胀而使其焓值有所减少,风温也将下降,其数值和向下流动时是相同的,只是符号相反。

3. 围岩散热

当流经井巷风流的温度不同于初始岩温时,就要产生换热,即使是在不太深的矿井里,初始岩温也要比风温高,因而热流往往是从围岩传给风流,在深矿井里,这种热流是很大的,甚至于超过其他热源的热流量之和。

围岩向井巷传热的途径有两种:一是借热传导自岩体深处向井巷传热,二是经裂隙水借对流将热传给井巷。井下未被扰动的岩石的温度(原始岩温)是随着与地表的距离加大而上升的,其温度的变化是由自围岩径向向外的热流造成的。原始岩温的具体数值决定于地温梯度与埋藏深度。在大多数情况下,围岩主要以传导方式将热传给岩石,当岩体裂隙水向外渗流时则存在着对流传热。

在井下,井巷围岩里的传导传热是个不稳定的传热过程,即使是在井巷壁面温度保持不变的情况下,由于岩体本身就是热源,所以自围岩深处向外传导的热量值也随时间而变化。随着时间的推移,被冷却的岩体逐渐扩大,因而需要从围岩的更深处将热量传递出来。

由于地质和生产上的原因,围岩向风流的传热是一个非常复杂的过程,计算也非常烦琐,不同的学者提出了不同的计算方法,为了使理论计算成为可能,一般要进行下列假设:

(1)井巷的围岩是均质且各向同性的。

(2)在分析开始时,岩石温度是均一的,且等于该处岩石的原始岩温。

(3)巷道的横断面积是圆形的,且热流流向均为径向。

(4)在整条巷道壁面,换热条件是一样的;在其周长上,热交换的条件也是一样的。

(5)在所分析的巷段里,空气的温度是恒定不变的。

当上述 5 条假设条件均能够满足时,则单位长度巷道的围岩热流量可用下式进行计算:

$$q = 2\pi\lambda T(Fo)(t_{gu} - t_s) \tag{9-7}$$

式中　q——单位长度巷道的围岩所传递的热流量，W/m；
　　　λ——围岩的导热率，W/(m·K)；
　　　t_{gu}——围岩的原始岩温度，℃；
　　　t_s——巷道壁面的温度，℃；
　　　$T(Fo)$——考虑到巷道通风时间、巷道形状以及围岩特性的时间系数，可用傅立叶数来描述：

$$Fo = \theta a / r^2 \tag{9-8}$$

式中　Fo——傅立叶数；
　　　θ——巷道通风时间，s；
　　　r——巷道的半径，m；
　　　a——围岩的导温系数（热扩散系数），m²/s

$$a = \lambda / p_r \cdot c_r \tag{9-9}$$

式中　p_r 为围岩的密度，kg/m³；c_r 为围岩的比热容，J/(kg·K)。

当风流的干球温度 t_a 等于巷道壁面的温度 t_s 时，则在时间 θ 里，从巷道单位面积上传递的热流量为：

$$\frac{q}{A} = \sqrt{\lambda \rho_r C_r / \pi \theta (t_{gu} - t_s)} \tag{9-10}$$

式中　A——巷道表面积，m。则从零时刻开始累计的热量为：

$$\frac{Q}{A} = 2\sqrt{\lambda \rho_r C_r \theta / \pi (t_{gu} - t_a)} \tag{9-11}$$

此处 Q 为从零时刻开始累计的热量值，J。

当暴露时间不同时，从一个采场的砂岩顶板传递出来的热量值如表 9-1-1：

表 9-1-1　从砂岩顶板传出的热流值

岩石裸露的时间 （h）	热流值 （W/m）	岩石裸露的时间 （h）	热流值 （W/m）
0.1	714	8	51.5
0.5	206	16	36.4
1	146	32	25.8
2	103	64	18.2
4	73	128	12.9

从表 9-1-1 中可以看出，随着岩石裸露时间的延长，从岩石单位面积上传递出来的热流值衰减的很快。由式 9-11 可以看出，围岩传给风流的热流量与温差 $(t_{gu} - t_a)$ 成正比，与巷道裸露时间倒数的平方根 $\sqrt{1/\theta}$ 成正比，并与岩石的热物理特性的平方根

$\sqrt{\lambda \rho_r C_r}$ 成正比。经计算得知，如果采掘工作面回采的日进尺为 1 m，则新裸露出来的岩石温度几乎就等于原始岩温，所以这样的劳动环境是非常热的。距暴露面数厘米之内，岩石冷却是非常急剧的。因而可以认为：如果在岩石新裸露出来的短时间里，用冷水冷却岩石表面，则能够得到很好的冷却效果。

由于岩体内的温度梯度很陡，这就意味着热阻主要是岩体本身，因而岩石表面与风流间的热阻相对较小。实测表明，岩石裸露数星期之后，其表面温度几乎和风温相同，温差不超过 1%。

4. 机电设备的放热

随着机械化程度的提高，煤矿中采掘工作面机械的装机容量急剧增大。机电设备所消耗的能量除了部分用以做有用功外，其余全部转换为热能并散发到周围的介质中去。由于在煤矿井下，动能的变化量基本上是可以忽略不计的，所以机电设备做的有用功是将物料或液体提升到较高的水平，即增大物料或液体的位能。而转换为热能的那部分电能，几乎全部散发到流经设备的风流中。回采机械的放热仍是使采面气候条件恶化的主要原因之一，能使风流温度上升 5～6 ℃。

现将煤矿井下常用的机电设备的散热情况叙述如下：

（1）通风机。由热力学可知，通风机不做任何有用功，因而输送通风机的电动机上所有的电能均转换为热能，并散发到其周围的介质中。所以流经通风机的风流的焓增应等于通风机输入的功率除以风流的质量流量，并直接表现为风流的温升。由于井下通风机基本上是连续运转的，所以用不着计算其时间的利用率。

（2）提升机。提升机主要是运送人员、材料及提升矿物、岩石。在运送人员时，提升机所做的净功为零；与提升的矿物、岩石量相比，下送材料的数量一般可以忽略不计，所以它的放热量也可略而不计。

提升机消耗的电能中有一部分用以对矿物、岩石做有用功（增大它们的位能），其余的则以热的形式散失。在这些热量里，一部分是由电动机散发掉的，其余的则由绳索等以摩擦热的形式散发到周围的介质中去。这种转换为热能的比重则取决于提升机的运行机制。

（3）照明灯。所有输送到井下照明灯用的电能均转换为热能，并散发到周围介质中去。井下灯具是连续地工作的，所以它们散发的热量值是一个定值。

（4）水泵。在输给水泵的电能中，只有一小部分是消耗在电动机及水泵的轴承等摩擦损失上，并以热的形式传给风流，余下的绝大部分是用于提高水的位能。当水向下流动时，一小部分电能用以提高水温，这个温升取决于进水的温度。当进水温度为 30 ℃时，水压每增 1 MPa，水温约上升 0.022 ℃，水温低于 3 ℃时，温升可忽略不计。

不论何种机电设备，其散给空气的热量一般情况均可用式（9-12）进行计算：

$$Q_e = (1-\eta)NK, J/s \tag{9-12}$$

式中　　N——机电设备的功率，W；

　　　　K——机电设备的时间利用系数；

　　　　η——机电设备效率，%；当机电设备处于水平巷道做功时，$\eta = 0$。

5. 运输中煤炭及矸石的散热

运输中的煤炭以及矸石的散热量，实质上是围岩散热的另一种表现形式，其中以在连续式输送机上的煤炭的散热量最大，致使其周围风流的温度上升。

实测表明，在高产工作面的长距离运输巷道里，煤岩散热量可达 230 kW 或更高一些。煤炭及矸石在运输过程中的散热量可用下式进行计算：

$$Q_K = m_K C_K \Delta t_K, \text{ kW} \tag{9-13}$$

式中　Q_K——运输中煤炭及矸石的散热量，kW；
　　　m_K——运输中煤炭及矸石的量，kg/s；
　　　C_K——运输中煤炭及矸石的平均比热，在一般情况下，$C_K \approx 1.25$ kJ/kg·°C；
　　　Δt_K——运输中煤炭及矸石在所考察的巷段里被冷却的温度值，°C。

在大量运输的情况下，一般可用下式近似计算 Δt_K：

$$\Delta t_k \approx 0.002\ 4 L^{0.8}(t_k - t_{fm}), \text{ °C} \tag{9-14}$$

式中　L——运输巷段的长度，m；
　　　t_k——运输中煤炭及矸石在所考察的巷段始端的平均温度，一般取 t_k 较该采面的原始岩温低 4~8 °C；
　　　t_{fm}——在所考察的巷段里，风流的平均湿球温度，°C。

另外，由于洒水抑尘，致使输送机上的煤炭及矸石总是潮湿的，所以在其显热交换的同时总伴随着潜热交换。在大型的现代化采区的测试表明，风流的显热增量仅为风流的总得热量的 15%~20%，而由于风流中水蒸气含量增大引起的潜热交换量约占风流的总得热量 80%~90%，即运输煤炭及矸石所散发出来的热量中，由于煤炭及矸石中的水分蒸发散热量在风流总得热量中所占比重很大。

由以上结果，可以用下式计算运输中煤炭及矸石的散热致使风流干球温升及含湿量增大：

$$\Delta t_{ak} = \frac{0.7 Q_k \times 0.15}{m_a C_p} \tag{9-15}$$

$$\Delta d_k = \frac{0.7 Q_k \times 0.85}{m_a \gamma} \tag{9-16}$$

式中　Δt_{ak}——运输中煤炭及矸石散热引起的风流干球温升，°C；
　　　Δd_k——运输中煤炭及矸石散热引起的风流含湿量的增量，kg/kg；
　　　γ——水的汽化潜热，kJ/kg，$\gamma = 2\ 500$ kJ/kg。

6. 热水的散热

对于大量涌水的矿井，涌水可能使井下气候条件变得异常恶劣，迫使采矿作业无法安全、持续地进行，经采用超前疏干后，生产才得以恢复，因而在有热水涌出的矿井里，应根据具体的情况，采取超前疏干、阻堵、疏导等措施，最低限度也得采用加盖板水沟将它导走，切勿让它在井巷里漫流。

在一般情况下，涌水的水温是比较稳定的，在岩溶地区，涌水的温度一般同该地初始岩温相差不大，例如在广西合山里兰煤矿，其顶底板均为石灰岩，其煤层顶板的涌水量较当地初始岩温低 1~2 ℃；底板涌水温度约较当地初始岩温高 1~2 ℃。如果涌水是来自或流经地质异常地带，水温可能甚高，甚至可达 80~90 ℃。

7. 其他热源

1）氧化放热

煤炭的氧化放热是一个相当复杂的问题，很难将煤矿井下氧化放热量同井巷围岩的散热量区分开来。实测表明，在正常情况下，一个回采工作面的煤炭氧化放热量很少能超过 30 kW，所以不会对采面的气候条件产生显著的影响。但是当煤层或其顶板中含有大量的硫化铁时，其氧化放热量可能达到相当可观的程度。

当井下发生火灾时，根据火势的强弱及范围的大小，可能形成大小不等的热源，但它一般只是个短期现象，在隐蔽的火区附近，则有可能使局部岩温上升。

2）人员放热

井下工作人员的放热量主要取决于他们所从事工作的繁重程度以及持续工作的时间，一般煤矿工作人员的能量代谢产生热量为：休息时每人的散热量为 90~115 W；轻度体力劳动时每人的散热量为 250 W；中等体力劳动时每人的散热量为 275 W；繁重体力劳动时（短时间内）每人的散热量为 470 W。

虽然可以根据在一个工作地点工作的人员数及其劳动强度、持续时间计算出他们总放热量，但其量很小，一般不会对井下的气候条件产生显著的影响，所以可忽略不计。

3）风动机具

压缩空气在膨胀时，除了做有用功外还有些冷却作用，加上压缩空气的含湿量比较低，所以也能对工作地点补充一些较新鲜的空气，但是压缩空气入井时的温度普遍较高，且在煤矿中用量也较少，所以可忽略不计。

此外如岩层的移动，炸药的爆炸都有可能产生出一定数量的热量，但它们的作用时间一般很短，所以也不会对井下气候条件产生显著的影响，故忽略不计。

任务 2　矿山热环境及通风降温方法

随着我国煤矿开采深度的加大，矿井热害严重威胁着我国矿山产业的发展，有效防治热害，对于井下作业人员的身体健康和生命安全以及矿井的生产效率都有很大改善，只有正确认识矿井热害，正确处理与对待矿井高温问题，才能把高温危害降到最低，同时，我们也只有在实践中才能找到最为切实可行的应对措施，对其进行有效防治。通过本任务的学习，使学生了解矿内热环境对人体的影响、对生产效率的影响和对生产安全的影响，以期在未来的工作中能够进行有效的防范。

子任务 1　人体与矿内热环境的关系

井下作业不仅是一项高耗能作业,而且其危险性很大。如果井下温度很高,不仅影响高温作业中的工人的身体健康,降低劳动生产效率,而且威胁到井下的安全生产。研究人体与热环境的关系有利于采取适当的措施以保护矿工的身体健康和提高劳动生产率。它包括人体热平衡和舒适感、人体的散热、矿内热环境对人的影响三部分。

技能点 1　矿井热环境对工人身体健康的影响

高温高湿的气候环境不仅会使人感到不舒适,产生过高的热应力破坏人体的热平衡,甚至会使人体的温度调节失调,导致中暑;而且会使人的心理、生理反应失常,从而降低劳动生产率,增大事故率。因此研究生产环境的热应力与人体的热应变,进而减少热环境对人体的不良影响与危害,以及对生产的不利影响便成为矿井通风安全的主要任务之一。

1) 人体产热量及热平衡

研究热环境条件对人体的生理作用,首先要建立人体热平衡的数学模型。模型表达式如下:

$$Q = M \pm R - C - E - H \pm G \tag{9-17}$$

式中　Q——热平衡值,W;
　　　M——新陈代谢产热量,W;
　　　R——辐射散热量,W;
　　　C——对流放热量,W;
　　　E——人体汗液蒸发的散热量,W;
　　　H——人对外界所做的功,W;
　　　G——人体导热的换热量,W。

Q 值为负值时表示人体散热量大于能量代谢产热量,Q 值为正值时表示人体处于受热状态,即蓄热状态。在高温环境中劳动,人体往往处于蓄热状态。当蓄热量超过一定限度时,体温就明显升高。

新陈代谢产热量主要与体力劳动强度成正比,而它的生理作用是决定于总的热应力。人体的热负荷若不能通过各种方式散发出去,就会聚积在体内,使体温升高,如果升高值不超过正常生理变动范围(正常人体温为 36.5~37.5 ℃,最高为 38 ℃),尚可不致发生热代谢失调,一旦脱离高温地点,便可迅速恢复;如果体内积热超过一定期限,体温升高到 38 ℃ 以上,可能导致体温调节机能失常,甚至出现热病。因此,人体的总产热量与人体的总散热量之间要保持相互平衡,以保证体温恒定在正常范围之内。工人在从事体力劳动时,能量代谢产热量随劳动强度的加大而增加,必须加强散热,才能维持人体的热平衡。

技能点 2　热环境对工人生理功能的影响

高温高湿气候对矿工的影响是多方面的。恶劣的气候条件会降低人的体力和脑力，严重时会损伤人身的健康，甚至危及生命。人体处在热环境时，血管舒张，血流量增多，由血液带到皮肤的热量增多，皮肤的温度升高，从而增大了与环境的对流和辐射换热。工人在高温高湿环境中劳动，根据作业环境条件及劳动强度自动调节血流量。当劳动强度加大，耗氧量增多时，通过皮肤的血流量增多，伴随着整个血液循环增强，心率加快。有人认为心率不超过 150~200 次/min 为耐受上限，若再提高，可能导致因向大脑供血不足而休克，休克时大大削弱大脑的调节能力，再加上较高的能量代谢作用，可使体温升高到危险境界。

人体在下丘脑热调节中心的控制下，产热与散热处于动平衡状态，体温基本上维持在 37 ℃ 左右。在高温、高湿、繁重的体力劳动条件下，能量代谢加速，产热量增多，出汗量也随之加大，相对排汗率下降，体内热量散发不出去，积热会愈来愈多，致使热调节系统失调，动平衡遭到破坏，很可能引发热病。

如图 9-2-1 所示，表示了人体在热环境中的生理—病理变化，图中实线表示正常生理反应，虚线表示不良反应，说明外界环境的热作用已超过人体正常调节范围。从图中可以看出，环境热的增加会给人体带来种种危害健康的表现，甚至于热虚脱死亡。

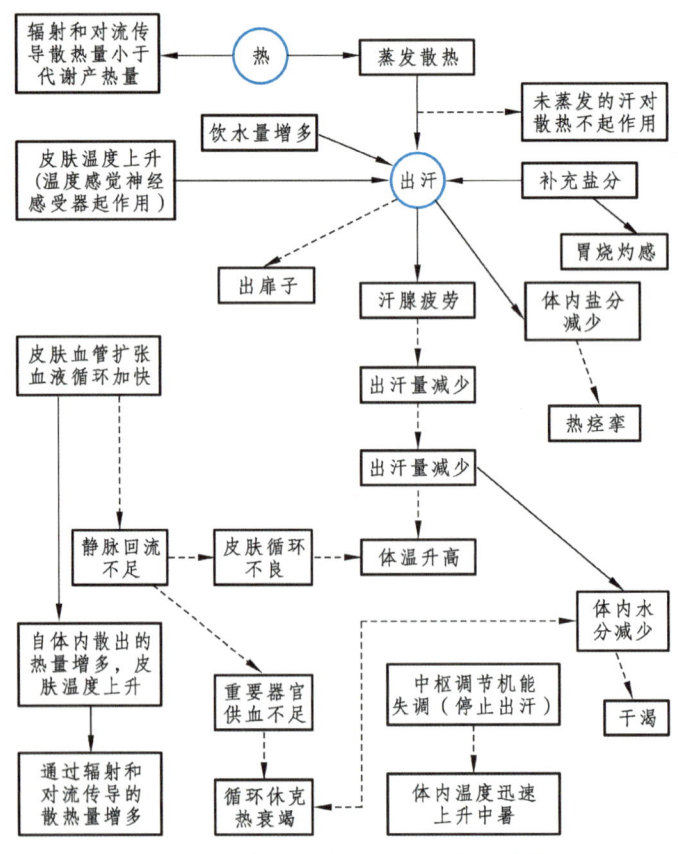

图 9-2-1　人在热环境中的生理-病理变化图

人体在热环境中作业，是有可耐限度的。可耐限度包括可以忍耐的时间和可耐温度两部分。可耐时间是以人们在作业时，到不能忍受高温影响的时间；可耐温度是以人们不能忍耐的温度。可耐时间和可耐温度都是以人们在温度作业环境中劳动以不出现生理危害或伤害作为极限，是一个临界标准。可耐时间和可耐温度总称为安全限度，不可超越。

图 9-2-2 表示一般人们对高、低温主诉可耐时间，图中两条曲线中间的区域为主诉可耐区。环境温度超过可耐温度，就有造成对人体伤害的可能。一般高温对人体的影响有两种，如图 9-2-2 中曲线 1 是局部性伤害（如烧伤等）；2 是全身性伤害。局部性伤害主要发生在很高温度的突然暴露，首先伤害皮肤，而后由表深入到组织内部；全身性伤害的温度不一定特别高，但高温暴露的时间长，体内积热过多，将引起种种不适症状。人体长时间处于高温状态引起的症状有：头晕、头痛、恶心、出虚汗、疲乏、焦虑、易激动、自持能力降低，严重者会出现虚脱、抽搐、热惊厥、中暑直至死亡。据有的国家提供的数字，肛门温度达到 40~43 ℃ 时，就会中暑。由中暑产生的死亡率随肛门温度的升高而加大，据统计肛门温度达到 40 ℃ 时，死亡率为 5%，而到 43 ℃ 时，死亡率高达 70%。

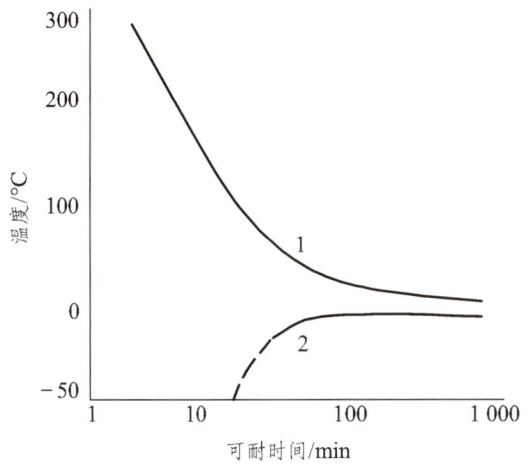

图 9-2-2 一般人对高、低温主诉可耐时间

研究资料表明，矿工在矿内进行各种劳动时，产生的热量约在 175~380 W。其中矿工在打眼放炮时，产热量为 220~260 W；用铁锹装车时为 320~380 W。而矿工在平巷中正常行走时产热量为 290 W，在 20 或 30°的斜巷或采面中行走时产热量为 580 W，而在爬行时则高达 1 250 W。人体产生的热量除了部分为维持生命活动所需之外，余下的则作为机械活动对外做功之用。但由于人体的机械效率很低，多余的热量需散发到周围空气中去，不然就要危及到人体的健康，甚至是生命。

技能点 3　不同气候条件人体的热感觉和对人体的健康的影响

表 9-2-2 所示为研究得出的不同井下气候条件下劳动人员的感觉。与劳动人员的感觉关系最密切的三个井下气候条件因素是风流温度，相对湿度和风速。

表 9-2-2　不同的井下气候条件下劳动人员的感觉

风温/°C	相对湿度/%	风速/(m/s)	矿工感觉
21~28	96	<0.5	闷热
	97	0.5~2.0	热
	97	2.0~2.5	稍热
28~29	97	<1.0	闷热
	97	1.0~2.0	热
	97	2.0~3.0	稍热
	97	>3	凉爽
29~30	97	<1.5	闷热
	95	1.5~3.0	热
	96	3.0~4.0	稍热
	95	>4.0	凉爽
>30	95	>4.0	热

表 9-2-3 为经过大量的现场调查研究得出的有效温度对劳动人员生理上的影响。如表中所示当井下的有效温度大于 32 °C 时，劳动人员在生理上就有不适感，这表现为心跳加快，出汗量增加，当井下有效温度大于 35 °C 时，人体心脏负担加重，出汗量急剧增加，水盐代谢也急剧加快，面临着极大的热伤害，身体健康将受到非常大的损害。同时高温高湿的气候环境会大大降低劳动生产率，增加事故的发生率。

表 9-2-3　井下不同风流有效温度对人体的影响

有效温度/°C	感觉	生理学作用	肌体反应
42~40	很热	强烈的热效应力影响出汗和血液循环	面临极大的热危害，妨害心脏血管的血液循环
35	热	随着劳动强度增加，出汗量迅速增加	心脏负担加重，水盐代谢加快
32	稍热	随着劳动强度的增加出汗量增加	心跳增加，稍有
30	暖和	以出汗方式进行正常的体温调节	没有明显的不适感
25	舒适	靠肌肉的血液循环来调节	正常
20	凉快	利用衣服加强显热散热和调节作用	正常
15	冷	鼻子和手的血管收缩	黏膜、皮肤干燥
10	很冷	颤抖	肌肉疼痛，妨碍表皮血液循环

技能点 4　高温作业中常见的热病

在高温、高湿、繁重体力劳动的条件下，能量代谢大大加快，产热量增多，出汗量也加大，相对排汗量下降，体内热量散发不出去，积热增多，导致人体产热与散热的动平衡状态遭到破坏，此时极可能发生热病。其中最常见的热病有：中暑、热衰竭、热虚脱及热痉挛。

子任务 2　热环境对井下生产效率的影响

据研究分析知，高温对工作效率的影响，大体有几个阶段，在温度达 27~31 ℃ 范围时，主要影响是肌部用力的工作效率下降，并且促使用力工作的疲劳加速。当温度高达 32 ℃ 以上时，需要较高注意力的工作及精密性工作的效率也开始受影响。

机采面机组内外防尘喷雾洒水、支架用水、煤层注水等各方面原因，加之采深大，通风条件不佳，造成机采面风流呈现高温高湿特征。工作面进风巷平均温度为 29 ℃，平均湿度为 96%（正常宜人的湿度为 60%左右），其井下作业环境对矿工的身心健康水平和安全生产水平都有较大的影响。据对部分矿井作业的现场调研发现，每年 6、7、8 月份，当地进入高温阴雨天气，矿井回采工区部分职工突患多发性皮肤病。其病理特征是：皮肤呈红色丘疹状，分布于四肢、胸腹部等处，融合成片，有的占体表皮肤总面积的 40%以上。由于工人带病工作，其正常作业动作受到影响，误操作增加影响了安全生产，是事故发生的隐患。

据调查，井下工人在热环境中劳动效率大大下降，即使劳动时间缩短，工人也难以坚持。据相关统计，矿内气温超过标准 1 ℃，工人劳动效率便降低 6%~8%。不论工作的复杂性如何，当等效温度在 27~30 ℃，人的作业能力就显著下降。从图 9-2-3 可见，当等效温度由 27 ℃ 增高到 30 ℃ 时，生产效率明显下降；当等效温度为 34.5 ℃ 时，生产效率下降到等效温度为 27 ℃ 时的 25%。图 9-2-4 是日本学者宫崎团做的研究结果，反映了相对劳动效率和湿卡他度的关系。图 9-2-5 是对铲土工人所做的实验，它显示了温度和空气速度对体力劳动效率的影响，当湿球温度为 27.2 ℃ 时，工作效率为 100%，随着温度的升高和空气速度的降低，工作效率则明显下降。高温高湿矿井因存在高温问题，致使生产能力降低，基建进度迟缓，甚至被迫停产。一般情况下，采掘劳动生产率下降 20%~23%，最高达 40%~45%。

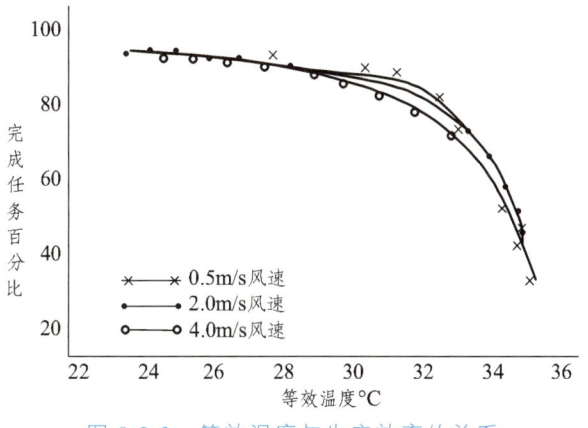

图 9-2-3　等效温度与生产效率的关系

图 9-2-4　湿卡他度与生产效率的关系

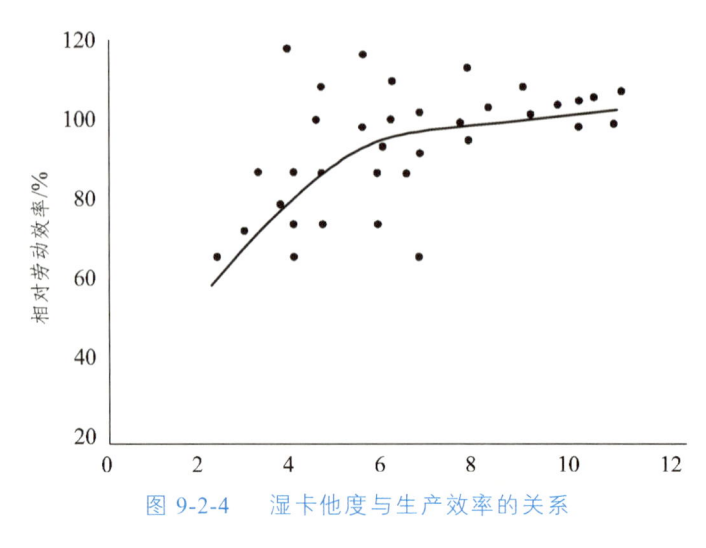

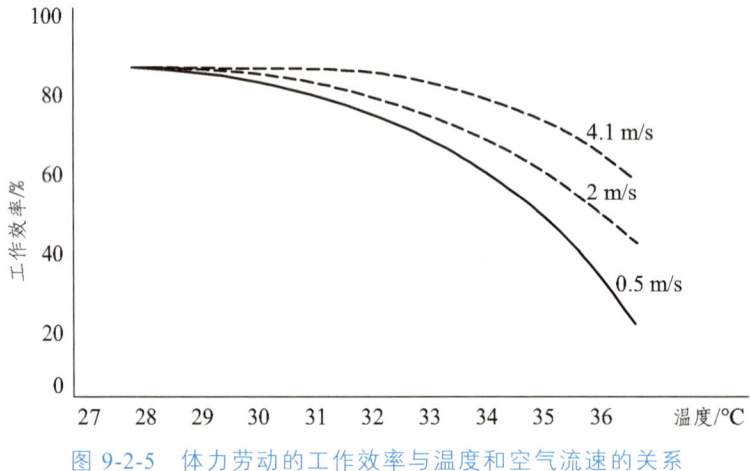

图 9-2-5　体力劳动的工作效率与温度和空气流速的关系

综上所述，高温高湿的生产环境必然使劳动生产效率降低，所以创造一个良好的劳动环境，无疑对矿工劳动能力的发挥是有益的，同时也就大大提高了劳动生产效率。

子任务 3　热环境对生产安全的影响

随着开采深度的增加，矿内空气温度逐渐升高，严重地恶化了职工劳动环境。根据《煤矿安全规程》规定："生产矿井采掘工作面的空气温度不得超过 26 ℃"；"采掘工作面的空气温度超过 30 ℃，必须采取降温措施逐步解决。"

高温高湿环境不仅严重地危害了人体的身体健康，而且时刻威胁着生产的正常进行。因为人体在热环境中，中枢神经系统受到抑制，使注意力分散，降低了动作的准确性和协调性。高温高湿的环境容易使工人处于昏昏欲睡的状态，且工人心理上易烦躁不安，加上繁重的体力劳动，工人的机警能力降低，从而使事故的发生率上升。

人体靠食物的化学能来补偿肌体活动（做功）所消耗的能量，并将多余的能量以热量的形式排至体外，保持热平衡，使人体的产热量与散热量相等。人体若能保持能量平衡就会感到舒适。当环境温度高于人体温度时，对流、辐射换热都是由外界传向人体，当人体余热量难以全部散出时，余热就存于人体内部，导致体温上升，人体热平衡遭到破坏而感到不舒适。影响人舒适感的因素：矿内空气温度、矿内空气相对湿度、矿内空气的流速、矿内巷道支护结构与岩壁的温度。

技能点 1　人体的散热

人体的散热方式有三种：热辐射、对流与传导、汗液蒸发。热辐射即物体由于热而发出辐射能的现象。对流散热即由于流动的空气不断将人体散发的热量带走的散热过程；传导散热即当空气温度低于人体的皮肤温度时，热自人体传导给空气的流程。汗液蒸发即人体通过汗液的分泌和蒸发的方式向外散发热量的过程，分为看不见的蒸发（非敏感性出汗）和出汗（敏感性出汗）两种。

人体散热的三种方式在不同的环境温室下，有不同的散热量。当矿内空气温度低于 28 ℃ 时，人体通过蒸发散热很少，主要是通过辐射、对流与热传导散热；当风温达到 30 ℃ 时，蒸发散热量的比例增大，当风温超过 34 ℃ 时，蒸发散热成为人体散热的唯一方式。人体的散热能力有三个特点：① 人体最大的散热能力是出汗，② 人体的散热能力是很强的，并与劳动持续时间有关，③ 人体的散热能力有一定的限度。

技能点 2　矿内热环境对人的影响

人在井下高温环境中工作，由于产热、受热量大，人体保持热平衡比较困难。一旦人体通过辐射、对流与传导和蒸发散热的方式不能及时地将体内多余的热量散发出去，多余的热量就在体内蓄存起来。当体内蓄热量超过人体所能耐受的限度时，体温就会升高。随着体温的升高会伴随产生头痛、头晕、耳鸣、恶心、呕吐以致晕厥等。在热害严重的高温矿井，会导致下列热损害：

（1）热击：体温骤然升到 40 ℃ 或更高，出汗停止，皮肤干燥，停止散热，病人可能休克或变得狂躁。

（2）热痉挛：主要是失盐太多引起疲累、头晕、肌肉疼痛，导致胃痉挛。

（3）热衰竭：疲劳、头痛、头晕、理智模糊、有时出汗微少。

（4）矿内热环境对劳动效率的影响：在高温环境中工作，劳动的效率会下降。等效温度小于 18 ℃ 时，劳动效率最高，为 100%，当等效温度高于 18 ℃ 时，劳动效率下降，当等效温度为 30 ℃ 时，劳动效率只有 40%。

技能点 3　热适应

人在热环境长期反复作用下，能在一定限度内适应这种不良环境条件，而产生热适应，因此，长期在热环境中工作的工人具有较强的体温调节能力。热适应不但可以提高在热环境中的作业能力，而且也可防止中暑和其他疾病。但热适应是自然逐渐形成的，适应后其适应能力能保持一段时间；离开热环境后，适应性又逐渐消失。值得强调的是，人体热适应是有一定限度的，如超出适应能力的范围仍可引起正常生理功能紊乱。因此，决不能以为人体对热环境有适应能力，就放松改善矿井热环境的工作。

子任务 4　通风降温方法

井下气温过高对井下作业人员的心理和生理都将造成很大影响，既损害身体健康，又降低劳动效率。我国《煤矿安全规程》规定："空气温度超过规定时，应采取降温措施。"矿井降温措施分为有制冷设备系统的特殊措施和无制冷设备系统的一般措施两类。通风降温措施属于无制冷设备系统的一般措施。通风降温方法包括选择合理的通风系统，采用合适的通风方式，加强通风管理等。

技能点 1　合理通风系统

按照矿井地质条件、开拓方式等选择进风风路最短的通风系统，可以减少风流沿途吸热，降低风流温升。在一般情况下，对角式通风系统的降温效果要比中央式好。地热型的高温矿井，从降温角度考虑，宜采用能缩短进风路程、分区进风的混合式通风系统。混合式的进风路程最短，因而它的风温最小，它是专为解决高温井的一种多风井进风的开拓方式。

另外，采用后退式回采，防止采空区漏风，提高工作面的有效风量；把进风巷布置在导热系数 λ 较低的岩石中，开掘专用的巷道把热水、热空气单独送入回风巷；尽量采用全负压的掘进通风方式以及改单巷掘进为双巷掘进等，都有利于降温。

技能点 2　改善通风条件

回采工作面的通风方式也影响气温。在相同的地质条件下，由于 W 形通风方式比 U 形和 Y 形能增加工作面的风量，降温效果都较好。增加风量，提高风速，可以使巷道壁对空气的对流散热量增加，风流带走的热量随之增加，而单位体积的空气吸收的热量随之减少，使气温下降。与此同时，巷道围岩的冷却圈形成的速度又得到加快，有利于气温缓慢升高。适当加大工作面的风速，还有利于人体对流散热。在可能的条件下，可以采用回采工作面下行风流，使工作面运煤方向和风流方向相同和缩短工作面的进风路线等措施。实践证明，采用这些措施，有利于降低工作面的气温。

利用调热巷道通风一般有两种方式，一种是在冬季将低于摄氏零度的空气由专用进风道通过浅水平巷道调热后再进入正式进风系统。在专用风道中应尽量使巷道围岩形成强冷却圈，若断面许可还可洒水结冰，储存冷量。当风温向零度回升时即关闭，待到夏季再启用。

技能点 3　其他通风降温

采用下行风对于降低回采工作面的气温有比较明显的作用。对于发热量较大的机电硐室，应有独立的回风路线，以便把机电所发热量直接导入采区的回风流中。在局部地点使用水力引射器或压缩空气引射器，或使用小型局扇，以增加该点风速可起降温的作用。向风流喷洒低于空气湿球温度的冷水也可降低气温，且水温越低效果越好。

任务 3　制冷降温系统在解决煤矿井下热害的应用

目前，我国煤矿开采已经向深部发展，许多矿井的开采深度已达 900～1 300 m。随着矿井开采深度的增加，岩石温度升高，开采与掘进工作面的环境热害日益严重，不少工作面的气温超过 28 ℃，个别高达 34 ℃。井下高温对工人的健康与安全、井下设备的安全运行及生产效率造成了极大的危害和影响。本任务主要讲述矿井井下制冷技术在解决煤矿热害的应用，通过本任务的学习，使学生掌握煤矿井下制冷方式，了解制冷设备及材料，知晓制冷系统。

子任务 1　机械制冷系统在煤矿巷道中的应用

技能点 1　制冷方式

在煤矿井下制冷降温中，常见制冷方式有蒸汽压缩式和空气压缩式，蒸汽压缩式制冷是利用液体气化时的吸热效应而实现制冷的。在一定压力下液体气化时，需要吸收热量，该热量称为液体的气化潜热。液体所吸收的热量来自被冷却对象。使被冷却对象温度降低，或者使它维持低于环境温度的某一温度。在液体气化制冷中，可分为机械压缩式、吸收式、喷射式、吸附式制冷，而在煤矿井下制冷系统应用中、以机械压缩式制冷为主。机械压缩式制冷系统由压缩机、冷凝器、膨胀阀、蒸发器组成。用管道将其连成一个封闭的系统。介质在蒸发器内与巷道空气发生热量交换，吸收被冷却对象的热量并气化。产生的低压蒸汽被压缩机吸入，压缩机消耗能量（通常是电能），将低压蒸汽压缩到需要的高压后排出。

压缩机排出的高温高压气态工质在冷凝器内被常温冷却介质（水或空气）冷却，凝结成高压液体。高压液体流经膨胀阀时节流变成低压、低温湿蒸汽。进入蒸发器，其中的低压液体在蒸发器中再次气化制冷。与液体气化式制冷相比，空气膨胀制冷是一种没有相变的制冷方式，所采用的工质主要是空气。由于空气压缩制冷循环的制冷系数、单位质量制冷工质的制冷能力均小于蒸汽压缩制冷系统。在产生相同制冷量的情况下，空气压缩式制冷系统需要较庞大的装器，并且单位制冷量的投资和年运行费用均高于蒸汽压缩式系统，此外，矿井中的瓦斯等易燃易爆气体，容易发生爆炸等危险。因此，空气压缩式制冷在矿井降温中很少应用，因此只介绍蒸汽压缩式制冷系统在煤矿中的应用。

蒸气压缩式制冷降温系统根据制冷站的安装位置、冷却矿内风流的地点、载冷剂的循环方式等，可分为井下集中式、地面集中式、井上下联合式和井下局部分散式。

（1）井下集中式制冷机设在井下，通过管道集中向各工作面供冷水。系统比较简单，供冷管道短，没有高低压转换装置，仅有冷水循环管路。但是这需要在井下开凿大断面硐室，给施工和维护带来一定困难。随着开采深度的增加，矿井需求冷量的增大，井下集中空调系统的冷凝热排放困难则成为突出的问题，制约了制冷能力，其系统布置如图 9-3-1 所示。

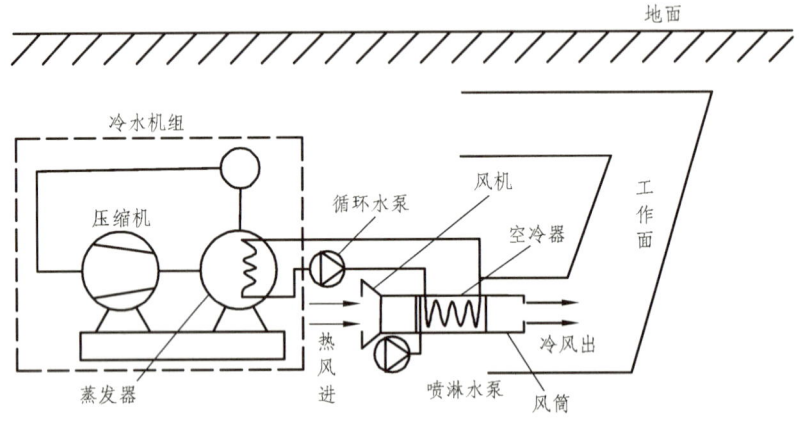

图 9-3-1　井下集中式制冷系统

（2）地面集中空调系统分为 2 种：一种是地面冷却风流系统，其全部设备都设在地面，对矿井总进风风流进行冷却，其系统布置如图 9-3-2 所示。由于冷却降温后的低温风流不断被井下热源加热，降温效果变低。故仅适用于开采深度小、风流距离短的高温矿井。另一种是井下冷却风流系统，其制冷机位于地面。载冷剂（冷水或盐水）通过隔热管道被送到井下采掘工作面的空冷器。从地面到井下高差大，载冷剂输送管道中的静压很大，所以必须在井下增设高低压转换装置。

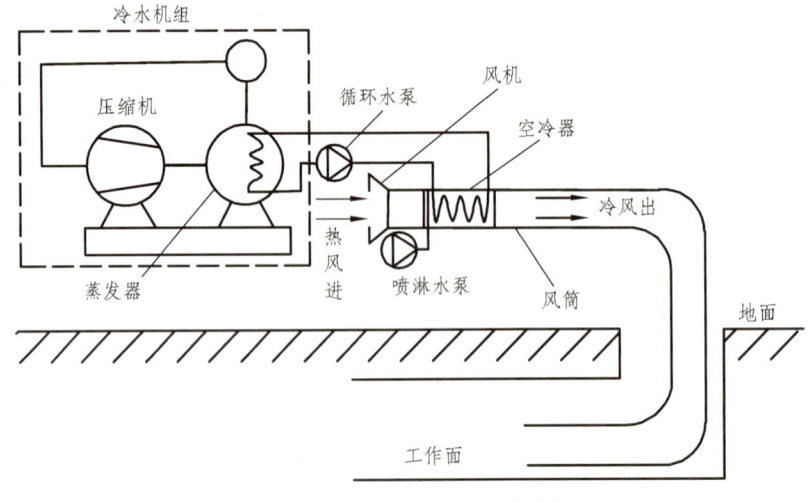

图 9-3-2　井上集中式制冷系统

（3）井上下联合系统的制冷机分别设在地面和井下，可以看作是井上、井下制冷系统的混联，具有地面和井下 2 个系统的特点。该设备布置分散，冷媒循环管路复杂，操作管理不便。

（4）井下局部分散式系统的制冷机可移动，仅供 1 个或局部高温场所空调使用。蒸发器即相当于空冷器。冷量传输距离小，冷损小，初期投资少，移动灵活。但冷凝热排放困难，故仅适用于小范围的煤矿降温空调，其系统布置如图 9-3-3 所示。

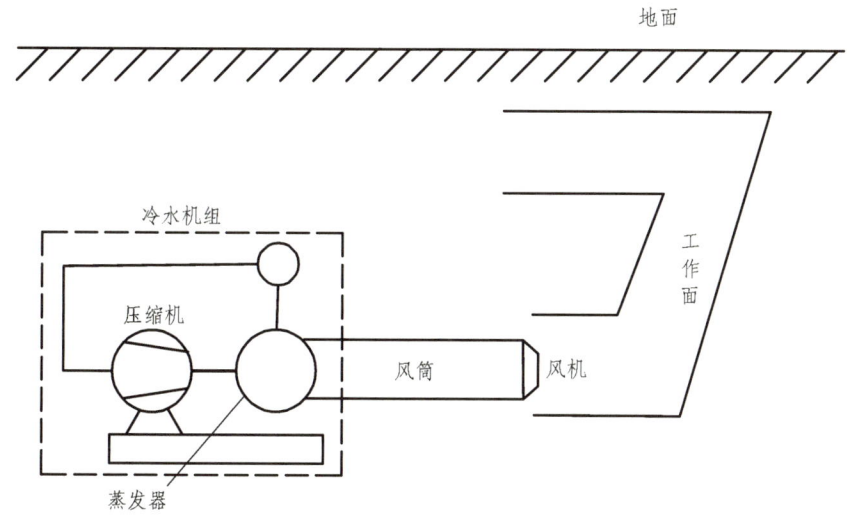

图 9-3-3　井下局部分散式制冷系统

技能点 2　制冷设备及材料

1. 压缩机

压缩机是制冷空调的心脏，它对系统运行性能、噪声振动和使用寿命有着决定性作用。矿用制冷装置的制冷量一般都在 100 kW 以上，在此冷量范围内，长期以来使用的主要是活塞式、螺杆式 2 种机型。

作为矿用设备，压缩机在整个制冷装置中的安全性显得格外重要。它作为一种特种设备，在运转中可能会出现一些异常情况，如排气压力过高，吸气压力太低，油压不足，排气温度过高等。出现这些异常情况，给生命和财产带来隐患，轻则会对压缩机造成损坏，重则会发生爆炸。因此作为矿用设备的制冷装置压缩机必须采取以下防护措施：

1）压力保护

压力保护包括压缩机的吸排气压力保护和润滑油压力保护。压缩机运转时，因系统的原因或压缩机本身的原因，可能出现排气压力过高或吸气压力过低的情况。为此应设置高、低压压力控制器、安全阀。为防止制冷剂泄漏至大气，一般采用闭式安全阀。为保证压缩机运动部件的良好润滑，并保证有些压缩机输气量控制机构的正常动作，必须设置润滑油压差控制器。

2）温度保护

排气温度过高导致制冷剂分解，绝缘材料的老化，润滑油结炭，气阀损坏。因此，应在排气口设置温控器，排气温度过高时，温控器动作，切断电路。

2. 空冷器

空冷器是冷却流过其表面的空气，进而实现降温的热交换器，对于井下局部分散式机械制冷降温系统，空冷器相当于蒸发器。矿用空冷器主要分为两大类：表面式空冷器和直接接触式空冷器（也称喷淋式空冷器）。表面式空冷器由于结构紧凑、体积小、适应性强等优点而备受青睐。热交换器的材质比较好的是铜和不锈钢，紫铜的热导系数比不锈钢大很多，故紫铜也常作为热交换器的材质。

3. 制冷剂

在蒸气压缩式制冷中，循环流动的工作介质称为制冷剂，又称制冷工质，它在系统的各个部件间循环流动，以实现能量的转换和传递。卤代烃是目前最常用的制冷剂，在矿用制冷装置中，制冷剂的选择除了要环保、高效外，更重要的是要安全，不经意的制冷剂泄漏会造成严重的事故。因此在选择制冷剂时首先应考虑制冷剂的毒性、燃烧和爆炸性。

4. 润滑油

制冷系统中的润滑油又称冷冻机油、润滑机油。在制冷系统中，润滑油和制冷剂在压缩机内直接接触；有少量润滑油被携带进制冷管路内随同制冷剂循环；在封闭压缩机中，润滑油与电动机的线圈及密封等有机材料密切接触；制冷系统中的润滑油既经历压缩机排气的最高温度，又经历膨胀阀、蒸发器的最低温度。因此润滑油润滑压缩机的各运动部件，既能减少摩擦和磨损，又能起到冷却作用，将运动部件保持较低温度，以提高效率。利用润滑油的黏度，使运动部件间形成油膜，维持制冷循环高低压力，起密封作用。根据不同排气温度，应选用不同闪点的润滑油，一般润滑油的闪点应高于排气温度 15～30 ℃。

子任务 2　冰浆制冷系统

技能点 1　冰浆特性

冰浆是指含有大量悬浮冰晶粒子的固液两相溶液。也称"流体冰"或"可泵冰"，其中冰晶颗粒的平均尺寸不超过 1 mm。冰浆具有巨大的相变潜热和低温显热。以冰浆作为集中供冷输送冷量有以下优点：冰晶潜热大（335 kJ/kg），冷流密度大，单位体积流体所能输送的冷量也大。以冰浆作为输送介质，供回水温度为 -21 ℃/2 ℃ 时，与 7 ℃/12 ℃ 的冷冻水相比，输送能力是后者的 3.4 倍；在一定的含冰率下，冰浆能在某种程度上起到减阻剂的效果，其阻力比清水低，水泵电耗因而减少。

技能点 2 冰浆降温系统应用

在地面建立制冰站，安装制冰系统。制冰站生产的片冰通过安装在井筒中的输冰保温管路被送至井底车场的融冰池，融化后，供冷水泵将融冰池中的低温水通过保温管道输送到工作面机巷。通过 3 种方式进行散热：一方面通过空冷器进行热交换，冷却进风流，流动的低温风流带走部分热量，降低工作面的温度。另一方面，通过在工作面的上部安装喷淋装置，喷洒降温系统的低温冷水，冷却工作面的气体及岩壁，以降低工作面温度；最后，通过工作面的"三机"等机械的冷却用水使用降温系统的低温水，减少工作面的机械的散热量。综合三种方式来降低工作面温度，满足工作面生产要求见图 9-3-4。对于输送至采面进行热交换以后的回水再通过管路返回融冰池融冰，循环使用。

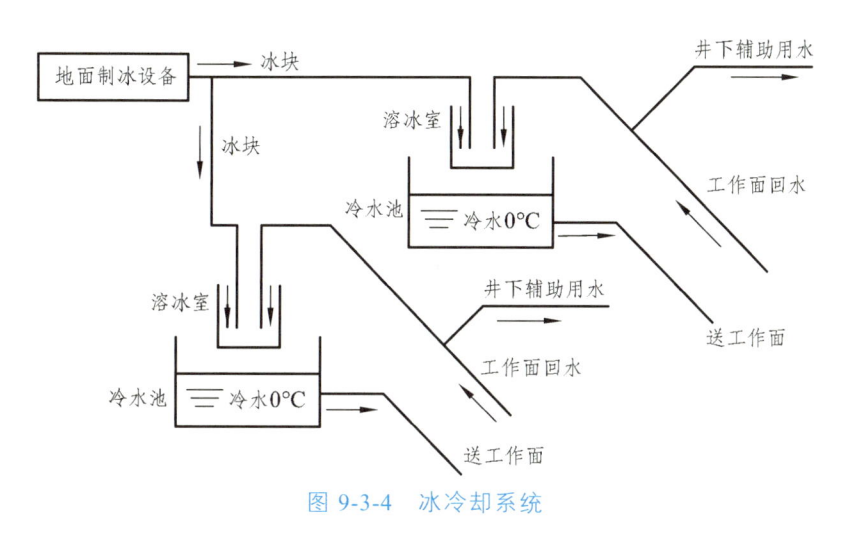

图 9-3-4 冰冷却系统

子任务 3 煤矿用制冷降温系统的发展前景

随着高温矿井数量的不断增多，机械制冷降温系统在矿井中的应用会越来越广泛。煤矿用机械制冷降温系统应不仅体现在其安全性上，更应该与国家的"节能减排"政策相一致，为此需从以下几方面做起：

（1）煤矿用机械降温系统的投资、成本的高低、降温效果的好坏将直接取决于设计水平、降温系统装备水平和系统安装、管理和维护水平。因此降温设计和降温设施，应与矿井改造、建设同时设计、同时施工。

（2）热害集中的矿井，在经济条件允许下，尽可能采用井下集中制冷降温，这样可以降低单位制冷量功耗，管理也大大方便。

（3）针对煤矿井下多灰尘、高湿度环境，依据表面式空冷器的结构特征，开发高效的配套清洗装置或研制机动灵活、体积小的喷淋式空冷器，以适应煤矿井下多种场合的需要。

（4）由于煤矿井下的特殊环境，要求制冷机所用的制冷剂必须符合无毒、不可燃和无爆炸危险的要求，目前广泛使用的制冷剂 R22 虽然符合煤矿井下的特殊要求，但其散放到大气中对臭氧层有破坏作用，急需新型制冷剂。

（5）冰浆降温系统相比其他人工制冷空调具有降温能力强，管网的输送能力强，水泵的电耗少，铺设管道投资少等优点。

作 业

1. 阐述什么是矿井热害。
2. 矿井热害产生的原因是什么？
3. 矿井热害对人体有哪些危害？
4. 矿井主要热源有哪些？
5. 高温作业中常见的热病有哪些？
6. 热环境对生产安全的影响有哪些？
7. 通风降温方式有哪几种？
8. 矿井降温方式有哪几种？
9. 制冷降温系统设备及材料有哪些？
10. 制冷降温系统在未来的发展前景有哪些？

模块 10　安全避险六大系统

本模块主要介绍了煤矿监测监控系统、人员定位系统、紧急避险系统、压风自救系统、供水施救系统和通信联络系统等安全避险六大系统的基本概念、组成、作用等内容，重点阐述"六大系统"建设标准和维护管理要求，"六大系统"的建设及整体功能保持对保障矿山安全生产将发挥重大作用，为地下矿山工作人员提供良好的安全条件。

知识目标

1. 掌握矿山安全避险六大系统的定义和功能。
2. 掌握矿山安全避险的整体效能发挥和作用。

能力目标

1. 能够根据矿井实际情况选择合适的矿山安全避险六大系统。
2. 能够对安全避险六大系统进行管理和维护。
3. 能够对避难硐室进行设计。

素质目标

1. 养成良好的安全管理习惯。
2. 牢固树立生命至上、安全第一、人民为中心的安全发展理念。
3. 培养学生业务精湛、作风优良的从业态度。

任务 1　矿井监测监控系统

矿井安全监测监控系统是确保煤矿企业高效，安全生产的现代化科技保障手段，在煤矿企业安全生产中发挥着重要的作用，世界各主要产煤国对此都十分重视，投入大量的资金和技术研制。随着时代的不断发展，科技水平不断提高，社会对煤矿产品的需求越来越多，煤矿企业方面必须保证安全，高效地完成生产，而这无疑对矿井监测监控系统提出了更高的要求。通过本任务的学习，使学生掌握矿井监测监控系统的定义、功能和特点，了解矿山监测监控系统的建设要求，能够对矿山监测监控系统进行管理和维护。

子任务 1　认识矿井监测监控系统

技能点 1　认识矿井监测监控系统的功能

矿井安全监测监控系统是用来监测甲烷浓度、一氧化碳浓度、二氧化碳浓度、氧气浓度、风速、风压、温度、烟雾、馈电状态、风门状态、风筒状态、局部通风机开停、主通风机开停等，并实现甲烷超限声光报警、断电和甲烷风电闭锁控制等。

矿山井下是一个特殊的工作环境，有易燃易爆可燃性气体和腐蚀性气体、潮湿、淋水、矿尘大、电网电压波动大、电磁干扰严重、空间狭小、监控距离远等特点。因此，矿井监测监控系统不同于一般普通的工业监控系统，具有如下特点：

1. 电气防爆

一般工业监控系统均工作在非爆炸性环境中，而矿井监控系统工作在有瓦斯和煤尘爆炸性环境的煤矿井下。因此，矿井监测监控系统的设备必须是矿用防爆型电气设备，主要应用于具有瓦斯爆炸、煤与瓦斯突出等场所，并且不同于化工、石油、轻纺、医药、军工等爆炸性环境中的工厂用防爆型电气设备。

2. 传输距离远

一般工业监控对系统的传输距离要求不高，仅为几千米，甚至几百米，而矿井监控系统的传输距离至少要达到 10 km。

3. 网络结构宜采用树形结构

一般工业监控系统电缆敷设的自由度较大，可根据设备、电缆沟、电杆的位置选择星形、环形、树形、总线形等结构。而矿井监控系统的传输电缆必须沿巷道敷设，挂在巷道壁上。由于巷道为分支结构，并且分支长度可达数千米。因此，为便于系统安装维护、节约传输电缆、降低系统成本，宜采用树形结构。

4. 监控对象变化缓慢

矿井监测监控系统的监控对象主要为瓦斯浓度、一氧化碳浓度、风速等缓变量，在同样监控容量下，对系统的传输速率要求并不高。

5. 电网电压波动大，受电磁干扰严重

由于煤矿井下空间小，采煤机、运输机等大型设备的启停和架线电机车火花等会导致电网负荷变化较大，从而电压会出现较大波动，造成电磁干扰严重。

6. 工作环境恶劣

煤矿井下除有甲烷、一氧化碳等易燃易爆性气体外，还有硫化氢等腐蚀性气体，矿尘大、潮湿、有淋水、空间狭小，部分设备随着采掘工作面的移动而移动。因此，矿井监测监控设备不仅要求防爆，还要有防尘、防潮、防腐、防霉、抗机械冲击等措施。

7. 传感器（或执行机构）宜采用远程供电

一般工业监控系统的电源供给比较容易，不受电气防爆要求的限制。而矿井监控系统的电源供给，受电气防爆要求的限制。由于传感器及执行机构往往设置在采、掘工作面等恶劣环境，因此，不宜就地供电。现有矿井监控系统多采用分站远距离供电。

8. 不宜采用中继器

煤矿井下工作环境恶劣，监控距离远，维护困难，若采用中继器会延长系统传输距离。由于中继器是有源设备，与无中继器的系统相比，其故障率较高，并且在煤矿井下电源的供给受电气防爆的限制，在中继器处不一定取电方便，若采用远距离供电还需要增加供电芯线。

监测监控系统的功能一是"测"，即检测矿井环境参数、设备工况参数和过程控制参数等；二是"控"，即根据检测参数与预设安全参数进行对比后，控制安全装置、报警装置、生产设备、执行机构等活动。若系统仅用于生产过程的监测，当安全参数达到极限值时产生显示及声、光报警等输出，此类系统一般称为监测系统；除监测外还参与一些简单的开关量控制，如断电、闭锁等，此类系统一般称为监测监控系统。

技能点 2　认识矿井监测监控系统的组成

矿井监控系统一般由传感器、执行机构、分站、电源箱（或电控箱）、主站（或传输接口）、主机（含显示器）、系统软件、服务器、打印机、大屏幕、UPS-电源、远程终端、网络接口电缆和接线盒等组成。安全监测监控系统结构如图 10-1-1 所示。

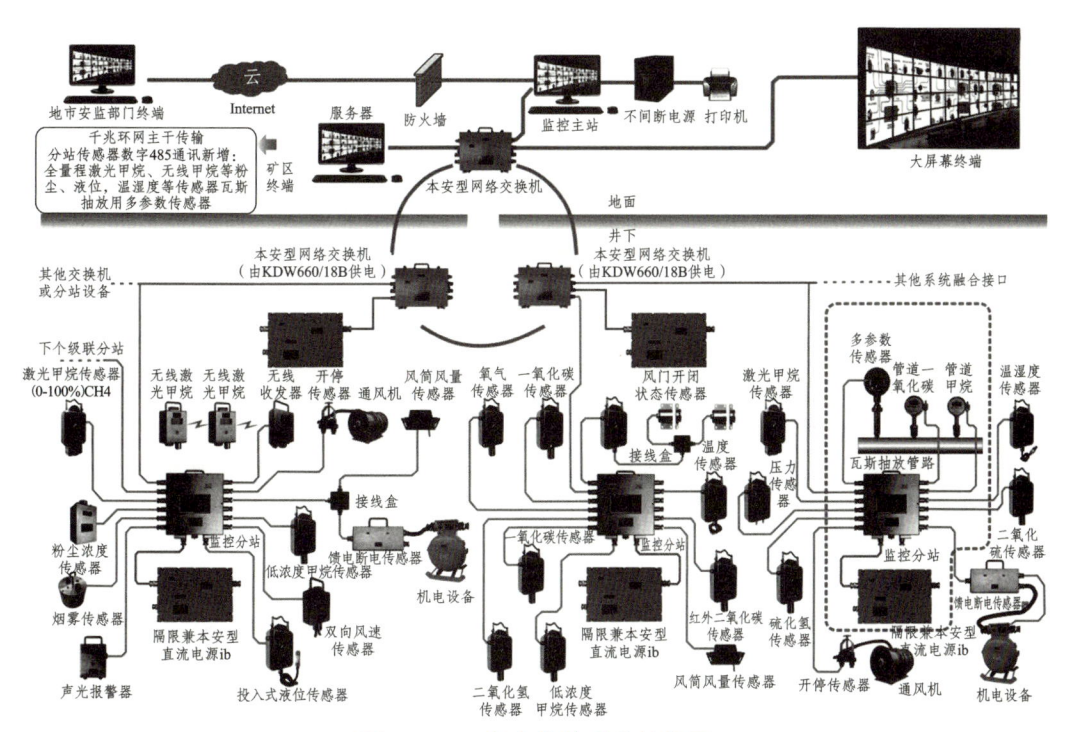

图 10-1-1　安全监控系统结构图

1. 地面中心站

地面中心站是矿山环境安全和生产工况监控系统的地面数据处理中心，用于完成矿山监控系统的信息采集、处理、储存、显示和打印功能，必要时还可对局部生产环节或设备发出控制指令和信号。中心站一般由主控计算机及其外围设备和监控软件组成，通常设置在矿山监控中心或生产调度室。

2. 井下监控分站

井下监控分站是一种以嵌入式芯片为核心的微机计算机系统，可挂接多种传感器，能对井下多种环境参数诸如瓦斯、风速、一氧化碳、负压、设备开停状态等进行连续监测，具有多通道，多制式的信号采集功能和通信功能，通过控制传输系统及时将设备状态传送到地面，并执行中心站发出的各种命令，及时发出报警和断电控制信号。

图 10-1-2　井下监控分站设备

3. 信号传输网络与传输接口

将井下监控分站监测到的信号传送到地面中心站的信号通道，如无线传输信道、电缆、光纤等。传输接口接收分站远距离发送的信号，并送主机处理；接收主机信号、并送相应分站。传输接口还具有控制分站的发送与接收，多路复用信号的调制与解调，系统自检等功能。

4. 传感器

传感器将被测物理量转换为电信号，并具有显示和声光报警功能，执行机构再将控制信号转换为被控物理量。常用的井下监控系统传感器有：高低浓度甲烷传感器、一氧化碳传感器、矿用氧气传感器、温度传感器、风速传感器、烟雾传感器、开停传感器、馈电状态传感器等。

5. 分　　站

分站接收来自传感器的信号，并按预先约定的复用方式远距离传送给主站（或传输接口），同时，接收来自主站（或传输接口）多路复用信号。分站还具有线性校正、超限判别、逻辑运算等简单的数据处理能力、对传感器输入的信号和主站（或传输接口）传输来的信号进行处理，控制执行机构工作。

6. 电源箱

电源箱将交流电网电源转换为系统所需的本质安全型直流电源，并具有维持电网停电后正常供电不少于 2 小时的蓄电池。

7. 主　机

主机一般选用工控微型计算机或普通微型计算机、双机或多机备份。主机主要用来接收监测信号、校正、报警判别、数据统计、磁盘存储、显示、声光报警、人机对话、输出控制、控制打印输出、联网等。

子任务 2　建设矿山监测监控系统

（1）煤矿编制采区设计，采掘作业规程和安全技术措施时，应对安全监控设备的种类、数量和位置，信号线缆和电源电缆的敷设，断电区域等作出明确规定，并绘制布置图和断电控制图。煤矿安全监控系统设备布置图应以矿井通风系统图为底图，断电控制图应以矿井供电系统图为底图。

（2）煤矿安全监控系统主干线缆应当分设两条，从不同的井筒或者一个井筒保持一定间距的不同位置进入井下。安全监控系统不得与图像监视系统共用同一芯光纤。系统应具有防雷电保护，入井线缆的入井口处和中心站电源输入端应具有防雷措施。

（3）煤矿企业必须按照《煤矿安全监控系统及检测仪器使用管理规范》（AQ1029—2019）的要求，建设完善监测监控系统，实现对煤矿井下甲烷和一氧化碳的浓度、温度、风速等的动态监控。

（4）煤矿安装的监测监控系统必须符合《煤矿安全监控系统通用技术要求》（AQ6201—2019）的规定，并取得煤矿矿用产品安全标志。监测监控系统各配套设备应与安全标志证书中所列产品一致。

（5）甲烷、馈电、设备开停、风压、风速、一氧化碳、烟雾、温度、风门、风筒等传感器的安装数量、地点和位置必须符合《煤矿安全监控系统及检测仪器使用管理规范》（AQ1029—2019）要求。监测监控系统地面中心站要装备 2 套主机，1 套使用、1 套备用，确保系统 24 小时不间断运行。

（6）井下分站应设置在便于人员观察、调试、检验及支护良好、无滴水、无杂物的进风巷道或硐室中，安设时应垫支架，或吊挂在巷道中，使其距巷道底板不小于 300 mm。

（7）隔爆兼本质安全型防爆电源设置在采区变电所，不得设置在断电范围内：① 低瓦斯和高瓦斯矿井的采煤工作面和回风巷内；② 煤与瓦斯突出煤层的采煤工作面、进风巷和回风巷；③ 掘进工作面内；④ 采用串联通风的被串采煤工作面、进风巷和回风巷；⑤ 采用串联通风的被串掘进巷道内。

（8）安全监控设备的供电电源不得接在被控开关的负荷侧。

（9）安装断电控制时，应根据断电范围要求，提供断电条件，并接通井下电源及控制线。断电控制器与被控开关之间应正确接线，具体方法由煤矿主要技术负责人审定。

（10）与安全监控设备关联的电气设备、电源线和控制线在改线或拆除时，应与安全监控管理部门共同处理。检修与安全监控设备关联的电气设备，需要监控设备停止运行时，应经矿主要负责人或主要技术负责人同意，并制定安全措施后方可进行。

（11）模拟量传感器应设置在能正确反映被测物理量的位置。开关量传感器应设置在能正确反映被监测状态的位置。声光报警器应设置在经常有人工作便于观察的地点。

（12）煤矿企业应按规定对传感器定期调校，保证监测数据准确可靠。

（13）监测监控系统在瓦斯超限后应能迅速自动切断被控设备的电源，并保持闭锁状态。

（14）监测监控系统地面中心站执行24小时值班制度，值班人员应在矿井调度室或地面中心站，以确保及时做好应急处置工作。

（15）监测监控系统应能对紧急避险设施内外的甲烷和一氧化碳浓度等环境参数进行实时监测。

子任务3　管理矿山监测监控系统

（1）按照《煤矿安全规程》和《煤矿安全监控系统及检测仪器使用管理规范》（AQ1029—2019）设计、安装、使用、管理与维护系统。

（2）矿井应装备煤矿安全监控系统。

（3）煤矿安全监控系统应24 h连续运行。

（4）煤矿安全监测监控设备之间必须使用专用阻燃电缆或光缆连接，严禁与调度电话电缆或动力电缆等共用。防爆型煤矿安全监控设备之间的输入、输出信号必须为本质安全型信号。

（5）安全监测监控设备必须具有故障闭锁功能。当与闭锁控制有关的设备未投入正常运行或故障时，必须切断该监控设备所监控区域的全部非本质安全型电气设备的电源并闭锁；当与闭锁控制有关的设备工作正常并稳定运行后，自动解锁。

（6）矿井安全监测监控系统必须具备甲烷断电仪和甲烷风电闭锁装置的全部功能。当主机或系统电缆发生故障时，系统必须保证甲烷断电仪和甲烷风电闭锁装置的全部功能；当电网停电后，系统必须保证正常工作时间不小于2 h；系统必须具有防雷电保护；系统必须具有断电状态和馈电状态监测、报警、显示、存储和打印报表功能；中心站主机应不少于2台，1台备用。

（7）安装断电控制系统时，必须根据断电范围要求，提供断电条件，并接通井下电源及控制线。安全监控设备的供电电源必须取自被控制开关的电源侧，严禁接在被控开关的负荷侧。拆除或改变与安全监控设备关联的电气设备的电源线及控制线、检修与安全监控设备关联的电气设备、需要安全监控设备停止运行时,须报告矿调度室,并制定安全措施后方可进行。

（8）安全监测监控设备必须定期进行调试、校正,每月至少1次。甲烷传感器、便携式甲烷检测报警仪等采用载体催化元件的甲烷检测设备,每7天必须使用校准气样和空气样调校1次。每7天必须对甲烷超限断电功能进行测试。安全监控设备发生故障时,必须及时处理,在故障期间必须有安全措施。

（9）必须每天检查安全监控设备及电缆是否正常。使用便携式甲烷检测报警仪或便携式光学甲烷检测仪与甲烷传感器进行对照,并将记录和检查结果报监测值班员;当两者读数误差大于允许误差时,先以读数较大者为依据,采取安全措施并必须在8 h内对2种设备调校完毕。

（10）矿井安全监测监控系统中心站必须实时监控全部采掘工作面瓦斯浓度变化及被控设备的通、断电状态。矿井安全监控系统的监测日报表必须报矿长和技术负责人审阅。

（11）必须设专职人员负责便携式甲烷检测报警仪的充电、收发及维护。每班要清理隔爆罩上的煤尘,发放前必须检查便携式甲烷检测报警仪的零点和电压或电源欠压值,不符合要求的严禁发放使用。

（12）甲烷超限报警、断电、馈电异常、停风报警后,要及时采取停电、撤人等安全措施。

（13）煤矿安全监控系统及设备应符合AQ 6201的规定。传感器稳定性应不小于15 d。采掘工作面气体类传感器防护等级不低于IP65,其余不低于IP54。突出矿井在采煤工作面进、回风巷,煤巷、半煤岩巷和有瓦斯涌出的岩巷掘进工作面回风流中,采区回风巷、总回风巷设置的甲烷传感器必须是全量程或者高低浓度甲烷传感器,宜采用激光原理甲烷传感器。

（14）煤矿安全监控系统传感器的数据或状态应传输到地面主机。

（15）煤矿应按矿用产品安全标志证书规定的型号、安全标志编号选择监控系统的传感器、断电控制器等关联设备。

（16）煤矿安全监控系统应支持多网、多系统融合,实现井下有线和无线传输网络的有机融合。煤矿安全监控系统应与上一级管理部门联网。

（17）矿长、矿技术负责人、爆破工、采掘区队长、通风区队长、工程技术人员、班长、流动电钳工、安全监测工下井时,应携带便携式甲烷检测报警仪或甲烷检测报警矿灯。瓦斯检查工下井时应携带便携式甲烷检测报警仪和光学甲烷检测仪。

（18）煤矿采掘工、打眼工、在回风流工作的工人下井时宜携带甲烷检测报警矿灯。

（19）煤矿安全监控系统应具有伪数据标注及异常数据分析,瓦斯涌出、火灾等的预测预警,多系统融合条件下的综合数据分析,可与煤矿安全监控系统检查分析工具对接数据等大数据分析与应用功能。

（20）煤矿安全监控系统应具有在瓦斯超限、断电等需立即撤人的紧急情况下，可自动与应急广播、通信、人员位置监测等系统应急联动的功能。

（21）配制甲烷校准气样的装置和方法必须符合国家有关标准，相对误差必须小于5%。制备所用的原料气应选用浓度不低于99.9%的高纯度甲烷气体。

（22）建立安全监控系统管理机构，配备值班、管理、检修和日常维护人员，实行24 h不间断值班。

（23）建立健全各种规章制度。

（24）系统值班人员应填写系统运行日志、安全监控日报表，监控日报表报矿主要负责人和技术负责人审阅、签字。

（25）安全监控系统有故障时必须及时处理，在故障期间必须有安全措施，并建立故障记录，甲烷、一氧化碳传感器必须按规定定期进行调校并建立调校记录和维修记录。

（26）对系统技术资料归档管理。

任务 2 矿井人员定位系统

煤矿安全生产事关人民群众的生命和财产的安全，对于各矿井的安全状况，要求各级安全监管部门要实现连续监测。井下人员定位系统作为综合性运用系统，能够对下井人员进行自动考勤、自动定位，以及进行灾后急救、日常管理等。对于井下各个区域人员及设备的动态情况，通过煤矿井下人员定位系统能够及时、准确地反映给地面计算机系统，井下人员、设备的分布状况和每个工人的运动轨迹便于管理人员随时掌握，同时确保了管理的合理性。井下设备有人故意损坏或是出现"三违"人员时，中心站领导命令时，锁定时间，锁定经过事故地点的人员，经过分析和排查，能准确锁定事故人员。当发生井下灾难时，根据井下人员及设备定位系统所提供的数据、图形，救援人员可以准确掌握有关人员的位置情况，并采取有效的救援措施，进而在一定程度上提高了救援的工作效率，同时节省救援资金。通过本任务的学习使学生对于矿井人员定位系统的功能、作用、组成等有一定的了解，能够对矿井人员定位系统进行建设、维护和管理。

子任务 1 认识矿井人员定位系统

技能点 1 认识人员定位系统的功能

煤矿井下人员定位系统又称煤矿井下人员位置监测系统和煤矿井下作业人员管理系统，具有人员位置、携卡人员出入井时刻、重点区域出入时刻、限制区域出入时刻、工作时间、井下和重点区域人员数量、井下人员活动路线等监测、显示、打印、存储、查询、异常报警、路径跟踪、管理等功能。

矿山应用煤矿井下人员定位系统，使井下工作人员佩戴的识别卡，通过井下监控点向监控中心传送其位置信息，可实时掌握每个员工在井下的位置及活动轨迹，也可以作为工作人员的考勤记录，对超出活动范围的员工给予及时的提醒和警报，能够为矿山的安全生产将有积极作用，在一定程度上减少伤亡。

（1）遏制超定员生产。通过监控入井人数，进入采区、采煤工作面、掘进工作面等重点区域人数，遏制超定员生产。

（2）防止人员进入危险区域。通过对进入盲巷、采空区等危险区域人员监控，及时发现误入危险区域人员，防止发生窒息等伤亡事故。

（3）及时发现未按时升井人员。通过对人员出/入时刻监测，可及时发现超时作业和未升井人员，以便及时采取措施，防止发生意外。

（4）加强特种作业人员管理。通过对瓦斯检查员等特种作业人员巡检路径及到达时间监测，及时掌握检查员等特种作业人员是否按规定的时间和线路巡检。

（5）加强干部带班管理。通过对带班干部出入井及路径监测，及时掌握干部下井带班情况，加强干部下井带班管理。

（6）煤矿井下作业人员考勤管理。通过对入井作业人员，出/入井和路径监测，及时掌握入井工作人员是否按规定出/入井，是否按规定到达指定作业地点等。

（7）应急救援与事故调查技术支持。通过系统可及时了解事故时入井人员总数、分布区域、人员的基本情况的等。

发生事故时，系统不被完全破坏，还可在事故后 2 小时内（系统有 2 小时备用电源），掌握被困人员的流动情况。

在事故后 7 天内（识别卡电池至少工作 7 天），若识别卡不被破坏，可通过手持设备测定被困人员和遇难人员大致位置，以便及时搜救和清理。

（8）持证上岗管理。通过设置在人员出入井口的人脸、虹膜等检测装置，检测入井人员特征，与上岗培训、人脸、虹膜数据库资料对比，没有取得上岗证的人员不允许下井，特殊情况（如上级检查等）需经有关领导批准并存储纪录。

（9）紧急呼叫功能。具有紧急呼叫功能的系统，调度室可以通过系统通知携卡人员撤离危险区域，携卡人员可以通过预先规定的紧急按钮向调度室报告险情。

技能点 2　认识人员定位系统的组成

煤矿井下人员位置监测系统一般由主机、传输接口、分站、识别卡、电源箱、电缆、接线盒、避雷器和其他必要设备组成。中心站硬件一般包括传输接口、主机、打印机、UPS 电源、投影仪或电视墙、网络交换机、服务器、防火墙和配套设备等。中心站均应采用当时主流技术的通用产品，并满足可靠性、开放性和可维护性等要求。系统软件包括操作系统、数据库、编程语言等应为可靠性高、开放性好、易操作、易维护、安全、成熟的主流产品软件应有详细的汉字说明和汉字操作指南。人员定位系统结构图，如图 10-2-1 所示。

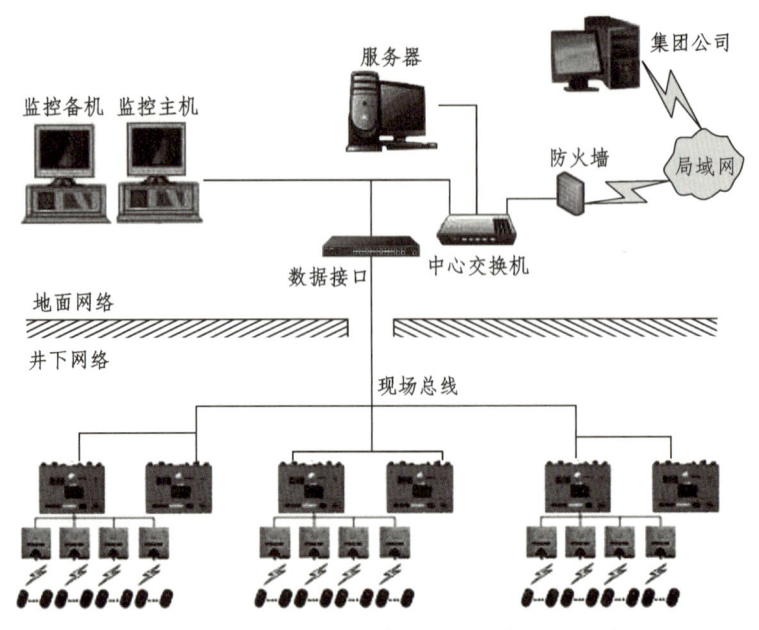

图 10-2-1　人员定位系统结构图

子任务 2　建设矿井人员定位系统

（1）煤矿企业必须按照《煤矿井下作业人员管理系统使用与管理规范》（AQ1048—2007）的要求，建设完善井下人员定位系统。应优先选择技术先进、性能稳定、定位精度高的产品，并做好系统维护和升级改造工作，保障系统安全可靠运行。

（2）安装井下人员定位系统时，应按规定设置井下分站和基站，确保准确掌握井下人员动态分布情况和采掘工作面人员数量。矿井人员定位系统必须满足《煤矿井下作业人员管理系统通用技术条件》（AQ6210—2007）的要求，并取得煤矿矿用产品安全标志。定位分站、基站等相关设备应符合相应的标准。

（3）所有入井人员必须携带识别卡（或具备定位功能的无线通信设备）。

（4）矿井各个人员出入井口、重点区域出入口、限制区域等地点均应设置分站，并能满足监测携卡人员出入井、出入重点区域、出入限制区域的要求；巷道分支处应设置分站，并能满足监测携卡人员出入方向的要求。

（5）煤矿紧急避险设施入口和出口应分别设置人员定位系统分站，对出、入紧急避险设施的人员进行实时监测。

（6）矿井调度室应设人员定位系统地面中心站，配备显示设备，执行 24 h 值班制度。

（7）分站应设置在便于读卡、观察、调试、检验、围岩稳定、支护良好、无淋水、无杂物的位置。

（8）设备使用前，应按产品使用说明书的要求调试设备，并在地面通电运行 24 h，合格后方可使用防爆设备应经检验合格，并贴合格证后，方可下井使用。

（9）入井电缆的入井口处应具有防雷措施。

（10）系统主机及系统联网主机应双机或多机备份，24 h 不间断运行。当工作主机发生故障时，备用主机应在 5 min 内投入工作。

（11）中心站应双回路供电，并配备不小于 2 h 的在线式不间断电源。

（12）中心站设备应有可靠的接地装置和防雷装置。

（13）中心站应配置防火墙等网络安全设备。

（14）中心站应使用录音电话。

子任务 3　管理矿井人员定位系统

（1）下井人员应携带识别卡，识别卡严禁擅自拆开。

（2）所有下井人员必须携带识别卡，严禁一人携带多卡入井。

（3）携带识别卡下井人员通过井口专用检卡设备时要检查识别卡是否正常，如发现电量不足，卡号错误，信息不全时与维护人员联系，换识别卡或更换识别卡电池，并能在换卡的同时进行信息关联。

（4）井下工作人员严禁更换、随意拆卸识别卡，若有问题，及时与维护人员联系更换识别卡。

（5）井口检卡人员，必须对下井人员是否携带识别卡进行检查。

（6）专业维护人员定期对人员定位监测装置进行巡视和检查，发现故障及时排查。

（7）各单位或监测人员发现监测装置有异常情况要及时向有关单位汇报并核实。

（8）井下人员的工作单位（岗位）如有变动，所在单位及时通知人力资源和监测队管理部门，专业维护人员 24 小时内将识别卡信息调整。

（9）专业维护人员要及时维修更换有问题的识别卡，不得因识别卡问题影响监测数据的准确性。

（10）专业维护人员要确保井下人员定位系统不间断运行，出现故障及时排查，确保系统的安全可靠。

（11）各分站电源由专人负责，严禁长时间停电，如有开关跳闸，应及时恢复通电。

（12）分站和读卡器严禁随意移动、搬迁，影响巷道施工时，必须经维护人员同意后方可作业。

（13）人员定位系统设备更新的基本原则是，用技术性能先进的设备更换技术性能落后又无法修复改造的老旧设备。凡符合下列情况之一者，应申请报废更新。

① 设备严重老化、技术落后或超过规定使用年限的设备；

② 通过修理，虽能恢复精度和性能，但一次修理费用超过设备原价的 50%以上，经济不合理的；

③ 受意外灾害，损坏严重，无法修复的或严重失爆不能修复的；

④ 不符合国家及行业标准规定的，国家或有关部门规定应淘汰的设备。

（14）工作不正常的识别卡严禁使用。性能完好的识别卡总数，至少比经常下井人员的总数多 10%。不固定专人使用的识别卡，性能完好的识别卡总数至少比每班最多下井人数多 10%。

（15）煤矿应配备满足人员定位系统使用工作需要的操作、维护人员。操作、维护人员应了解系统的基本原理并能熟练地操作使用系统，经过培训考核合格，持证上岗，并编制人员定位系统发现问题应急处置预案。

（16）煤矿各级管理人员必须经常通过人员定位系统终端了解矿井生产人员组织等相关情况，分析、研究系统的各类数据，掌握设备运行情况及入井人员活动规律，以提高安全生产科学管理决策和突发事件应急指挥能力。

（17）建立人员定位系统技术资料管理与使用制度，技术资料要定期保存。

① 要按质量标准化的要求和有关规定建立健全以下台账和报表：设备、仪表台账、设备故障登记表、检修记录、巡检记录、中心站运行日志、监测日报表、设备使用情况月报表等。

② 矿山应绘制人员定位设备布置图，图上标明分站、电源、中心站等设备的位置、接线、传输电缆、供电电缆等，根据实际布置及时修改，并报矿总工程师审批。

③ 网络信息中心应每 3 个月对数据进行备份，每份数据应保存 1 年以上。

④ 图纸、技术资料应保存 1 年以上。

（18）设备发生故障时，应及时处理，在故障期间应采用人工监测，并填写故障登记表。

（19）安全监测工应 24 h 值班，应每天检查设备及电缆，发现问题应及时处理，并将处理结果报中心站。

（20）当电网停电后，备用电源不能保证设备连续工作 1 h 时，应及时更换。

（21）中心站应 24 h 有人值班。值班员应认真监视监视器所显示的各种信息，详细记录系统各部分的运行状态，填写运行日志，打印监测日（班）报表，报矿长和有关负责人审阅。接到报警后，值班员应立即通知生产调度及值班领导，生产调度及值班领导应立即采取措施，处理结果应记录备案。

任务 3　紧急避险系统

我国煤矿约 95% 是井工矿，开采条件复杂，而且随着采掘深度增加，煤矿瓦斯、水患、冲击地压等灾害越来越严重。井工开采矿井具有灾害因素集中、人员活动与逃生空间受限，多种致灾因素共存井下的特点，也容易引发严重灾难。紧急避险系统是井下安全保障系统的重要组成部分，对井下人员生命安全保障具有重大意义。

井下突发紧急情况时，首先保证遇险人员的安全逃生，逃生人员佩戴自救器在有限时间到达自救器接续站更换自救器后继续逃生。只有当无法及时撤离时才可考虑进入紧急避险设施避险待救。避难硐室或移动救生舱应进行合理的布局，使井下人员佩戴自救器在有限时间内进入避难硐室。紧急避险系统要与监测监控、人员定位、供水施救、压风自救、通信联络五大系统连接，确保进入避难硐室的人员至少 96 小时的安全。通过本任务的学习，能够使学生掌握紧急避险系统的功能、作用，能够对紧急避险系统进行设计、建设和维护管理。

子任务 1　认识紧急避险系统

技能点 1　认识紧急避险系统的功能

煤矿井下紧急避险系统是指在煤矿井下发生紧急情况下，为遇险人员安全避险提供生命保障的设施、设备、措施组成的有机整体。

在井下发生煤与瓦斯突出、火灾、爆炸、水害等突发紧急情况时，在逃生路径被阻和逃生不能的情况下，为无法及时撤离的遇险（幸存）人员提供一个安全的密闭空间。对外能够抵御高温烟气，隔绝有毒有害气体；对内能为遇险人员提供氧气、食物、水，去除有毒有害气体，创造生存基本条件；并为应急救援创造条件、赢得时间。

紧急避险系统是突发紧急情况下井下人员无法逃脱时的最后保护方式，为被困矿工提供维持生命环境，使其与救援人员联络获得逃生方式，或等待救护队到达，促进提高获救的成功率。

技能点 2　认识紧急避险系统的组成

紧急避险系统建设包括为入井人员提供自救器、建设井下紧急避险设施、合理设置避灾路线、科学的制定应急预案等。

（1）为入井人员提供自救器。所有井工煤矿应为入井人员按规定配备自救器，入井人员配备额定防护时间不低于 30 min 的自救器，入井人员应随身携带，并熟练掌握使用方法。

（2）合理设置避灾路线。应当具备紧急逃生出口或采用 2 个安全出口。绘制紧急逃生路线图，并在井下设有明确的标识。

（3）建设井下紧急避险设施。在自救器额定的防护时间内，不能保证人员安全撤至地面的矿井，应设置井下紧急避险设施。紧急避险设施的设置要与矿井避灾路线相结合，紧急避险设施应有清晰、醒目的标识。矿井避灾路线图中应明确标注紧急避险设施的位置和规格、种类，井巷中应有紧急避险设施方位的明显标识，以方便灾变时遇险人员能够迅速到达紧急避险设施。

（4）科学地制定应急预案。有符合实际的应急预案，每年至少进行 1 次演练，职工掌握相关知识。

技能点 3　认识井下紧急避险设施

紧急避险设施主要包括永久避难硐室、临时避难硐室、可移动式救生舱，见表 10-3-1 所示。

表 10-3-1　紧急避险设施的分类

紧急避险设施	避难硐室（固定、临时）	钻孔通风式	
		自备氧式	
	可移动式救生舱	硬体式	分节组装式
			一体式
		软体式	软体式
			组合式

1. 避难硐室

避难硐室按使用时间长短分为永久避难硐室和临时避难硐室。

（1）永久避难硐室：是指设置在井底车场、水平大巷、采区（盘区）避灾路线上，服务于整个矿井、水平或采区，服务年限一般不低于5年的避难硐室。

（2）临时避难硐室：是指设置在采掘区域或采区避灾路线上，主要服务于采掘工作面及其附近区域，服务年限一般不大于5年的避难硐室。

永久避难硐室由三室两门组成，三室即过渡室、生存室和设备室，两门即第一道防护密闭门和第二道密闭门，见图10-3-1。

避难硐室按布置方式分为钻孔通风式避难硐室和自备氧式避难硐室。

① 钻孔通风式避难硐室：钻孔通风式避难硐室在国外是一种比较常见的永久避难硐室形式，当需要设置的避难硐室距离地表不深，钻孔施工及维护容易实现时，可选择钻孔通风式避难硐室，详见图10-3-2。

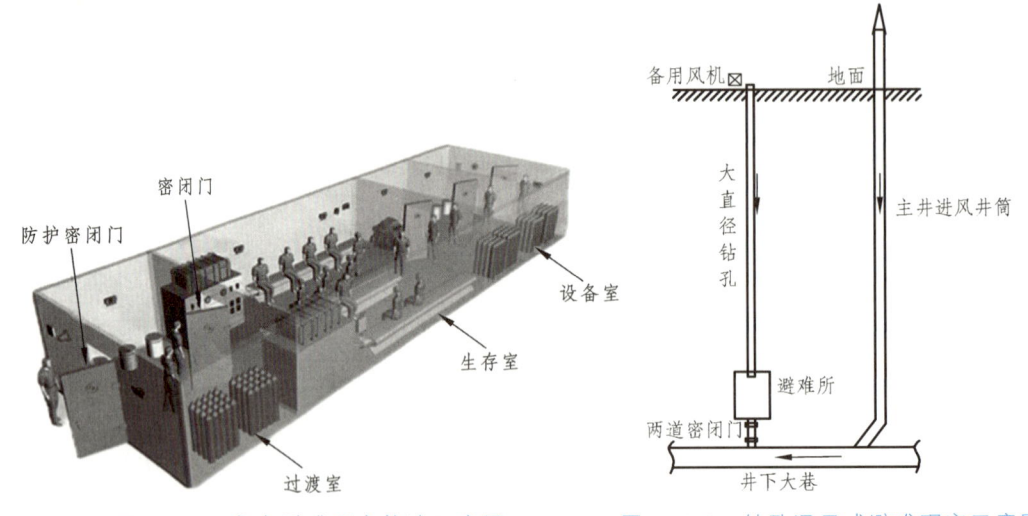

图10-3-1　永久避难硐室构造示意图　　图10-3-2　钻孔通风式避难硐室示意图

钻孔通风式避难硐室采用两道风门结构，以便形成风障；钻孔直径60~200 mm，灾变情况下在地面通过专用压风机向避难硐室压风；室内设置通信、警报、急救设施。

② 自备氧式避难硐室：自备氧式避难硐室在国内是一种常见的布置形式，当需要

设置的避难硐室距离地表较深，施工钻孔困难和维护成本较高时，可选择自备氧式避难硐室，详见图 10-3-3。

图 10-3-3　自备氧式避难硐室示意图

自备氧式避难硐室内布置有自备供氧设施（化学氧或压缩氧），有害气体处理、温湿度控制检测、通信、照明、指示、急救、食品等。

2. 可移动式救生舱

可移动式救生舱是在井下发生灾变事故时，为遇险矿工提供应急避险空间和生存条件，并可通过牵引、吊装等方式实现移动，适应井下采掘作业要求的避险设施。根据舱体材质，可分为硬体式救生舱和软体式救生舱。硬体式救生舱采用钢铁等硬质材料制成；软体式救生舱采用阻燃、耐高温帆布等软质材料制造，依靠快速自动充气膨胀架设。硬体式可移动救生舱又有一体式和分节组装式等类型。硬体式可移动救生舱见图 10-3-4，软体式移动救生舱见图 10-3-5。

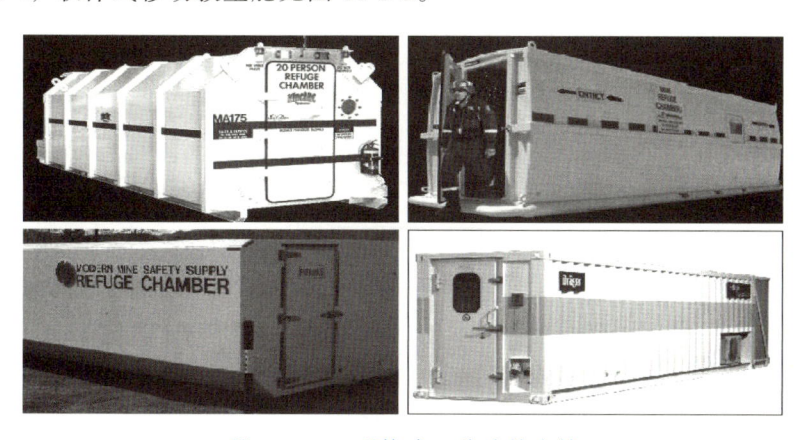

图 10-3-4　硬体式可移动救生舱

图 10-3-5　软体式移动救生舱

矿用可移动式救生舱的作用如下：

（1）救生舱在设计上充分考虑了使用现场环境的复杂性和恶劣性。采用了坚固的钢制外壳，防火、防锈、防腐的专用涂层。舱体设有独立的生命维持系统，在没有外界动力条件下可提供额定人员 4 天的生存环境。

（2）针对特殊情况设计了观察窗和紧急逃生装置。装备了较为舒适的内部装饰，可缓解在紧急情况下避难人员的紧张情绪。

（3）可移动式矿用救生舱主要适用于煤矿或非煤矿山井下发生的各类爆炸，煤与瓦斯突出、冒顶、外因火灾等事故现场的人员避难，也可作为日常的矿井气体监控设施、矿难时井下临时指挥与调度场所使用。

（4）矿用可移动救生舱是矿山救援系统的重要组成部分，在设计上配备了巷道内气体、温度、压力等参数的检测系统，可独立工作的动力系统，生命维持系统、环境控制系统以及必要的保护结构。救生舱组成见图 10-3-6。

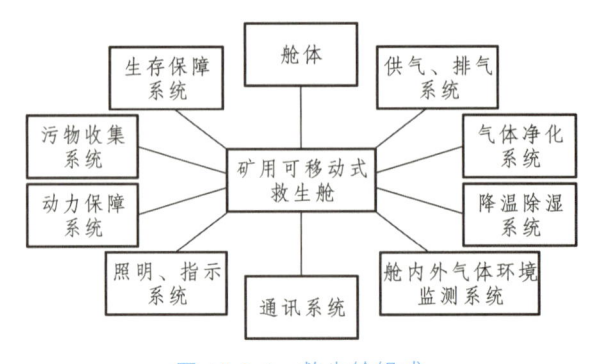

图 10-3-6　救生舱组成

（5）把矿用可移动式救生舱生命保障技术进行放大拓展延伸，形成和开发避难硐室成套技术装备。避难硐室具有救生舱的一切防护功能，而且具有更大的维生空间，可以满足一定区域内所有矿工的避险维生需求，实现井下避险全员覆盖。

3. 避难硐室的功能设施

永久避难硐室的功能设施由主要功能系统和附属系统组成，永久避难硐室的功能设施详见10-3-7。

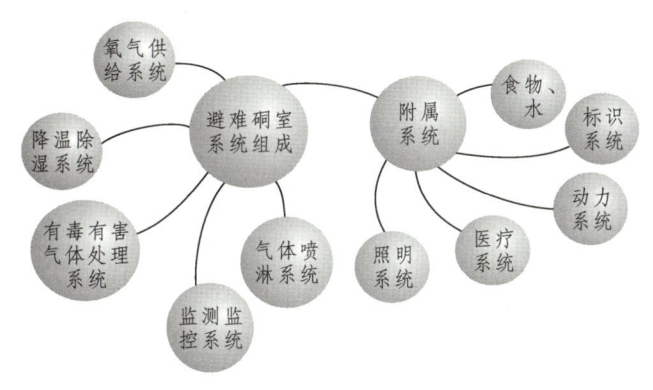

图 10-3-7　永久避难硐室的功能设施

1）氧气供给系统

由于煤矿井下发生火灾、煤尘爆炸、坍塌等灾害性事故时，都会致使避难所周围环境缺氧，同时，避险人员在密闭空间会短时间内耗尽氧气，因此，必须在避难硐室内部设置具有向避险人员提供氧气以保证避险人员能够维持正常呼吸的供氧装置。目前，主要有压风自救装置供氧、压缩钢瓶供氧、隔绝式自救器（呼吸器）供氧三种供氧方式：

① 压风自救装置供氧：

利用地面压缩空气通过管路（钻孔或专用管路）作为气源，经过阀门后进入过渡硐室内设置的水、灰尘、油的三级过滤，经过预先设置的减压器、流量计、管路进入气体输出端。为硐室内避险人员提供新鲜、舒适的空气。压风自救装置供氧见图10-3-8。

图 10-3-8　压风自救装置供氧

② 压缩钢瓶供氧：

利用储存在钢瓶中的医用压缩氧气，通过供氧控制装置为避险人员输出规定数值的氧气。在生存室的专用硐室内放置钢瓶，钢瓶出口经高压管路并联后集中至减压器，减压器将氧气瓶中的医用压缩氧气减压形成稳定的压力，然后输送至可调节浮子流量计，浮子流量计的氧气输出量根据避险人员数量进行手动调节，在静坐状态下每人的氧气消耗量大约为 0.5 L/min。由于减压器输出稳定的压力，因此在浮子流量计调节值一定时，通过浮子流量计的氧气输出量不会随着氧气瓶中的压力变化而变化。压缩钢瓶供氧见图 10-3-9。

图 10-3-9　压缩钢瓶供氧

③ 隔绝式自救器（呼吸器）供氧：

隔绝式自救器有化学氧自救器和压缩氧自救器两种形式。化学氧自救器供氧是利用人呼出二氧化碳与生氧剂（超氧化钾或超氧化钠）发生反应，生成氧气供人呼吸。压缩氧自救器供氧是利用压缩钢瓶内的医用氧气减压后供人呼吸，人呼出的二氧化碳被二氧化碳吸收剂吸收。呼吸器供氧的原理与压缩氧自救器（图 10-3-10）相同，供氧时间长。

图 10-3-10　自救器供氧

2）降温除湿系统

发生灾变时，避险人员长时间在密闭的硐室内生存，人体散热导致硐室气温升高，同时如发生爆炸，外界温度传入以及化学药品产生反应造成生存环境温度升高，湿度增大，所以需要对生存温度、湿度进行控制调节，以保证适宜的生存环境。紧急避险设施内始终保持温度不高于 35 °C；湿度不大于 85%；不低于 100 Pa 的正压状态。目前，降温除湿系统主要有蓄冰（空调）制冷技术、液态 CO_2 制冷技术、化学制冷技术和相变制冷技术四种制冷技术，煤矿井下多采用蓄冰（空调）制冷技术。

蓄冰空调分为室内、室外两部分，室外机主要是隔爆制冷压缩机和隔爆控制装置，室内部分主要是制冷盘管与水箱组成的制冰、储冰装置。当电力供应正常时，室外压缩机工作，空调制冷系统将硐室内水箱中的水制成冰，实现储冷功能。冰融化时吸收硐室内热量，降低硐室内的环境温度。在电力供应正常的情况下，硐室内水箱中的水始终保持为冰固态，在灾变事故发生、外界电力突然中断的情况下，水箱内的冰融化时吸收的热量与硐室内人员散发热量相当，从而基本保持硐室内环境温度不变。空调制冷技术见图 10-3-11。

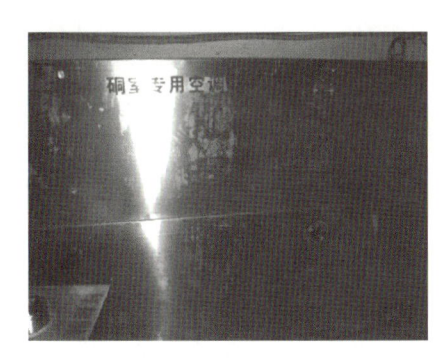

图 10-3-11　空调制冷技术

3）有毒有害气体处理系统

井下发生灾害后，矿井环境突变，缺氧（氧气浓度 O_2<16%）、有毒有害气体（CO、H_2S、NH_3、SO_2、NO_2）、高温烟气（火焰锋面温度可达到 2 150~2 650 °C）以及二次爆炸冲击波（可达 2 MPa 以上）等危害都有可能造成人员伤亡。灾变前、后矿井气体浓度变化情况见图 10-3-12。遇险人员长时间生存在密闭空间，人体呼出的二氧化碳会使密闭空间二氧化碳浓度不断增加，当二氧化碳浓度达到 8%时，人会短时间死亡；同时硐室外的一氧化碳会随人员进入而进入，所以必须对避难硐室内的 CO_2 和 CO 两种有毒有害气体进行处理。处理 CO_2 能力不低于 0.5 L/min·人；处理 CO 能力应保证在 20 分钟内将 CO 浓度由 0.04%降到 0.002 4%以下。

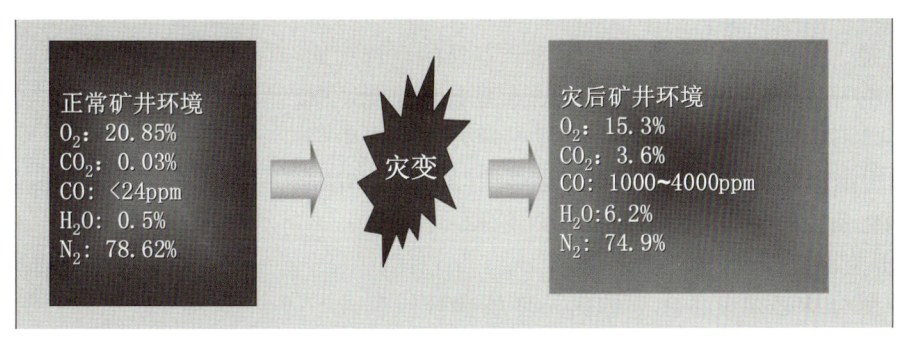

图 10-3-12　灾变前、后矿井气体浓度变化

有毒有害气体处理装置由有毒有害气体处理一体机、隔爆通风机、CO_2 吸收箱、CO 吸收箱组成。处理装置与储冰式空调通风管路连接，CO_2 吸收箱、CO 吸收箱放在一体机上，开动电动风机，硐室内空气由过滤装置上方进入，经 CO_2（CO）吸附剂净化后进入水（冰）箱内部冷风通道，在水（冰）箱内部循环后经出风口风机排出，实现硐室内空气有毒有害气体处理。空气一体净化机见图 10-3-13。

图 10-3-13　空气一体净化机

去除 CO_2 技术有多种解决方案，如碱石灰吸附、超氧化物吸附、氢氧化锂吸附剂吸附、分子筛吸附、固态胺清除等。但通过综合比较后，一般煤矿井下使用碱石灰吸附 CO_2 较为合适。碱石灰主要以氧化钙和氢氧化钠的混合物为主，对 CO_2 气体的吸附效率一般在 21%～29%。它的优点是成本低，缺点是用量大，平均每人每天用料 5 kg 左右。

由于 CO 气体性能稳定，不容易被化学药剂直接吸收，因此主要通过催化剂将 CO 气体催化成 CO_2 气体，然后再通过 CO_2 吸附剂将之清除。目前主要有两种催化剂，以二氧化锰及氧化铜为基材的霍加拉特催化剂和以贵金属钯或铂为主催化材料，简称贵金属催化剂。

4）动力保障系统

避难硐室的动力保障系统主要分为两部分。一是外接电源。避难硐室主供电电源采用可靠的供电点供电，电缆在进入避难硐室前 20 m，穿管埋入巷道底板，实现避难硐室内部双回路供电。硐室内安设馈电开关、照明综合保护装置，用来控制室内的供电电源。室外的空调压缩机由馈电开关经变压器后直接供电。二是备用电源（图 10-3-14）。按照标准要求，当灾害发生后外部电源中断时，备用电源自动启动，保证在额定防护时间内（96 h）气体净化系统和环境监测系统的动力需求。

5）监测监控系统

按照标准必须配备独立的内外环境参数检测或监测仪器，在突发紧急情况下人员避险时，能够对避险硐

图 10-3-14　备用电源箱电源

室过渡室内的氧气、一氧化碳 2 个参数，生存室内的氧气、甲烷、二氧化碳、一氧化碳、温度、湿度、压差 7 个参数和避险硐室外的 O_2、CH_4、CO_2、CO、温度 5 个参数进行检测或监测。如果矿山需要对避难硐室外的环境参数在地面进行监控，可在避难硐室旁安装一个与矿上使用的监控分站，同时加挂 CO_2、CO、CH_4、O_2、温度五个参数传感器（须兼容），井上监测监控中心就可以及时了解避难硐室外的生存环境，人员定位系统同样如此。

6）气幕喷淋系统

由于避险人员在开启硐室第一道防护门的过程会带入一定浓度的有毒有害气体及火源，极易造成对避险人员的二次伤害。气幕喷淋系统的功能是将有毒气体及火源驱之门外，不会随着避险人员的进入而带入硐室内。喷淋系统是利用储存在钢瓶中的压缩空气，通过减压器控制稳定的输出压力至硐室门联动开关，在由过渡室进入生存室时，开启喷淋开关，压缩空气向外喷出，将避险人员身上有可能携带有毒气体清洗干净。当硐室门关闭时，硐室门联动开关即刻关闭，阻止压缩空气继续喷出。气幕、喷淋系统用气必须与高压空气瓶和井下压风系统相连接，当压风正常时用压风，当压风不正常时用高压空气。气幕喷淋系统实物见图 10-3-15。

图 10-3-15　气幕喷淋系统实物图

7）排气系统

硐室内的排气系统由自动排气系统和手动排气系统两部分组成。一是自动排气系统，主要功能是当硐室内没有使用压风系统时，若硐室内的压力超过 100 Pa 时，自动排气阀打开，泄放多余的压力，同时排出污浊的气体，保持硐室内处于正压状态，排气管道必须加装逆止阀。二是手动排气系统，主要功能是当硐室内使用压风系统时，若自动排气阀不能满足要求，需采用大口径手动排气阀，如图 10-3-16 所示。

图 10-3-16　自动排气阀和手动排气阀

8）供水施救系统

矿井的供水施救系统支管通过地沟预埋接入避难硐室，为避难硐室提供备用饮用水源和生活、卫生水源。当避难硐室内部食物消耗完后，还可以通过该系统从井上提供流体食物给避难人员。供水管路应有专用接口和供水阀门。

9）通信联络系统

避难硐室要有两套独立的矿用通信联络装置。一套为避难硐室内与矿井调度室直通的电话，该电话配置必须与煤矿单位通信系统相兼容；另一套为避难硐室内与避难硐室外有线对讲通话，对讲电话自带电源。

10）排水系统

为了排除硐室内的异常积水和多余废水，避难硐室应设硐室排水系统。排水系统既能达到排水的作用，又要保证不破坏与硐室的对外气密性。排水系统由排水池、排水管道、U形弯管、排水截止阀、排水单向阀组成。因为硐室排水量很小，基本无固定排水。所以，先用 DN50 排水管及配套规格阀门即可满足要求。排水单向阀见图 10-3-17。

图 10-3-17　排水单向阀

11）照明系统

避难硐室的照明系统由两部分组成：一是避难硐室有电时的照明，由照明综合保护装置和 127 V 巷道灯组成，按额定人员 100 人的避难硐室计算，一般每个过渡室设 2 个 127 V 巷道灯，生存室设 6 个 127 V 巷道灯。二是避难硐室无电时的照明，由本安电路用按钮开关和矿用本安型机车信号灯等组成，矿用本安型机车信号灯采用备用锂离子电池供电。

12）基本生存保障

避难硐室应配备在额定防护时间内额定人员生存所需要的食品和饮用水，并有足够的安全余量。食品配备不少于 2 000 kJ/人·天，食用水 500 mL/人·天。避难硐室应配备必要的应急维修所需工具箱、灭火工具、急救箱、污物收集器等，见图 10-3-18。

图 10-3-18 食物、自救器、污物收集器实物

子任务 2　建设紧急避险系统

技能点 1　建设紧急避险系统

（1）煤矿企业必须按照《煤矿井下紧急避险系统建设管理暂行规定》（安监总煤装〔2011〕15 号）建设完善紧急避险系统。

（2）紧急避险系统应与监测监控、人员定位、压风自救、供水施救、通信联络等系统相互连接，在紧急避险系统安全防护功能基础上，依靠其他避险系统的支持，提升紧急避险系统的安全防护能力。

（3）紧急避险设施的设置应符合"系统可靠、设施完善、管理到位、运转有序"的要求进行建设。紧急避险设施应具备安全防护、氧气供给保障、有害气体去除、环境监测、通信、照明、动力供应、人员生存保障等基本功能，在无任何外界支持的条件下额定防护时间不低于 96 小时。在整个额定防护时间内，紧急避险设施内部环境中氧气含量应在 18.5% ~ 23.0%，$CO_2 \leq 1.0\%$，$CH_4 \leq 1.0\%$，$CO \leq 24 \times 10^{-6}$，温度 $\leq 35\ ℃$，湿度 $\leq 85\%$，并保证紧急避险设施内始终处于不低于 100 Pa 的正压状态。

（4）紧急避险设施的容量应满足服务区域所有人员紧急避险需要，包括生产人员、管理人员及可能出现的其他临时人员，并按规定留有一定的备用系数。

（5）紧急避险设施的设置要与矿井避灾路线相结合，紧急避险设施应有清晰、醒目的标识。矿井避灾路线图中应明确标注紧急避险设施的位置和规格、种类，井巷中应有紧急避险设施方位的明显标识，以方便灾变时遇险人员迅速到达紧急避险设施。

（6）紧急避险系统应随井下采掘系统的变化及时调整和补充完善，包括紧急避险设施、配套系统、避灾路线和应急预案等。

（7）紧急避险设施的配套设备应符合相关标准的规定，纳入安全标志管理的应取得煤矿矿用产品安全标志。可移动式救生舱应符合相关规定，并取得煤矿矿用产品安全标志。

（8）井下紧急避险系统应由煤炭企业委托有资质的设计单位进行整体设计。设计方案应符合国家有关规定要求，经过评审和企业技术负责人批准，报煤矿安全监管部门和煤矿安全监察机构备案。

（9）煤与瓦斯突出矿井必须建设采区永久避难硐室，同时当采区内突出煤层的掘进巷道长度及采煤工作面推进长度超过 500 m 时，应在距离工作面 500 m 范围内建设临时避难硐室（避难所）或设置可移动式救生舱。

（10）非煤与瓦斯突出矿井，当采掘工作面距行人井口的距离超过 3 000 m 时，必须在井底车场或主要采区车场建设永久避难硐室,同时当该区域内采掘工作面距永久避难硐室超过 1 000 m 时,应在距离工作面 1 000 m 范围内建设临时避难硐室(避难所)或设置可移动式救生舱。

(11)当采掘工作面距行人井口的距离小于 3 000 m 时,必须在井底车场或主要采区车场建设临时避难硐室(避难所)或设置可移动式救生舱。

技能点 2　永久建设避难硐室

(1)避难硐室应布置在稳定的岩层中,避开地质构造带、高温带、应力异常区以及透水危险区。前后 20 m 范围内巷道应采用不燃性材料支护,且顶板完整、支护完好,符合安全出口的要求。特殊情况下确需布置在煤层中时,应有控制瓦斯涌出和防止瓦斯积聚、煤层自燃的措施。永久避难硐室应确保在服务期间不受采动影响,临时避难硐室应在服务期间避免受采动损害。

(2)避难硐室应采用向外开启的两道门结构,密闭门高 ≥ 1.5 m,宽 ≥ 0.8 m,且向外开启,要求开闭灵活、密封可靠,能够里外锁死。

外侧第一道门采用既能抵挡一定强度的冲击波,又能阻挡有毒有害气体的防护密闭门;第二道门采用能阻挡有毒有害气体的密闭门,分别如图 10-3-19 和 10-3-20 所示。

图 10-3-19　第一道防护密闭门　　图 10-3-20　第二道密闭门

两道门之间为过渡室,密闭门之内为避险生存室。防护密闭门上设观察窗,门墙设单向排水管和单向排气管,排水管和排气管应加装手动阀门。过渡室内应设压缩空气幕和压气喷淋装置。永久避难硐室过渡室的净面积应不小于 3.0 m^2。

生存室的宽度不得小于 2.0 m,长度根据设计的额定避险人数以及内配装备情况确定。生存室内设置不少于两趟单向排气管和一趟单向排水管,排水管和排气管应加装手动阀门。永久避难硐室生存室的净高不低于 2.0 m,每人应有不低于 1.0 m^2 的有效使用面积,设计额定避险人数不少于 20 人,宜不多于 100 人。

(3)避难硐室防护密闭门抗冲击压力不低于 0.3 MPa,能够抵御瞬时 900 ℃ 高温,应有足够的气密性,密封可靠、开闭灵活。门墙周边掏槽,深度不小于 0.2 m,墙体用强度不低于 C30 的混凝土浇筑,要求能够抵抗瞬时 900 ℃ 高温和 0.6 MPa 的爆炸冲击波，并与岩（煤）体接实，保证足够的气密性。密闭墙厚度一般为 500 mm。

（4）采用锚喷、砌碹等方式支护，支护材料应阻燃、抗静电、耐高温、耐腐蚀，顶板和墙壁的颜色宜为浅色。硐室地面高于巷道底板不小于 0.2 米。

（5）有条件的矿井宜为永久避难硐室布置由地表直达硐室的钻孔，钻孔直径应不小于 200 mm。通过钻孔设置水管和电缆时，水管应有减压装置；钻孔地表出口应有必要的保护装置并储备自带动力压风机，数量不少于 2 台。避难硐室还应配备自备氧供氧系统，供氧量不小于 24 小时。

（6）接入避难硐室的矿井压风、供水、监测监控、人员定位、通信和供电系统的各种管线在接入硐室前应采取保护措施。避难硐室内宜加配无线电话或应急通信设施。

（7）避难硐室施工前，应有专门的施工设计，报企业技术负责人批准后方可实施。

（8）避难硐室施工中应加强工程管理和过程控制，确保施工质量。

（9）避难硐室施工、安装完成后，应进行各种功能测试和联合试运行，并严格按设计要求组织验收。

技能点 3　建设临时避难硐室

（1）避难所设置在采掘区域或采区避灾路线上。

（2）临时避难硐室应布置在稳定的岩（煤）层中，避开地质构造带、高温带、应力异常区，确保服务期间受采动影响小。前后 20 m 范围内巷道应采用不燃性材料支护，顶板完整、支护完好，符合安全出口的要求。布置在煤层中时应有控制瓦斯涌入和防止瓦斯集聚、煤层自燃等措施。

（3）临时避难硐室应由过渡室和生存室等构成，采用向外开启的两道隔离门结构。

① 过渡室净面积应不小于 2.0 m^2，内设压缩空气幕和压气喷淋装置，第一道隔离门上设观察窗，靠近底板附近设单向排水管和单向排气管。

② 生存室净高应不低于 1.85 m，长度、宽度根据设计的额定避险人数，以及室内配置装备情况确定。每人应有不小于 0.9 m^2 的使用面积，设计的额定避险人数应不少于 10 人，不宜多于 40 人。靠近底板附近设置不少于两趟的单向排水管和单向排气管。

（4）隔离门应不低于井下密闭门的标准，密封可靠，开闭灵活。隔离门墙周边掏槽，或见硬顶、硬帮，墙体用强度不低于 C25 的混凝土浇筑，并与岩（煤）体接实，保证足够的气密性。

利用可移动式救生舱的过渡舱作为过渡室时，过渡舱外侧门框宽度应不小于 300 mm，安装时在门框上整体灌注混凝土墙体。硐室四周掏槽深度、墙体强度及密封性能要求不低于隔离门安装要求。

（5）临时避难硐室应采用锚网、锚喷、砌碹等方式支护，支护材料应阻燃，硐室地面应高于巷道底板 0.2 m。

（6）临时避难硐室应接入矿井压风、供水、监测监控、人员定位、通信和供电系统。

① 接入的矿井压风管路，应设减压、消音、过滤装置和带有阀门控制的呼吸嘴，压风出口压力在 0.1～0.3 MPa，连续噪声不大于 70 dB（A），过滤装置具备油水分离功能。

② 接入的矿井供水管路，应有接口和供水阀。接入的安全监测监控系统应能对硐室内的 O_2、CH_4、CO_2、CO、温度等进行实时监测。

③ 硐室入、出口处应设人员定位基站，实时监测人员进出紧急避险设施情况。

④ 硐室内应设置直通矿调度室的固定电话。

（7）临时避难硐室应配备独立的内外环境参数检测或监测仪器，实现突发紧急情况下人员避险时对硐室内的 O_2、CH_4、CO_2、CO、温度、湿度和硐室外的 O_2、CH_4、CO_2、CO 检测或监测。

（8）临时避难硐室应按设计的额定避险人数配备供氧和有害气体去除设施、食品和饮用水以及自救器、急救箱、照明、工具箱、灭火器、人体排泄物收集处理装置等辅助设施，备用系数不小于 10%。

① 自备氧供气系统供氧量不低于 0.3 m^3/min·人；采用高压气瓶供气系统时应有减压措施。

② 有害气体去除设施处理 CO_2 的能力应不低于每人 0.5 L/min，处理的能力应能保证 20 min 内将 CO 浓度由 0.04% 降到 0.0024% 以下。

③ 配备的食品不少于 2 000 kJ/人·d，饮用水不少于 0.5 L/人·d。

④ 配备的自救器应为隔离式，连续使用时间不低于 45 min。

（9）硐室建设应有设计和作业规程。临时避难硐室硐室建设完成后，应进行各种功能测试和联合试运行，并按要求组织验收，满足规定要求后方可投入使用。

技能点 4　建设可移动式救生舱

（1）选用的救生舱应符合有关标准规定，其适用范围和适用条件应符合所服务区域的特点，数量和总容量应满足所服务区域人员紧急避险的需要。

（2）救生舱应具备过渡舱结构，不设过渡舱时应有防止避险人员进入救生舱内时有害气体侵入的技术措施。过渡舱的净容积应不小于 1.2 m^3，内设压缩空气幕、压气喷淋装置及单向排气阀。生存舱提供的有效生存空间应不小于每人 0.8 m^3，应设有观察窗和不少于 2 个单向排气阀。

（3）救生舱应具有足够的强度和气密性。舱体抗冲击压力不低于 0.3 MPa。在（500±20）Pa 压力下，泄压速率应不大于（350±20）Pa/h；舱内气压应始终保持高于外界气压 100~500 Pa，且能根据实际情况进行调节。

（4）救生舱应选用抗高温老化、无腐蚀性、无公害的环保材料。舱内颜色应为浅色，外体颜色在煤矿井下照明条件下应醒目，宜采用黄色或红色。

（5）救生舱的设置地点和安装应有设计和作业规程，并严格按照产品说明书进行。在安装救生舱的位置前后 20 m 范围内煤（岩）层稳定，采用不燃性材料支护，通风良好，无积水和杂物堆积，满足安全出口的要求，不得影响矿井正常生产和通风。

（6）接入救生舱的矿井压风管路、供水管路及通信线路应采取防护措施，具有抗冲击破坏能力，管路与救生舱应采用软联接。

（7）救生舱安装完成后应进行系统性的功能测试和试运行，满足要求后方可通过验收。

（8）拆装、运输和移动救生舱时应有保护措施，编制操作规程和安全技术措施，保证拆装、运输和移动过程中不损坏救生舱。救生舱移动后应进行一次系统检查和功能测试。

子任务 3　管理紧急避险系统

（1）煤矿企业应建立紧急避险系统管理制度，确定专门机构和人员对紧急避险设施进行维护和管理，保证其始终处于正常待用状态。

（2）紧急避险设施内应悬挂或张贴简明、易懂的使用说明，指导避险矿工正确使用。

（3）煤矿企业应定期对紧急避险设施及配套设备进行维护和检查，并按产品说明书要求定期更换部件或设备。应保证储存的食品、水、药品等始终处于保质期内，外包装应明确标示保质日期和下次更换时间。每天应对紧急避险设施进行 1 次巡检，设置巡检牌板，做好巡检记录。煤矿负责人应对紧急避险设施的日常巡检情况进行检查。每月对配备的高压气瓶进行 1 次余量检查及系统调试，气瓶内压力低于额定压力的 95%时，应及时更换。每 3 年对高压气瓶进行 1 次强制性检测，每年对压力表进行 1 次强制性检验。每 10 天应对设备电源进行 1 次检查和测试。每年对紧急避险设施进行 1 次系统性的功能测试，包括气密性、电源、供氧、有害气体处理等。

（4）经检查发现紧急避险设施不能正常使用时，应及时维护处理。采掘区域的紧急避险设施不能正常使用时，应停止采掘作业。

（5）矿井灾害预防与处理计划、重大事故应急预案、采区设计及作业规程中应包含紧急避险系统的相关内容。

（6）应建立紧急避险设施的技术档案，准确记录紧急避险设施设计、安装、使用、维护、配件配品更换等相关信息。

（7）煤矿企业应于每年年底前将紧急避险系统建设和运行情况，向县级以上煤矿安全监管部门和驻地煤矿安全监察机构书面报告。

（8）煤矿企业应将了解紧急避险系统、正确使用紧急避险设施作为入井人员安全培训的重要内容，确保所有入井人员熟悉井下紧急避险系统，掌握紧急避险设施的使用方法，具备安全避险基本知识。对紧急避险系统进行调整后，应及时对相关区域的入井人员进行再培训，确保所有入井人员准确掌握紧急避险系统的实际状况。

（9）煤矿应当每年开展 1 次紧急避险应急演练，建立应急演练档案，并将应急演练情况书面报告县级以上煤矿安全监管部门和驻地煤矿安全监察机构。

任务 4　压风自救系统

压风自救系统是一种在矿山井下发生紧急情况时，如瓦斯、煤尘爆炸、火灾等紧急情况下，为避险人员提供压缩空气以保障其呼吸需求，降低井下有毒有害气体浓度，保障人员生命安全的应急救援系统。通过本任务的学习，使学生知晓压风自救系统的功能与作用，能够对压风自救系统进行建设和维护管理。

子任务 1　认识压风自救系统

技能点 1　认识压风自救系统的功能

压风自救系统是当发生煤和瓦斯突出或突出前有预兆出现时，工作人员进入自救装置，打开压气阀避灾。压风自救装置具有减压、流量调节、消音、泄水、防尘等功能，结构轻巧、使用方便、快捷。当矿山井下瓦斯超标或有超标征兆时，可扳动开关阀体的手把，使压风自救系统气路通畅，装置迅速完成泄水，过滤，减压和消音等动作后，压风自救装置向工作人员提供新鲜空气，起到安全避灾的作用。压风自救装置操作简单、快捷、可靠。避灾人员在使用压风自救装置时，感到舒适、无刺痛和压迫感。

技能点 2　认识压风自救系统的组成

压风自救系统主要由空气压缩机、压风管路和压风自救装置三部分组成。

1. 空气压缩机

空气压缩机站配置主要包括供电设施、空气压缩机、冷却循环系统、监测监控及各种保护、管路、管路附件及储气装置等。空气压缩机实物见图 10-4-1。

图 10-4-1　空气压缩机实物图

2. 压风管路

压风管路包括：主管、主干、支管、连接法兰、快速接头、弯头、管路三通（多通）、管道阀门、压力表、汽水（油）分离装置。

3. 压风自救装置

矿用压风自救装置包括箱体，箱体上设有压风接头，其内设有多组分别与压风管相连的呼吸器，每组呼吸器的支管上均设有手动进气阀。当作业场所发生有害气体突然涌出、冒顶和坍塌等危险情况时，现场人员来不及撤离，可就近利用压风自救装置实行自救。打开门盖，取出呼吸面罩戴上，扭开进气阀，通过供气量调节装置对压风管路提供的压风根据需要进行调节，再通过气动减压阀，进行减压和消除噪声，然后由积水杯将不清洁的压风变成清洁的呼吸空气，供给现场人员呼吸，达到稳定情绪、实现现场自救目的。该装置结构紧凑，使用方便，具有广泛的实用性。压风自救装置主要有面罩式和防护袋式两类。工作面用面罩式压风自救装置如图 10-4-2 所示。

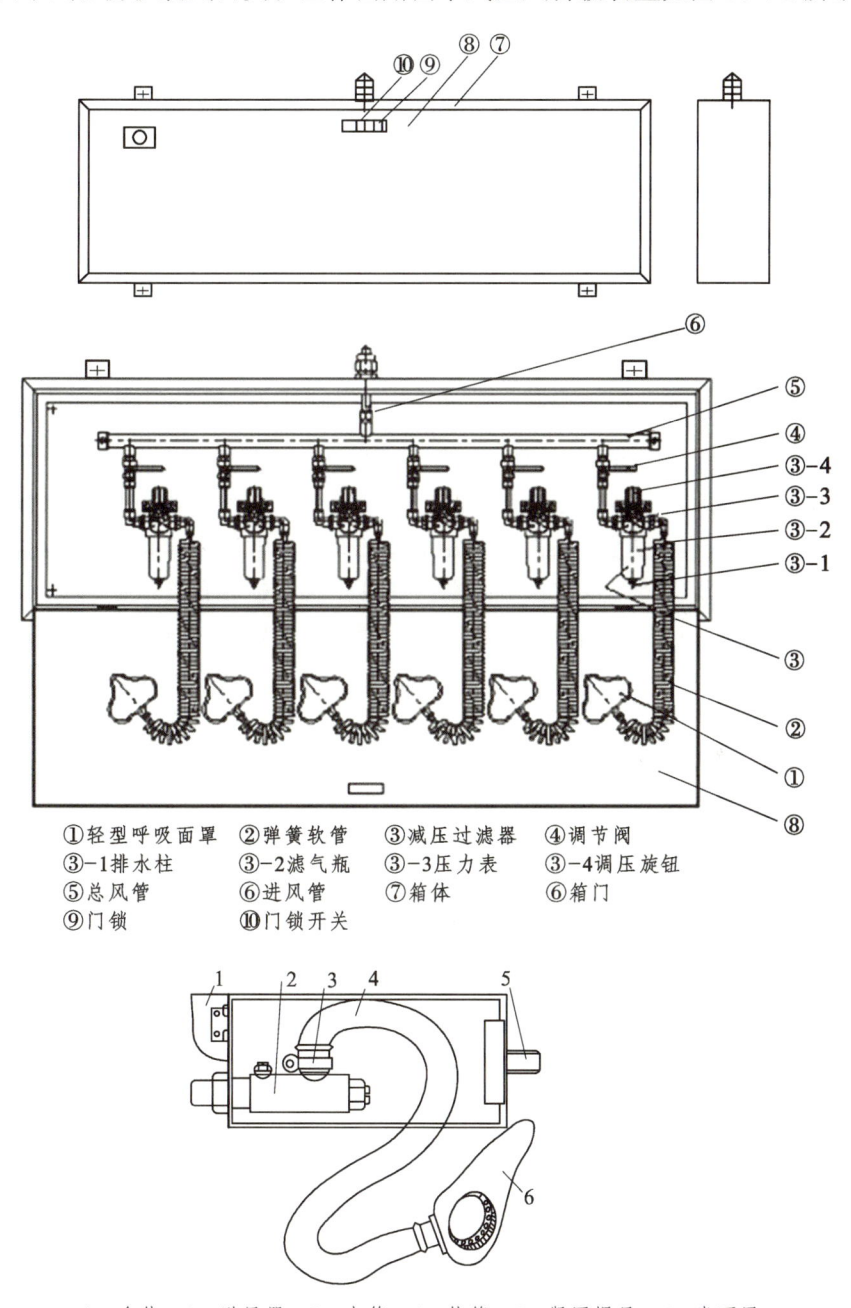

①轻型呼吸面罩　②弹簧软管　③减压过滤器　④调节阀
③-1排水柱　③-2滤气瓶　③-3压力表　③-4调压旋钮
⑤总风管　⑥进风管　⑦箱体　⑧箱门
⑨门锁　⑩门锁开关

1—盒体；2—送风器；3—卡箍；4—软管；5—紧固螺母；6—半面罩

图 10-4-2　工作面用面罩式压风自救装置

子任务 2　建设压风自救系统

技能点 1　建设压风自救系统的基本要求

（1）煤矿企业在按照《煤矿安全规程》要求建立压风系统的基础上，必须满足在灾变期间能够向所有采掘作业地点提供压风供气的要求，进一步建设完善压风自救系统。

（2）空气压缩机应设置在地面，空气压缩机在满足要求的同时，至少要有 1 台备用。对深部多水平开采的矿井，空气压缩机安装在地面难以保证对井下作业点有效供风时，可在其供风水平以上 2 个水平的进风井井底车场安全可靠的位置安装，并取得煤矿矿用产品安全标志，但不得选用滑片式空气压缩机。

（3）压风自救系统的管路规格应按矿井需风量、供风距离、阻力损失等参数计算确定，但主管路直径不小于 100 mm，采掘工作面管路直径不小于 50 mm。

（4）所有矿井采区避灾路线上均应敷设压风管路，并设置供气阀门，间隔不大于 200 m。有条件的矿井可设置压风自救装置。水文地质条件复杂和极复杂的矿井应在各水平、采区和上山巷道最高处敷设压风管路，并设置供气阀门。

（5）煤与瓦斯突出矿井应在距采掘工作面 25～40 m 的巷道内、爆破地点、撤离人员与警戒人员所在的位置以及回风巷有人作业处等地点，至少设置一组压风自救装置；在长距离的掘进巷道中，应根据实际情况增加压风自救装置的设置组数。每组压风自救装置应可供 5～8 人使用。其他矿井掘进工作面应敷压风管路，并设置供气阀门。

（6）主送气管路应装集水放水器。在供气管路与自救装置连接处，要加装开关和汽水分离器。压风自救系统阀门应安装齐全，阀门扳手要在同一方向，以保证系统正常使用。

（7）压风自救装置应符合《矿井压风自救装置技术条件》（MT390—1995）的要求，并取得煤矿矿用产品安全标志。

（8）井下使用多套压风系统时应进行管路联网。

（9）压风干管选用无缝钢管，管材必须满足供气强度、阻燃、抗静电要求；

（10）防护袋、送气管材料应符合 MT 113 的规定；

（11）如配有面罩，其材料应符合 GB 2626 的规定；

（12）压风自救装置应具有减压、节流、消噪声、过滤和开关等功能，装置外表面光滑、无毛刺，表面涂镀层均匀、牢固，零部件的连接应牢固、可靠，不得存在无风、漏风或自救袋破损长度超过 5 mm 的现象。

（13）压风自救装置的操作应简单、快捷、可靠。避灾人员在使用压风自救装置时，应感到舒适、无刺痛和压迫感。压风自救系统适用的压风管道供气压力为 0.3～0.7 MPa；在 0.3 MPa 压力时，压风自救装置的供气量应在 100～150 L/min 范围内。压风自救装置工作时的噪声应小于 85 dB。

（14）压风自救装置安装在采掘工作面巷道内的压缩空气管道上，设置在宽敞、支护良好、水沟盖板齐全、没有杂物堆的人行道侧，人行道宽度应保持 0.5 m 以上，管路敷设高度应便于现场人员自救应用。

（15）避难硐室或可移动式救生舱必须接入压风自救系统，为其供给足量氧气，并设置供气阀门，供风量不低于 0.3 m³/min·人，设减压、消音、过滤装置和控制阀装置。出口压力在 0.1~0.3 MPa，噪声不大于 70 dB（A）。

（16）井下压风管路应敷设牢固平直，采取保护措施，防止灾变破坏。进入避难硐室和救生舱前 20 m 的管路应采取保护措施（如在底板埋管或采用高压软管等）。

技能点 2　压风自救系统的安装

1. 空气压缩机站安装地点选择

（1）选择采光良好的宽阔场所，以利于操作、保养和维修时所需的空间和照明。

（2）选择空气湿度低、灰尘少、空气清新而且通风良好的场所，避免水雾、酸雾、油雾、多粉尘和多纤维的环境。

（3）按照《压缩空气站设计规范》（GB 50029—2014）的要求，压缩空气站机器间的采暖温度不宜低于 15 ℃，非工作机器间的温度不得低于 5 ℃。

（4）当空气压缩机吸气口或机组冷却风吸风口设于室内时，其室内环境温度不应大于 40 ℃。

（5）如果环境较差灰尘多，需加装前置过滤设备，以保证空气压缩机系统零件的使用寿命。

（6）在单台排气量大于或等于 20 m³/min，且总安装容量大于或等于 60 m³/min 的压缩空气站，宜设检修用起重设备，其起重能力应按空气压缩机组的最重部件确定；

（7）预留通道和保养空间，按照《压缩空气站设计规范》（GB 50029—2014）的要求，空气压缩机组合墙之间的通道宽度按排气量大小在 0.8~1.5 m 选取。

2. 管道安装

（1）系统安装在采掘工作面巷道内的压风管道上，安装地点应宽敞、支护良好、水沟盖板齐全、无杂物堆的人行道侧，人行道宽度 0.5 m 以上，管路安装高度应便于自救人员使用。

（2）主压风管安装放水器。

（3）压风管路进入自救器连接处，加装开关，其后安装汽水分离器。

（4）压风自救系统阀门应安装齐全，保证正常使用。

（5）进入采掘工作面巷口的进风侧安装总阀门。

（6）管路敷设要求牢固平直，管路每隔 3 m 固定，并采取保护措施，防止灾变破坏，岩巷用金属托管配合卡子，煤巷用钢丝绳吊挂，支管不少于一处固定，压风扳手要同一方向。

（7）管路敷设进入避难硐室或救生舱前 20 m 的管路采取保护措施（底板埋管或用高压软管等）。

3. 采掘工作面安装

（1）压风自救系统安装在掘进工作面巷道和回采工作面巷道内压缩空气管道上，

安装地点应在宽敞、支护良好、没有杂物堆的人行道侧，人行道宽度应保持在 0.8 m 以上，管路安装高度应距底板 0.5 m，便于现场人员自救应用。压风自救系统下面不得有水沟无盖板或盖板不齐全的现象。

（2）煤巷掘进工作面自掘进面回风口开始，距迎头 25~40 m 的距离设置一组压风自救装置，其数量应比该区域工作人员数量多 2 台，然后每 50 m 设置一组压风自救装置，每组数量为 5~8 台；岩巷掘进工作面距迎头 100~130 m 安装一组压风自救装置，其数量应比该区域工作人员数量多 2 台，迎头向外每隔 100 m 和放炮撤人地点各安装一组压风自救装置，每组数量为 5~8 台。

（3）回采工作面回风巷在距采面回风巷上安全出口以外 25~40 m 范围内设置一组压风自救装置，其数量应比该区域工作人员数量多 2 台，向外有人固定作业地点安装一组压风自救装置，其数量为 5~8 台；进风巷在距采面下安全出口以外 50~100 m 范围内设置一组压风自救装置，其数量应比该区域工作人员数量多 2 台；工作面回风巷反向风门外放炮警戒位置设置一组压风自救装置，其数量为 5~8 台。

（4）管路敷设要牢固平直，压风管路每隔 3 m 吊挂固定一次，岩巷段采用金属托管配合卡子固定，煤巷段采用钢丝绳吊挂。压风自救系统的支管不少于一处固定，压风自救系统阀门扳手要在同一方向且平行于巷道。

（5）在主送气管路中要装集水放水器。在供气管路进入与自救系统连接处，要加装开关，后边紧接着安装汽水分离器。

（6）空气压缩机可采用移动式或在其供风水平以上两个水平的进风井井底车场安全可靠的位置安装，但地面至少应设置一套空气压缩机，其供气量应能保证井下人员使用，并能在 10 min 内启动。

（7）压风自救系统阀门应安装齐全，能保证系统正常使用。进入采掘工作面巷口的进风侧要设有总阀门。

子任务 3　管理压风自救系统

（1）建立专门机构和队伍，制定相应的规章制度。
（2）该系统每班应有专人进行检查和维护，发现问题，及时处理。
（3）须对入井人员进行使用培训，每年组织一次演练。
（4）安装后，检查各连接部件是否牢固可靠，连接处的密封是否严密，管路有无漏气，防护袋有无破损、面罩是否损坏、开关手把是否灵活可靠、位置及方向是否正确，如有错误及时纠正。
（5）确认安装无误后进行调试。减压器一般在出厂时就已调定，但也可能由于运输、安装时的震动会有所变化，因此安装完毕后还应作一次调试。打开通气开关，戴上防护袋或面罩使压气进入，看有无减压后的风进入，如风流过大或噪声太大，调节减压器的旋钮，使进气量和噪声适度为止，然后关闭开关，并将防护袋或面罩按原样叠好。

（6）工作人员或专门人员进班后，不管使用与否，首先应检查所有自救装置是否完好，附近顶板、两帮是否存在隐患。防止自救装置被岩石砸破或其他异物刺破。

（7）检查减压阀是否有气送出、进气开关把手是否灵活可靠。如无气送出，首先检查是否停风，其次检查减压器是否堵塞，如堵塞，应进行清洗或更换。

（8）检查结果一切符合要求后，按原样放好备用。

任务 5　供水施救系统

供水施救系统是在矿井发生灾变时，为井下重点区域提供饮用水和营养液的系统。所有采掘工作面和其他人员较集中的地点、井下各作业地点及避难硐室（场所）处应设置供水阀门，供水施救系统应保证各采掘作业地点在灾变期间能够实现提供应急供水。通过本任务的学习，使学生掌握供水施救系统的组成和功能，能够建设和管理供水施救系统。

子任务 1　认识供水施救系统

技能点 1　认识供水施救系统的功能

矿井供水施救系统是指地下矿山企业在现有生产和消防供水系统的基础上建立，对采掘作业地点及灾变时人员集中场所提供水源要求供水施救的系统。所有采掘工作面和其他人员较集中的地点、井下各作业地点及避灾硐室（场所）处设置供水阀门，保证各采掘作业地点在灾变期间能够实现提供应急供水。

矿井供水施救装置（三通闸阀）设置在主要大巷、掘进巷道、避难硐室、炸药库、变电所、泵房等主要硐室等。根据系统结构可将供水施救系统分为三类：

（1）独立式，独立供水水网系统（饮用水与工业用水分开）。

（2）一体式，与防尘供水系统一体（饮用水与工业用水一体）。

（3）其他。

供水施救系统具有如下功能：

（1）系统应具有基本的防尘供水功能。

（2）系统应具有供水水源优化调度功能。

（3）系统应具有在各采掘作业地点、主要硐室等人员集中地点在灾变期间能够实现应急供水功能。

（4）系统应具有过滤水源功能。

（5）系统宜具有管网异常报警功能；（水压异常、流量异常）。

（6）系统宜具有水源、主干、分支水管管网压力及流量等监测功能。

（7）系统宜保护水管管网功能，以防止灾变破坏。

技能点 2　认识供水施救系统的组成

供水施救系统一般由清洁水源、供水管网、三通、阀门、过滤装置及监测供水管网系统等其他必要设备组成。供水施救系统见图 10-5-1。

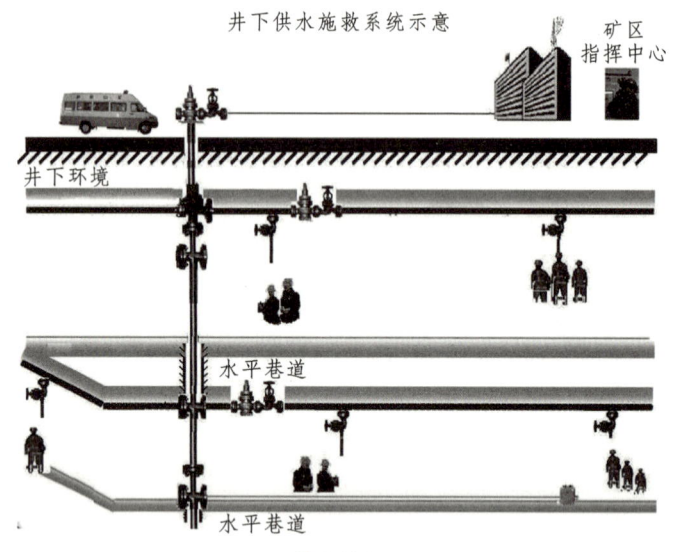

图 10-5-1　供水施救系统示意图

子任务 2　建设供水施救系统

（1）煤矿企业必须结合自身安全避险的需求，建设完善供水施救系统。系统应符合国家安全监管总局和国家煤矿安监局联合下发《煤矿井下安全避险"六大系统"建设完善基本规范（试行）》的规定，符合《煤矿安全规程》《煤矿井下粉尘综合防治技术规范》等标准的有关规定，系统中的设备应符合有关标准及各自企业产品标准的规定。

（2）供水水源应引自消防水池或专用水池，必须是可供饮用的水源，水池容量 ≥200 m³。有井下水源的，井下水源应与地面供水管网形成系统。地面水池应采取防冻和防护措施。供水压力不能满足需要时，需安装加压设施或减压阀、减压水仓。

（3）所有矿井采区避灾路线上应敷设供水管路，压风自救装置处和供压气阀门附近应安装供水阀门。

（4）井筒、井底车场、水平总运输巷道设置供水主管，进入采区巷道设置供水干管，进入采掘工作面、重要硐室或避难硐室设置供水支管。

（5）矿井供水管路应接入紧急避险设施，并设置供水阀，水量和水压应满足额定数量人员避险时的需要，接入避难硐室和救生舱前后的 20 m 供水管路要采取保护措施，防止损坏。

（6）供水管路、管件和阀门型号符合设计要求，最大静水压力大于 1.6 MPa 的管段宜采用无缝钢管，小于或等于 1.6 MPa 的管段可采用焊接钢管。地面供水入水口必须安装过滤装置，防止造成管路堵塞。

（7）供水管路必须铺设到所有采掘工作面、采区避灾路线、人员较集中地点、主要机电硐室（采区变电所、瓦斯抽放泵站）、主要运输巷、主要行人巷道和避难硐室及避灾路线巷道等地点。

（8）除按照《煤矿安全规程》要求设置三通及阀门外，还要在所有采掘工作面和其他人员较集中的地点设置供水阀门，保证各采掘作业地点在灾变期间能够实现提供应急供水的要求。供水管阀门安装位应与压风自救装置位置一致。

（9）供水施救系统中的自制件经检验合格、外协件、外购件具有合格证或经检验合格方可用于装配。

（10）装置的水管、三通及阀门及仪表等设备的材料应符合 GB.3836 等相关规定，耐压材料不小于工作压力 1.5 倍。

（11）装置零部件的连接应牢固、可靠，外表面涂、镀层应均匀、牢固，操作应简单、快捷、可靠。装置应具有减压、过滤、三通阀门等功能。

（12）供水施救系统应能在紧急情况下为避险人员供水、输送营养液提供条件。供水水源应需要至少 2 处，以确保在灾变情况下正常供水，并应保持 24 h 有水。

（13）井下供水施救用水水质应符合《煤炭工业矿井设计规范》的要求：悬浮物含量<30 mg/L；悬浮物粒径<0.3 mm；pH 值 6.5 ~ 8.5；总大肠菌群每 100 mL 水样中不得检出；粪大肠菌群每 100 mL 水样中不得检出。

（14）避灾人员在使用装置时，应保障阀门开关灵活、流水畅通。

子任务 3　管理供水施救系统

（1）在防尘供水系统基础上，结合本矿井实际情况及井下作业人员相对集中人员的情况，合理扩展水网，以满足供水施救的基本要求。

（2）采掘工作面每隔 200 ~ 500 m 安装一组供水阀门。

（3）主要机电等硐室各安装一组供水阀门。

（4）各避难硐室安装一组供水阀门。

（5）特殊情况或特殊需要时，按要求的地点及数量进行安装。宜考虑在压风自救就地供水。

（6）应在饮用水管处或在各个供水阀门处安装净水装置，以满足饮用水的要求。

（7）单独供水施救系统，一般主管选用 DN50，支管选用 DN25。

（8）饮水阀门高度应距巷道底板一般 1.2 m 以上。

（9）饮用水管路，埋设深度 50 cm 以上。

（10）饮用水管路尽量水平、牢固，安装。

（11）供水阀门手柄方向一致。

（12）供水点前后 2 m 范围无材料、杂物、积水现象，宜设置排水沟。

（13）供水施救实行挂牌管理，明确维护人员进行周检。

（14）周检供水管网是否跑、冒、滴、漏等现象。

（15）周检阀门开关是否灵活等。

（16）饮用水管需每周排放水 1 次，保持饮水质量。

（17）检查人员应做到发现问题及时上报并做相应的处理。

任务 6　通信联络系统

　　矿井生产主要在地下进行作业，存在工作环境恶劣（工作区域狭小、照明差、潮湿、有腐蚀性），不安全因素多（主要有水、火、瓦斯、顶板等事故的威胁），人员、设备流动性大、多工种联合作业要求高等诸多特殊的因素。监测监控、通信指挥、信息传输必须及时、准确。同时矿山地面的管理部门、生产辅助环节又具备地面工厂生产的一切特点。因此，矿山通信联络系统必须既满足井下的安全、生产的需要，又要满足地面生产、指挥、管理以及人们生活等各方面的需求。通过本任务的学习，使学生了解矿井通信系统的功能和作用，掌握矿用调度通信系统、矿井广播通信系统、矿井移动通信系统、矿井救灾通信系统的组成，能够建设、管理、维护矿山通信联络系统。

子任务 1　认识矿井通信联络系统

技能点 1　认识矿井通信联络系统的功能

　　矿井通信联络系统是指矿井通过传输媒质（导线、电缆、波导、电子波、脉冲波）在矿井生产运营的各个环节进行模拟数字信息、网络数据等各种信息的传递。由 IP 多媒体调度统一指挥，可以保证通信信息更加快速、准确并以更加多样化的手段传递信息，是矿井安全生产调度、安全避险和应急救援的重要工具，在煤炭生产中占有举足轻重的地位。矿井通信联络系统包括有线通信联络系统和无线通信联络系统两种方式。

　　矿山井下是一个特殊的工作环境，因此矿井通信联络系统不同于一般地面通信联络系统，具有电器防爆、传输衰耗大、设备体积小、放射功率小、抗干扰能力强、防护性能好、电源电压波动适应能力强、抗故障能力强、服务半径大、信道容量大、移动速度慢等特点。

　　矿井通信联络系统的主要功能有：（1）矿山井下作业人员可通过通信系统汇报安全生产隐患事故情况、人员情况，并请求救援。（2）调度室值班人员及领导通过通信系统通知井下作业人员撤离、逃生路线。（3）日常生产调度通信联络。（4）矿井救灾通信系统主要用于灾后救援。

技能点 2　认识矿井通信联络系统的组成

　　矿井通信联络系统由矿用调度通信系统、矿井语音广播通信系统、矿井移动通信（无线通信）系统等组成。

1. 矿用调度通信系统

　　矿用调度通信联络系统（图 10-6-1）主要用于矿山井下、井上生产调度指挥及地面辅助部门的通信联络。对矿用调度通信设备的选型、安装、使用与维护正确与否将直接影响到矿山企业的安全生产及达标验收。

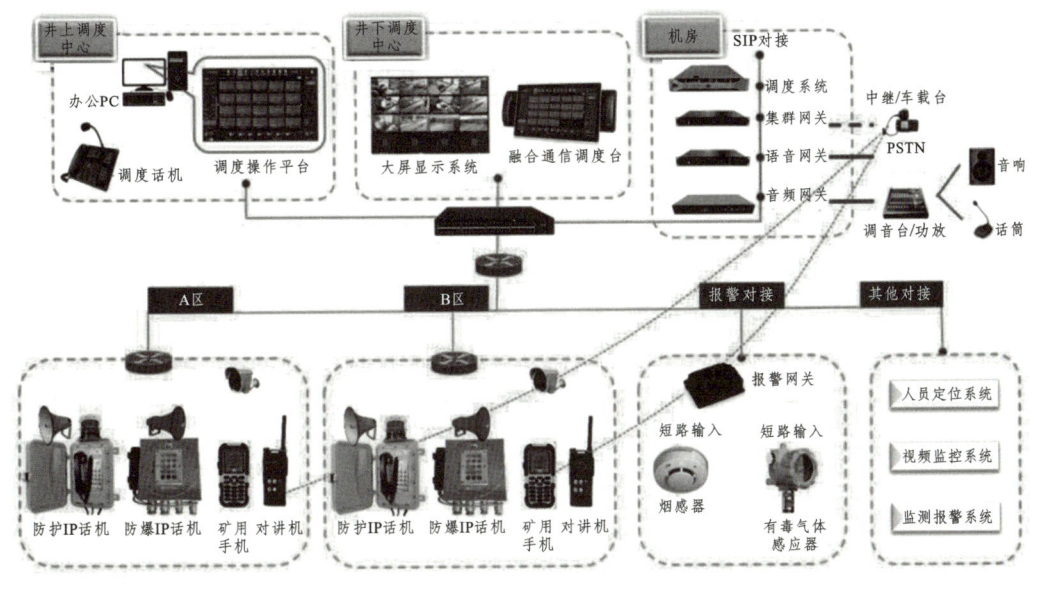

图 10-6-1 矿用调度通信系统示意图

目前，我国多数矿山的井下调度通信系统采用有线通信的方式，只有少数条件好的大中型矿山应用有线与无线互联互通的方式。矿用调度有线通信的方式主要由数字程控调度交换机、调度控制台、通信电缆、矿用本质安全型防爆电话等组成。

矿用调度通信系统具有的功能特点：

（1）一体化调度。实现井上井下通信一体化、调度行政通信一体化、有线无线一体化调度功能。具备选呼、急呼、全呼、强插、强拆、监听、广播、录音、会议等调度功能。

（2）集成对讲。矿用调度通信系统可以把煤矿常规对讲系统和多媒体调度系统融合在一起，实现调度分机、对讲机、外线之间互相通信，并可通过调度台调度对讲终端。

（3）通话录音。调度机为 IP 系统，内置录音资源，无需专门录音台，通过录音软件可对本网所有有线电话、无线手机进行全程录音。煤矿调度通信系统具备 24 小时全局录音功能，录音存储空间可根据用户需要进行扩展。

（4）可视化调度。矿用调度通信视频监控系统支持与视频联动实现固定电话的可视化调度。（5）双机热备。调度交换机支持双机热备，同时支持网络热备，当整个机房出现问题时，不影响语音交换，使用安全可靠。

（6）多个调度台。矿用融合调度通信系统支持多个调度台，满足矿井多个调度中心的应用需求。

（7）融合对接。矿用调度通信系统支持 VOIP 接口、1E1 接口、FXO 接口、集群接口。

（8）网管功能。矿用智能调度通信系统的专业网管软件可以对网内的不同调度机统一网管配置。同时具备运行日志，记录设备的运行和操作状态，大大降低运行维护的成本。

（9）节省投资。矿用调度通信系统基于以太网设计，各调度机、语音网关可按位置需要布置在网络中，无需单独布线，节省投资，减少线路维护量。

2. 矿井语音广播通信系统

矿井语音广播通信是井上与井下进行实时信息交流的基本设施，在矿井推行语音广播系统已经是势在必行。通过建立井下扩播系统，可以将扩播通信延伸至回采、掘进、运输等各工作点，在发生突发灾害情况下，能立即发出撤人指令、逃生路线指令，起到及时高效地处理灾变事件作用。

该系统主要应用在矿井安全出现紧急情况下，可以通过语音广播系统向井下工作区域下达安全指令，紧急避险，从而有效地指导人员的安全撤离。同时为下井员工播放音乐或安全知识教育，增强煤矿安全生产意识，丰富职工的文化生活。矿井语音广播系统的扩音站可以安装在巷道、候车室、候车沿线、皮带沿线、采煤工作面、掘进工作面等。这些位置是井下作业人员工作、流动和休息的场所，可清晰听见扩音站的报警广播，通告信息。其特点如下：

（1）自动播放。根据上位机录制好的音源无须人工干预，即可自动播放，实现真正无人值守。按照周期制作不同的播放方案，实现按时循环播放。

（2）结合应急预案，进行自动或人工应急救援。当系统监测到安全监控系统预警，井下出现重大安全事故时，可以根据事先设定程序，调动相关应急预案，指挥现场人员撤离；也可以人工调用应急预案语音，播放给指定区域；还可以通过麦克风，直接指挥有关人员撤离。

（3）远程控制功能。中心站对单台音箱进行开停控制，实现可寻址到点控制。

（4）智能化管理。在广播管理站设置管理控制多台音响的自动开关，定时自动播放，每个音箱都具有独立的 IP 地址。

（5）广播电话与广播音箱分离设计。可发挥出其自身最大优势。

（6）全网络形式。整个系统扩展方便。

（7）系统至少可并发支持 10 对通话需求，在通信高峰期和应急通信的无阻塞。

（8）统具有灵活的数据接口，可向煤矿已有的平台系统传送其需要的数据，保证平台系统对应急广播系统的管理和监测。

井下语音广播系统由系统应用层、系统传输层和系统终端层组成。（1）系统应用层：系统中心站、局域网内 IP 可达 PC、DVD、麦克风等设备组成，主要用作系统功能应用。做音源接入，数据打包下发，数据交换。（2）系统传输层：传输层可用井下以太环网，总线、太环网 + 总线组网的方式，任意选择。（3）系统终端层：终端层由井下扩播电话，扩播音箱，地面语音 IP 网关，地面音箱组成。

矿井广播通信系统除了可以进行日常的安全宣传、教育、在指定区域播放安全规章、安全措施、注意事项外，还可通过定制共享安全监控系统有关数据，当出现瓦斯超限、风机不能正常工作等情况时，自动在特定区域发出安全告警，指挥相关人员撤离或采取必要的措施。如果检测到安全监控系统告警，井下出现重大安全事故时，可以根据事先设定程序，调动相关应急预案，指挥现场人员撤离；也可以人工调用应急预案语音材料，播放给指定区域，并可以通过井上的网络寻呼话筒，直接指挥有关人员撤离。最大程度减少灾害救援过程中的次生影响。具体功能如下：

（1）多路广播功能：实现多套节目同时传输。

（2）分区功能：可自动或手动进行按区域或逻辑分组广播、分区域广播（采煤工作面、掘进工作面、运输大巷、井下候车室），既能做到单独控制，也可进行全部广播，在调度室或任意一个广播点向井下最危险的地点或全矿井下达安全指令，使井下工作人员紧急避险，安全撤离。

（3）远程控制功能：中心站对单台音箱和电话进行控制，实现可寻址到点控制。

（4）日常安全宣传、教育：集成煤矿安全规章制度、安全措施、企业文化及其他注意事项的音频文件。

（5）与安全监控、综合自动化系统有机融合，共享安全监控、综合自动化系统有关数据，当出现瓦斯超限、风机不能正常工作等情况时，系统自动在特定区域发出安全告警，指挥相关人员采取必要的措施。

（6）结合应急预案，进行自动或人工应急救援：当系统监测到安全监控系统告警，井下出现重大安全事故时，可以根据事先设定程序，调动相关应急预案，指挥现场人员撤离；也可以人工调用应急预案语音或控制中心麦克风，进行安全疏通管理。

（7）自动播放功能：中心站同时兼做数字节目源，设置实现手动、自动定时播放。将安全教育、安全规章等常用语音文件，实现全自动非线性播出。

（8）断电延时功能：扩播电话和音箱均配备蓄电池，在断电情况下，所有广播能同时不间断地广播 2~4 h。

（9）扩音电话抗噪音功能：在噪音 110 dB 下，通话清晰度为 90%。

（10）与程控电话无缝连接功能：可与矿井程控调度电话交换机通过 E1 级联，同时扩播电话本身带有 RJ111 电话接口，与程控调度电话实现无缝连接。

3. 矿井移动通信（无线通信）系统

煤矿使用的移动通信（无线通信）系统主要有：透地通信、漏泄通信、感应通信、PHS（小灵通）通信、CDMA（大灵通）通信和 Wi-Fi 语音通信等。

（1）透地通信：是指借助于甚低频以下的电磁波透过地层来实现地面和井下的通信。该系统采用 KTW 无线岩体应急感应机，感应通信距离达 1000 m 左右，穿透煤岩体通信达 800 m 左右。透地通信系统曾在部分矿井安装使用，但应用效果不太理想，已停止运行。

（2）漏泄通信：主要是利用漏泄同轴电缆的无线电信号辐射漏泄原理实现无线通信的。电磁波在漏泄电缆中，既沿内外导体纵向传输，也通过开孔向外辐射传播。主要缺点是中继器的使用，使系统的可靠性变差，任一中继器和电缆故障将会造成该中继器以下的部分系统瘫痪。随着中继器的增加，噪音累加，信号容易失真，且信道容量小可靠性低等，在国内应用范围并不广泛。

（3）感应通信：是指借助专用感应线（或借助矿山原有电话线、信号线等），利用无线电波感应场引导电磁波传输，往往频率选择在中低频。其优点有投资费用低，小范围内信道还比较稳定，缺点是靠近感应体通信效果好，稍远离感应体信道不稳定。其感应距离一般不超过 2 m，可用于井下救援局部范围通信。感应通信系统示意图10-6-2。

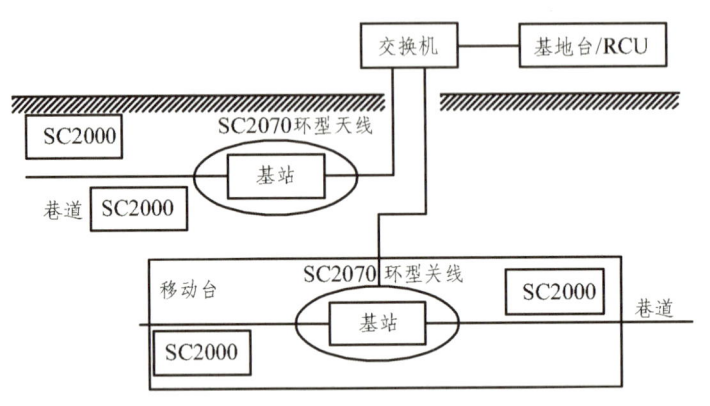

图 10-6-2　感应通信系统示意图

（4）小灵通、大灵通：矿用小灵通和大灵通是按照煤矿安全相关标准要求，把城市中曾推广应用的公众通信系统作了安全技术处理和移植，并延伸到矿井下应用作为井下无线通信网络服务平台。其优点是技术标准性、成熟性、可靠性、实用性都比较好，语音通话质量好、组网通信规范严格、移动切换呼通率高、施工维护成本低，缺点是属于窄带通信技术，不适合承载视频监控等多媒体业务传输。曾经有几百家煤炭生产企业在应用，一度成为煤矿企业较多选用的无线专网通信系统。但由于频段受限，现已退出市场。

（5）Wi-Fi 无线通信系统：Wi-Fi 无线通信系统是利用 Wi-Fi 技术进行无线覆盖，IP 方式接入组网，SIP 协议进行交换处理的一种新型宽带无线通信系统，每台基站可单独提供最高达 54 Mbit/s 传输速率的无线信号，有线部分则采用百兆、千兆以太网平台方式，可保证实时传递语音、数据、视频等多种数据流，是目前唯一能够真正实现高速无线覆盖的矿用多媒体无线传输系统。

Wi-Fi 无线通信系统由无线通信服务器、无线通信调度台软件、地面无线通信基站（AP）、矿用本安型无线基站（AP）、矿用本安型手机等主要部分组成，具有移动通信、无线调度、系统维护、人员管理四个方面的功能。系统拓扑结构见图 10-6-3。

Wi-Fi 无线通信系统特点如下：

① 基于 Wi-Fi 的无线语音通信系统采用 SIP 会话发起协议通信协议，实现了无线语音通信。

② 硬件上通过在终端部分配置无线 SIP 电话，网络平台配置无线基站（AP），在煤矿井上安装 IP/PBX 电话软交换服务器。

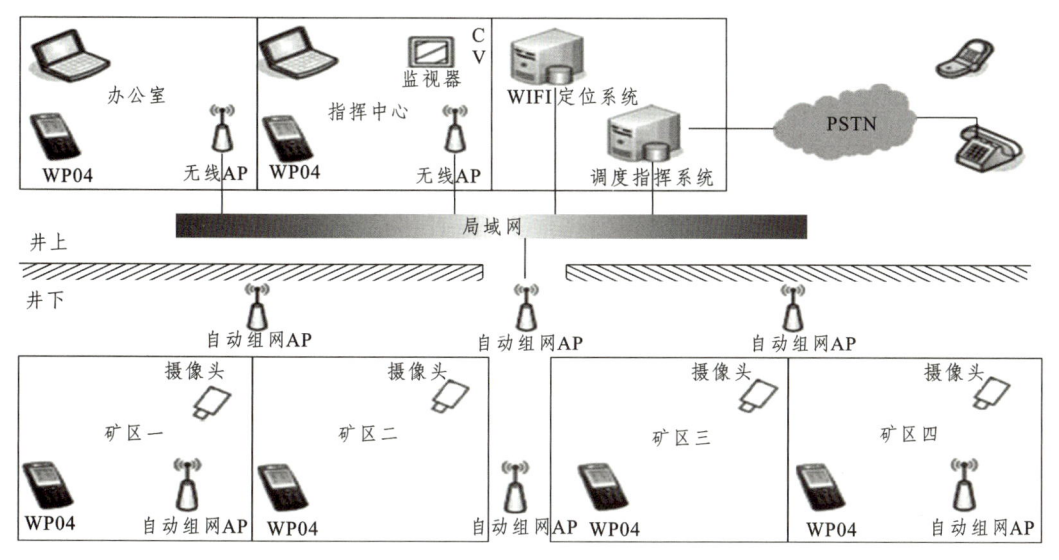

图 10-6-3　Wi-Fi 语音通信系统拓扑结构见图

③ 可实现煤矿井下、井上分机，甚至市话、长途之间的无线语音通信、呼叫保留、呼叫等待、三方通话、语音信箱、组内代接、电话会议等功能，而无需增加任何其他额外网络设备。

④ 集中式管理，分布式组网架构，最大限度节约布线时间和布线成本。调度终端可进行分布式部署，灵活、方便。摆脱对于调度主机的位置依赖，分布在不同区域和省市的相关人员，都可通过网络和调度台软件进行调度管理、通话管理。

⑤ 强大的移动性，Wi-Fi 无线网络、调度台和 Wi-Fi 基站、随行分机轻松部署，无线 Wi-Fi 话机与 Wi-Fi 网络配合，就近接入，可以方便、灵活地进行无线调度，实现全网的有线、无线调度功能。

⑥ 适应各类调度终端：以号码为终端标识，实现对 IP 侧，软电话、IP 语音网关、IP 电话机、Wi-Fi 话机、E&M 设备等；PSTN 侧，手机、固话、小灵通的自由调度。

⑦ 语音系统容量大：同时注册管理 3000 部电话，300 路同时通话。支持 350 M/800 M 无线数字集群通信系统对接。

⑧ 双机热备：调度终端可实现同时注册到中心 IP 调度机和本地的服务器、调度机或者 IP-PBX，在最大程度上保证现场指挥的通信畅通。

Wi-Fi 无线通信系统最大的优势是综合数据业务的扩展，可扩展接入设备有无线安全监控分站、无线人员管理系统分站、无线监控传感器、无线视频监视摄像机、无线应急广播接收机等。

子任务 2　建设矿井通信联络系统

国家安全监管总局国家煤矿安监局颁布的《煤矿井下安全避险"六大系统"建设完善基本规范（试行）》文件中对矿井通信联络系统的要求如下：

（1）煤矿必须按照安全避险的要求，进一步建设完善通信联络系统。

（2）煤矿应安装有线调度电话系统。井下电话机应使用本质安全型。宜安装应急广播系统和无线通信系统，安装的无线通信系统应与调度电话互联互通。

（3）在矿井主副井绞车房、井底车场、运输调度室、采区变电所、水泵房等主要机电设备硐室以及采掘工作面和采区、水平最高点，应安设电话。紧急避险设施内、井下主要水泵房、井下中央变电所和突出煤层采掘工作面、爆破时撤离人员集中地点等地方，必须设有直通矿井调度室的电话。

（4）距掘进工作面 30～50 m，应安设电话；距采煤工作面两端 10～20 m 范围内，应分别安设电话；采掘工作面的巷道长度大于 1 000 m 时，在巷道中部应安设电话。

（5）机房及入井通信电缆的入井口处应具有防雷接地装置及设施。

（6）井下基站、基站电源、电话、广播音箱应设置在便于观察、调试、检验和围岩稳定、支护良好、无淋水、无杂物的地点。

（7）煤矿井下通信联络系统的配套设备应符合相关标准规定，纳入安全标志管理的应取得煤矿矿用产品安全标志。

子任务 3　管理矿井通信联络系统

技能点 1　生产调度通信系统管理

（1）调度通信系统由地面调度交换机、调度台、不间断电源、本质安全型电话机、交接箱、线缆、接线盒、避雷器、接地装置和其他必要设备组成。

（2）调度通信系统必须按照《煤矿安全规程》的要求进行建设，并按照在灾变期间能够及时通知人员撤离和实现与避险人员通话的要求，进一步建设完善通信联络系统。

（3）使用单位严禁把电话机直接放在地面或潮湿淋水处。如在喷浆或其他粉尘大的工作地点使用，必须对电话机加以保护。

（4）严禁不经调度指挥中心同意随意私自改移话机安放位置。

（5）严禁把通信线路与其他高、低压电源线混绞在一起，以避免线路破损造成短路，损坏通信设备。

（6）用户如需安装、改移电话机，必须提前两天写出书面申请，将注明方位、地点的草图交调度指挥中心，由调度指挥中心安排通风队进行施工。

（7）井下安装或回撤电话时，由使用单位自行铺设线路和设备，由通风队进行调试，调试完毕后，使用单位需将当前安装或回撤的电话号码及地点告知调度指挥中心。

（8）通风队对井下通信线路网络进行完好性维护，杜绝线路失爆。

技能点 2　井下安全语音广播系统管理

（1）安全语音广播系统设施主要由广播服务器、广播控制终端等地面设备和主音箱、副音箱、相关配套电源、接线盒、各种接入线缆及其他必要设备组成。

（2）调度指挥中心是井下安全语音广播系统主要管理单位，同时对分管部门（单位）在各自责任范围内落实执行情况具有监督、检查的权利。

（3）调度指挥中心工作人员应熟练使用本系统，在发生重大险情或应急演练时，对井下进行紧急通知。

（4）根据矿井要求，负责对井下各区域进行安全生产、法律法规等内容的广播。

（5）对造成系统运行不正常或设备、设施造成损坏的单位或责任人，进行责任追究。

（6）督促责任单位对分管范围内存在的问题或隐患及时处理。

（7）井下各相关区队对于现场的安全语音广播系统设备、线缆，负有保护的责任。

（8）在听到调度广播通知时，要认真仔细辨听广播内容，并按广播要求工作。

（9）发现设备损坏或声音不正常，应立即报告调度指挥中心。

（10）应配合通风队在施工地点安装广播设备。

（11）负责保护现场附近的语音广播系统设备、线缆。

技能点 3　井下无线通信系统管理

（1）井下无线通信系统一般由地面计算机、服务器、交换机、天线、矿用本质安全型防爆手机及井下矿用防爆基站、矿用防爆无线通信交换机、配套防爆电源、接线盒、安全耦合器、电缆及光缆等组成，无线通信系统应与调度电话互联互通。

（2）如因矿井安全生产需要，需对无线通信设施进行调整或移动，现场施工单位（区队）须提前二天通知调度指挥中心，由调度指挥中心进行调整或移动，任何人不得擅自移动无线通信设施或调整基站天线方向。

（3）井下各单位（区队）在无线通信设施附近施工时，需注意保护无线通信系统设施，如因施工损坏，必须及时汇报调度指挥中心。

（4）井下各生产区队、科室必须对井下无线手机进行集中管理。

（5）手机持有人必须对手机爱惜使用，禁止将手机和充电器存放在高温、湿度大、灰尘多或电磁干扰强的地点，以免造成故障。

（6）手机持有人不得将手机转借他人；手机 MA 标识应保持完整，不得随意撕毁，更不得挪作他用，手机如有遗失，手机持有人将照价赔偿。

（7）手机持有人如出现工作变更，手机持有人原单位应及时收回持有人手机，并向调度指挥中心报送变更证明。如持有人未上交手机，单位不得为其办理工作变更手续，否则由手机持有人原单位负责赔偿，并追究单位领导的责任。

技能点 4　网络设备、通信线缆管理

（1）矿井通信网络的畅通与否，在矿井安全生产中起着举足轻重的作用，关系到矿调度及各级部门对矿井安全生产指挥协调。各单位要爱护网络设备和网络线路，确保其完好无损，不得把通信、网络线路与其他高、低压电源线混绞在一起，避免线路破损造成短路，机房及入井通信电缆的入井口处应具有防雷接地装置及设施。

（2）通信线路进入施工单位的巷道（硐室）或者所经过的施工地点，应由该单位

负责保护、管理，保证通信线路及相关通信设备（如无线基站、安全扩播音箱、电话、接入分站及相关电源等）不断线、不失爆、不损坏、不丢失。

（3）如因施工造成通信线路及相关通信设备断线、失爆、损坏、丢失，应及时通知调度指挥中心，以便迅速处理，保证安全生产。不及时通知调度指挥中心处理的，按破坏生产事故处理。造成线路失爆，按失爆标准罚款。

（4）通风队或其他单位砌风门或砌墙时，如有通信电缆，应用套管套在电缆外面加以保护，便于撤除。

（5）工业环网涉及矿井各生产系统、无线通信系统、安全广播系统、工业电视系统等的实时监控，对井下环网交换机、安全扩播音箱、无线通信交换机及基站所接电源，不得随意停电，如需停电，应提前通知调度指挥中心，否则，如出现影响生产或设备损坏的情况，将根据矿山企业相关规定进行处罚。

（6）在各单位安装的网络设备（如各类交换机、收发器等），未经调度指挥中心批准，各单位不得对其进行改动。

（7）不得在工业网交换机上私自接终端设备，更不能将工业网与办公网混接。

（8）故意损坏通信联络系统设施的，按破坏安全、生产处理，造成重大损失事故的，移交司法机关处理。

（9）井下基站、基站电源、电话、广播音箱应设置在便于观察、调试、检验和围岩稳定、支护良好、无淋水、无杂物的地点。

作 业

1. 矿山安全避险六大系统都是哪些系统？
2. 建设煤矿安全避险六大系统目的和作用是什么？
3. 矿井监测监控系统的作用是什么？
4. 矿井紧急避险系统的作用是什么？
5. 矿用调度通信系统的作用是什么？
6. 矿用无线通信系统有哪几种类型？哪种通信系统是发展方向？
7. 永久避难硐室与临时避难硐室的区别是什么？
8. 人员定位系统由哪些组成？
9. 避难硐室有哪些功能设施？

参考文献

[1] 林友，王育军. 安全系统工程[M]. 北京：冶金工业出版社，2011.

[2] 中华人民共和国应急管理部，国家矿山安全监察局. 煤矿安全规程[M]. 北京应急管理出版社，2022.

[3] 汤其建. 煤矿安全[M]. 北京：国防工业出版社，2012.

[4] 张子敏. 瓦斯地质学[M]. 徐州：中国矿业大学出版社，2008.

[5] 周坚高. 煤矿安全技术[M]. 北京：煤炭工业出版社，2011。

[6] 郭国政，陆明心. 煤矿安全技术与管理[M]. 北京：冶金工业出版社，2006

[7] 陶勇，马汉鹏. 煤矿安全生产管理人员安全生产知识与管理能力安全培训[M]. 北京：应急管理出版社，2023.

[8] 庞玉峰. 煤矿防治水综合技术手册[M]. 吉林：吉林音像出版社，2003.

[9] 孟现飞，李新春. 煤矿安全风险预控管理体系建设实施指南[M]. 徐州：中国矿业大学出版社，2012.

[10] 吴强. 煤矿安全技术与事故处理[M]. 徐州：中国矿业大学出版社，2001.

[11] 王显政. 煤矿安全新技术[M]. 北京：煤炭工业出版社，2002.

[12] 邱阳. 煤矿安全技术与风险预控管理[M]. 北京：冶金工业出版社出版，2016.

[13] 刘虎. 煤矿冲击地压灾害防治专题培训教材[M]. 徐州：中国矿业大学出版社，2016.

[14] 张嘉勇，巩学敏，许慎. 煤矿顶板事故防治及案例分析[M]. 北京：冶金工业出版社，2017.

[15] 邓飞，何锦龙，赖卫东. 矿山工程爆破[M]. 北京：化学工业出版社，2013.

[16] 张光权，刘殿书，吴春平. 露天煤矿火区早爆事故预防研究[J]. 中国矿业，2017，26（03）：112-116.

[17] 王一汉，吴从师，李伟，徐华伟. 金属矿山爆破事故案例及分析[J]. 采矿技术，2007，03.

[18] 崔克清. 安全工程大辞典[M]. 北京：化学工业出版社，1995.